油菜营养特性与施肥技术

鲁剑巍 任 涛 陆志峰 等 著

U0262644

科学出版社

北京

内 容 简 介

本书立足于我国油菜的高产高效与可持续生产，详细阐述了高产油菜的营养特性，系统总结了当前油菜生产中的关键施肥技术，综合分析了高产油菜可持续生产的限制因子，提炼出了油菜高产高效生产的综合管理策略，以期为新形势下油菜的绿色、轻简、高效生产提供理论支撑和技术指导。

本书可供从事油菜生产和基础理论研究的科技人员，植物营养学、作物耕作与栽培学等相关专业的大专院校师生，以及肥料生产、推广等从业人员阅读、参考。

图书在版编目 (CIP) 数据

油菜营养特性与施肥技术/鲁剑巍等著. —北京：科学出版社，2021.11
ISBN 978-7-03-064752-8

Ⅰ. ①油… Ⅱ. ①鲁… Ⅲ. ①油菜–植物营养 ②油菜–施肥
Ⅳ.①S634.3

中国版本图书馆 CIP 数据核字（2020）第 053027 号

责任编辑：陈 新 付 聪 田明霞 / 责任校对：郑金红
责任印制：吴兆东 / 封面设计：铭轩堂

科 学 出 版 社 出版
北京东黄城根北街 16 号
邮政编码：100717
http://www.sciencep.com
北京虎彩文化传播有限公司 印刷
科学出版社发行 各地新华书店经销
*
2021 年 11 月第 一 版 开本：720×1000 1/16
2021 年 11 月第一次印刷 印张：16 1/4
字数：328 000
定价：168.00 元
（如有印装质量问题，我社负责调换）

《油菜营养特性与施肥技术》著者名单

主要著者

鲁剑巍　任　涛　陆志峰

其他著者

李小坤	丛日环	张洋洋	刘诗诗	李岚涛
邹　娟	王　寅	苏　伟	李　慧	刘　波
李雅颖	张　智	刘秋霞	李银水	刘晓伟
徐华丽	王素萍	刘秀秀	张　萌	胡文诗
鲁飘飘	明　日	魏全全	潘勇辉	陈　鹏
顿　谦	卜容燕	李继福	邓中华	董小艳
高　洁	李　静	廖世鹏	张江林	闫金垚
朱丹丹				

前　　言

　　油菜是我国重要的油料作物，近 40 年来油菜产业快速发展，提供了 60%左右的国产食用植物油，全国常年种植面积超过 1 亿亩（1 亩≈666.7m^2，下同），其中长江流域的冬油菜种植面积和总产量均占全国的 80%左右，是国际上四大油菜种植中心之一。该流域一般采用一年两熟或一年三熟的种植制度，具有土地利用强度大、土壤养分带走量大和流失量大、土壤养分缺乏种类多、土壤自身供肥和保肥能力差等特点，在同等产量水平时，长江流域油菜产区比世界其他油菜主产区需要施用更多的肥料。在油菜生产上，施肥不科学的现象仍然存在，因供肥不足而限制油菜产量、施肥不当导致肥料浪费、施肥经济效益低等现象均很普遍。总体而言，2000 年以前我国油菜科学施肥的基础研究和应用研究相对薄弱，而20 多年来随着农村劳动力结构的变化和油菜产业比较效益的降低，油菜种植方式发生了重大变化。针对上述问题和生产实际，近年来我国在油菜科学施肥领域的科学研究与技术推广力度不断加强，一些制约油菜高产与养分高效利用的基础性问题得到解决，一批具有针对性和生产实用性的技术及产品相继问世，并在生产中得到大面积应用。

　　华中农业大学作物养分管理研究团队长期致力于油菜养分管理和配套技术的研究。本书就是该研究团队自 2004 年以来在油菜施肥研究的基础上，系统总结了研究团队在油菜施肥研究领域的主要进展和成果，阐明了油菜主栽品种的养分需求规律及油菜高产的营养调控机制，分析了施肥在我国油菜生产中的作用，揭示了当前油菜生产上的施肥问题，集成了实现油菜高产和养分高效利用的配套技术体系，制定了我国油菜的科学施肥策略，可为新形势下油菜产业的高产、高效、绿色、可持续发展提供技术支撑。

　　全书共由十九章组成。第一章（绪论）介绍我国油菜生产和施肥概况；第二章至第五章分别介绍高产冬油菜氮素、磷素、钾素、硼素需求特性；第六章至第十章介绍高产高效冬油菜生产体系的营养调控机制与措施；第十一章至第十四章介绍冬油菜科学施肥的产量和品质效果；第十五章至第十七章介绍冬油菜高产高效施肥及其配套技术；第十八章重点分析长江流域不同区域冬油菜产量差及养分效率差；第十九章提出我国油菜高产高效的综合管理策略。

　　本书的研究内容是在多个国家级项目及国际合作项目的支持下完成的，尤其感谢"十三五"国家重点研发计划项目"油菜化肥农药减施技术集成研究与示范"

（2018YFD0200900）、国家现代农业产业技术体系（CARS-12）和国家测土配方施肥技术项目的资助和支持。

　　参与本书撰写的人员为华中农业大学作物养分管理研究团队从事油菜养分管理研究的各位老师和历届研究生。相关研究工作的开展得到了来自全国相关高等院校、科研院所和农技推广部门有关领导及专家的大力支持与帮助，在此一并表示诚挚的感谢。

　　在书稿撰写过程中，我们试图系统介绍油菜养分管理的理论和技术，但受研究和认识水平所限，难免存在不足之处，欢迎大家提出宝贵意见。

著　者

2020 年 9 月

目　　录

第一章 绪 论

油菜作为重要的油料作物和能源作物，在"油、菜、花、蜜、饲、肥"方面的广泛用途充分体现了它的经济价值，具体表现如下。①"油"，菜籽油不仅是我国食用植物油的重要来源，而且是制成生物能源的重要原料，其中发展生物柴油最为典型，菜籽油的供应直接关系着全球能源的供给，油菜种植面积广、不与夏粮争地的特点使其成为油料资源的重要原料（王汉中，2005）。②"菜"，油菜菜薹可作蔬菜用，在油菜蕾薹期摘取菜薹可作为应时蔬菜或脱水加工蔬菜供食用（国家发展和改革委员会价格司，2016），因此，油菜是重要的蔬菜作物。③"花"，油菜花花色鲜艳，花期较长，观赏价值高，以油菜花带动旅游业，促进农业产业升级与调整，是发展现代生态农业的有效形式。④"蜜"，油菜是十分重要的蜜源植物，油菜花蜜是营养丰富的天然食品，产量较其他蜂蜜高，且蜜蜂授粉在发达国家已实现了一定的商品化和规模化，在我国油菜产业中油菜花蜜的发展潜能还需进一步开发。⑤"饲"，油菜饲用资源可分为饲料油菜和菜籽饼粕，其中，饲料油菜可为畜牧业提供新鲜草料；菜籽饼粕蛋白质含量高，是一种重要的饲料资源（陈刚等，2006）。⑥"肥"，绿肥油菜为提升耕地质量提供了新的途径，与其他绿肥作物相比，油菜种植成本低、植株生物量大、养分（尤其是磷、钾）含量丰富，在现代农业发展中有广阔的应用前景（傅廷栋等，2012）。

一、我国油菜生产状况

油菜作为我国大宗油料作物，是食用植物油和蛋白质饲料的重要原材料。我国的油菜生产在世界范围内已占据了重要位置，然而，我国仍是最大的食用植物油进口国，自给率不足40%[《全国大宗油料作物生产发展规划（2016—2020年）》]。实现产量与品质的同步提升，是促进油菜产业发展的关键。油菜在全国范围内均有广泛种植，不同区域油菜品种类型可分为三大类：半冬性油菜、冬性油菜和春性油菜，其对应的适宜种植区域分别为长江流域、黄淮流域和高海拔或高纬度区域。全国油菜以长江沿岸冬油菜种植最为广泛，2016年湖南种植面积最大，达到131万 hm^2，湖北（115万 hm^2）和四川（103万 hm^2）次之，这三省油菜种植面积共占当年全国油菜种植总面积的46%；春油菜种植区以内蒙古面积最大，为30万 hm^2，甘肃和青海次之，种植面积均在15万 hm^2 左右（中华人民共和国国家统计局，2017）。油菜总产量以湖北和四川较高，均达到240万t以上，尽管湖南种植面积最大，但由于该省油菜多与双季稻进行轮作，生育期相对较短，因此单产水平较低（陈浩等，2016），总产量为211万t，位居全国第三；春油菜主产省（区）内蒙古、甘肃和青海的产量分别为41万t、34万t和30万t（中华人民共和国国家统计局，2017）。作物总产量的提高同时依赖于种植面积的扩大和单产的提高，油菜单产水平低下、经济效益不高等导致我国南方出现大面积冬闲田，且该区域光、温、水、土资源充足，进一步扩大该区域油菜种植面积可推动油菜产业的发展。

春油菜区是一年一熟制，不同纬度区生育期相差较大。我们通过油菜种植典型省份的单产变化（图1-1）发现，过去50多年我国油菜单产呈现逐渐增加的趋势，其中冬油菜单产普遍高于春油菜，2016年对应的单产水平分别为2013kg/hm^{2}和1847kg/hm^2；与20世纪70年代相比，油菜单产增幅均在3倍左右。甘肃是春油菜种植区单产水平较高的省份，2016年达到2109kg/hm^2，且近年来表现的增产趋势较为明显。在冬油菜主产省份中，江苏单产水平最高，近十年平均单产达到2609kg/hm^2，接近欧洲平均水平，可能主要与该区域养分资源投入较高有关（徐华丽，2012）；2016年四川和湖北单产分别为2332kg/hm^{2}和2100kg/hm^2，这两个省单产和总产水平均较高，是油菜种植的优势区域；湖南和江西（数据未显示）均是三熟制区域，近年来湖南油菜单产约为1600kg/hm^2，低于我国冬油菜平均水平。为进一步推动长江流域冬油菜的发展，需制定具有区域特性的宏观大调控和微观小调整管理策略，从而实现提高油菜产量潜力的目标。

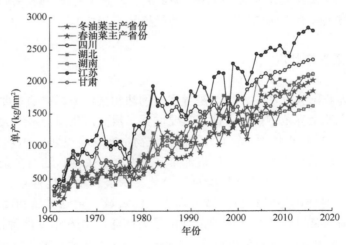

图1-1　1961～2016年部分省份和地区油菜单产（中华人民共和国国家统计局，2017）

冬油菜主产省份包括四川、重庆、云南、贵州、湖北、湖南、江西、安徽、江苏和浙江，春油菜主产省份包括内蒙古、甘肃和青海

二、我国油菜施肥状况及问题

油菜是养分需求量较高的作物，冬油菜生育期长，物质累积量大，充足的氮、磷、钾肥供应是满足植株生长的关键。2007 年，华中农业大学作物养分管理团队对湖北省 20 个县（市、区）的 398 个农户油菜施肥状况的调查结果显示，所有农户均施用了化肥，有机肥施用的比例仅为 19.8%。全省油菜氮（N）、磷（P_2O_5）和钾（K_2O）肥平均施用量分别为 171.9kg/hm^2、61.7kg/hm^2 和 50.3kg/hm^2（N：P_2O_5：K_2O=1：0.36：0.29），其中化肥提供的 N、P_2O_5 和 K_2O 分别占养分总投入量的 96.1%、92.1% 和 80.3%。在油菜生产上，农户普遍重视氮肥的施用，氮（N）肥施用量＞120kg/hm^2 的农户比例为 64.3%；磷、钾肥施用不足，磷（P_2O_5）、钾（K_2O）肥施用量＜45kg/hm^2（含不施）的农户比例分别为 35.4% 和 48.9%。全省油菜平均产量为 1967kg/hm^2，产量＞2250kg/hm^2 的农户比例为 39.8%，产量＜1500kg/hm^2 的农户比例为 38.2%，可见油菜生产上产量分布不均，较大范围油菜产量处于较低水平。在施肥次数上，直播油菜和移栽油菜均以施用 2 次的比例最高，分别为 59.1% 和 42.1%；全省油菜基施氮肥量为 132.9kg/hm^2，占全部氮肥用量的 78.3%（徐华丽等，2010）。此外，武际等（2009）于 2008 年的调查结果显示，安徽省油菜种植施肥品种单一，以三元复合肥或油菜专用肥为主，且农户极少施用有机肥或单质磷、钾肥，肥料平均用量分别是氮（N）198.6kg/hm^2、磷（P_2O_5）56.1kg/hm^2、钾（K_2O）48.6kg/hm^2（N：P_2O_5：K_2O=1：0.28：0.24）。

研究表明，基于土壤基础养分供应能力的长江流域冬油菜氮、磷、钾肥推荐用量分别为 162～200kg/hm^2、61～78kg/hm^2 和 75～92kg/hm^2（李慧，2015）。华中农业大学作物养分管理团队于 2010～2011 年的调研结果显示，长江流域冬油菜种植区县级农户施肥总养分量（N+P_2O_5+K_2O）变幅为 124～697kg/hm^2，其中 37% 的种植县氮肥用量超过了推荐施氮范围，超出部分平均用量达到 263kg/hm^2，另有 40% 的种植县低于推荐施氮范围，低出部分平均用量为 126kg/hm^2；分别有 49% 和 65% 的种植县磷、钾肥用量低于推荐范围，低出部分平均用量分别为 44kg/hm^2 和 45kg/hm^2，远低于推荐范围最低水平（61kg/hm^2 和 75kg/hm^2），仅有 23% 和 14% 的磷、钾肥用量处于平均推荐水平。近年来，油菜养分管理技术不断完善，油菜最佳养分用量也随不同生态区域、不同产量水平、不同轮作制度、不同栽培管理措施得到相应调整。具体表现：直播油菜的推荐施氮量比移栽油菜略低，而磷、钾肥用量相对较高（王寅，2014）；长江中下游两熟区的推荐施氮量明显高于三季轮作区，磷肥推荐用量两者相当，而钾肥推荐用量低于三季轮作区（李慧，2015）；棉花作为油菜的前茬作物，与水稻相比，提供了更多的氮素残留，且两者根系生长差异较大，使得棉-油轮作模式油菜季以更低的氮肥施用量获得了更高的产量

（刘波，2016）。油菜最佳养分用量的研究，应建立在一定的生态区域或一定的目标产量水平的基础之上，从而实现油菜养分精准管理的目标。总体而言，我国油菜生产中施肥技术还存在许多问题和不足，主要表现如下：

（1）氮、磷、钾养分比例不协调，磷、钾肥施用量不足，尤其是钾肥用量明显不够、钾肥比例偏低；

（2）有机肥施用比例偏低、用量较少，秸秆还田率低；

（3）硼等微量元素施用比例偏低，地区间差异较大；

（4）施肥次数偏少，氮肥基施的比例偏高；

（5）施肥技术落后，以经验施肥为主，缺乏科学可靠及实用的量化施肥依据。

本书的主要意义在于以我们团队十几年来在油菜施肥方面的研究结果为基础、系统、全面剖析油菜的养分需求规律，结合不同区域特征总结现阶段油菜生产过程中养分管理策略及配套的技术，为新时期油菜生产提供理论支撑。

第二章　高产冬油菜氮素需求特征

为了最大限度地发挥冬油菜氮肥施用效果，生产中必须明确冬油菜氮素需求特征。邹娟（2010）利用 QUEFTS 模型评估了不同目标产量下冬油菜氮素养分需求量与养分效率，结果表明，当目标产量为 1000～4000kg/hm^2 时，地上部氮素累积量和百千克籽粒需氮量分别为 48.3～228.8kg/hm^2 和 4.8～5.7kg/hm^2，并且随着目标产量的增加，氮素累积量和百千克籽粒需氮量逐渐增加。冬油菜的氮素累积量同时受到养分管理措施（如氮肥施用量）与耕作栽培方式（如播种量）等的影响。缺氮时，新叶生长慢，叶片少，叶色淡，下部叶片先从叶缘开始黄化并逐渐扩展到叶脉，黄叶多；植株生长瘦弱，主茎矮、纤细，株型松散；角果数和角粒数减少，千粒重增加，产量下降。

第一节　干物质累积特性

一、冬油菜干物质累积特性

冬油菜生长发育可以分为苗期、蕾薹期、花期和角果成熟期，其中，苗期主要是营养生长阶段，干物质累积缓慢并且累积量较少，仅占全生育期干重的 10%～30%，但是此时吸收的氮素可以达到 30%～80%。蕾薹期营养生长和生殖生长并存发展，但以营养生长为主，也是全生育期干物质累积速率最快的时期，干物质量占全生育期干重的 15%～25%，此阶段氮素吸收量为 10%～45%。花期至角果成熟期约占全生育期的 1/4，以生殖生长为主，干物质累积量最多，占全生育期干重的 50%～70%，此阶段氮素吸收量较少，仅为 10%～20%。虽然冬油菜各生育阶段干物质和氮素累积量所占比例因品种、栽培模式、生育期及气候等因素而有所差异，但整体而言，冬油菜生长前期是氮素累积的重要时期，保障冬油菜前期氮素供应有利于提高冬油菜对秋冬季逆境的抗性，尤其在直播冬油菜上表现得更为明显，充足的氮素供应可以降低苗期植株死亡率。生长后期氮素营养主要依赖于养分从营养器官向生殖器官的再分配，其中，再分配量取决于氮素的再转移效率和氮浓度，而后者与生长前期吸氮量密切相关，因此，冬油菜产量的形成不仅依赖于生长前期氮素累积，还有赖于后期氮素的转移和再分配。

不同生育阶段冬油菜植株氮素分配中心是不同的，叶片是营养生长阶段的氮素分配中心，在苗期和蕾薹期，吸收的氮素大部分分配到叶片中（邹娟等，2011a；Wang et al.，2014）。花期吸收的氮素主要分布在叶片和茎中，其中叶片分配比例相对较高，初花期氮素累积量对后期冬油菜产量的形成具有重要影响。角果和籽粒是生殖生长阶段的氮素分配中心，角果发育期吸收的氮素直接分配到角果和籽粒中。以'华双5号'为例，冬油菜干物质总累积量呈"S"形曲线变化，在215天（角果期）达最大值，为16 607kg/hm²（图2-1）。苗期、薹花期（蕾薹期+花期）、角果成熟期（角果期+成熟期）干物质的累积比例分别为27%、58%、15%。根、茎、绿叶的干物质累积量分别在185天（花期）、200天（角果期）、130天（苗期）达最大值，分别为2286kg/hm²、5450kg/hm²、2306kg/hm²，其后均有不同程度降低，降幅表现为绿叶＞茎＞根。生殖器官的干物质自现蕾后不断增加，230天时达最大，占干物质总累积量的48.6%，其中籽粒产量为4273kg/hm²。'华双5号'苗期的落叶较少，170天（花期）后迅速增加，220天时达最大值2162kg/hm²，占干物质总累积量的13.3%。

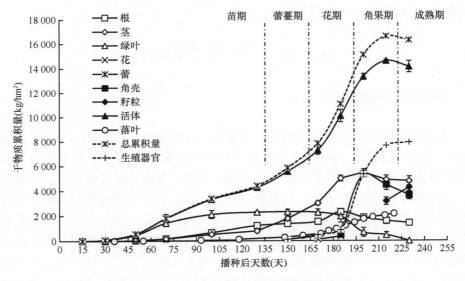

图2-1 '华双5号'干物质累积量动态

'中油杂12号'各器官干物质累积量达到最大值的时期与'华双5号'基本一致（图2-2），但是其数值高于'华双5号'。'中油杂12号'的干物质总累积量及根、茎、绿叶、籽粒、落叶的最大干物质累积量相对于'华双5号'分别增加3698kg/hm²、118kg/hm²、938kg/hm²、93kg/hm²、935kg/hm²、962kg/hm²。可见'中油杂12号'相对于'华双5号'在干物质累积上表现出一定的优势。'中油杂12号'在苗期、薹花期、角果成熟期的干物质累积比例分别为28%、44%、28%，与'华双 5 号'相比，'中油杂 12 号'角果成熟期的干物质累积比例较大，表现出一定的后熟趋势。

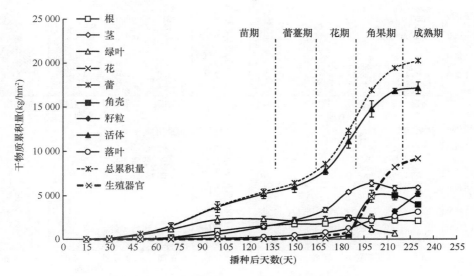

图 2-2　'中油杂 12 号'干物质累积量动态

通过对两品种的比较可知，冬油菜干物质变化呈现一定的规律，干物质总累积量呈"S"形曲线变化，主要集中在蕾薹期至角果期。0～135 天（苗期）累积量较少，135～220 天（蕾薹期至角果期）累积最快。220～230 天（成熟期）保持平稳。薹花期干物质累积量最多，苗期、角果成熟期次之。根、茎、绿叶干物质累积量先增加后减少，落叶干物质累积量在成熟期达最大值。抽薹前干物质累积量表现为绿叶＞根≈茎＞落叶，抽薹后，由于角壳、籽粒的形成和叶片脱落，干物质累积量表现为茎≈籽粒＞角壳＞落叶＞根。

二、氮肥用量对冬油菜不同生育期干物质累积特性的影响

施氮显著增加了冬油菜（包括直播和移栽两种种植方式）各生育期干物质累积量（图 2-3），与不施氮处理相比，苗期移栽和直播冬油菜施氮处理干物质累积量增幅分别为 28.6%～141.0%和 28.1%～279.7%，蕾薹期增幅分别为 65.1%～179.0%和 44.8%～269.6%，花期增幅分别为 42.3%～198.5%和 59.9%～342.2%，成熟期增幅分别为 49.6%～218.1%和 70.2%～356.3%，蕾薹期后施氮干物质累积量增幅明显高于苗期。随着氮肥用量的增加，移栽和直播冬油菜各生育期干物质累积量均呈增加趋势，施氮超过 270kg/hm^2 时，干物质累积量无明显变化；当投入过量的氮肥时（360kg/hm^2），冬油菜成熟期干物质累积量可能会降低。

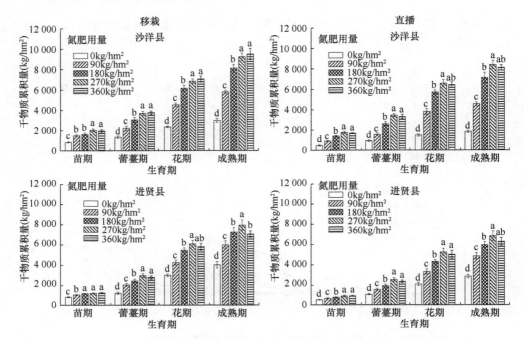

图 2-3　栽培模式与氮肥用量对冬油菜不同生育期干物质累积量的影响

各小图每组柱子上方不含有相同小写字母表示相同时期不同氮肥处理间差异显著（P<0.05）

第二节　氮素需求总量与分配

一、冬油菜各器官氮含量动态变化趋势

由图 2-4 可知，'华双 5 号'根、茎的氮含量在 70 天时达最高，分别为 3.5%、3.6%，其后持续下降，收获时分别降至 0.5%、0.4%。绿叶的氮含量在 15 天时最高，为 5.6%，随着生物量的增加，稀释效应逐渐明显，100 天时出现低谷，随着越冬肥的投入，100～135 天又略有升高，而后下降，收获时降至最低值（2.1%）。在生殖器官形成过程中，籽粒的氮含量逐渐增加，角壳和花的氮含量均逐渐减少。落叶氮含量在苗期最高，蕾薹期后稳定在 1.0% 左右。蕾薹期以前，各器官的氮含量表现为绿叶>茎>根>落叶，收获时则表现为籽粒>落叶>根≈茎≈角壳。'中油杂 12 号'根的氮含量在 100 天时出现峰值，为 2.7%，蕾和籽粒氮含量随着植株生长缓慢下降，其他器官氮含量的变化趋势与'华双 5 号'一致（图 2-5）。

二、冬油菜各器官氮素累积量动态变化趋势

'华双 5 号'氮素总累积量在 0～170 天直线上升（图 2-6），170 天（初花期）

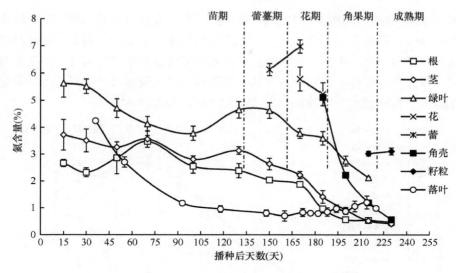

图 2-4　'华双 5 号' 氮含量动态

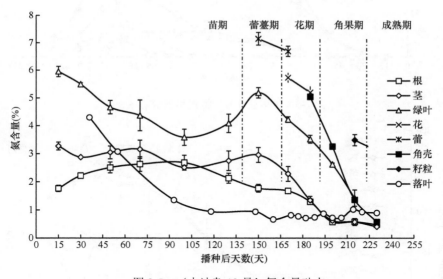

图 2-5　'中油杂 12 号' 氮含量动态

达最大值 217.6kg/hm^2，后期略有下降。苗期、薹花期的氮素累积比例分别为 78%、22%。根、茎、绿叶的氮素累积量均先升高后降低，分别在 130 天（苗后期）、185 天（花期）、150 天（蕾薹期）达最大值，分别为 29.2kg/hm^2、70.5kg/hm^2、107.1kg/hm^2，之后三者氮素累积量均有不同程度下降，降幅表现为绿叶＞茎＞根。生殖器官的氮素累积量在角果形成后直线上升，最终有 66.5% 的氮素累积在籽粒中。落叶的氮素累积量在 170 天（蕾薹期）后快速增加，220 天时达最大值 19.9kg/hm^2，占植株氮素总累积量的 10.0%。'中油杂 12 号'氮素总累积量在 200 天达最大值 261.6kg/hm²，略迟于'华双 5 号'，而后略有下降（图 2-7）。苗期、薹花期的累积比例分别为 69%、31%。其他器官氮素累积量达最大值的时期与'华双 5 号'相同，根、茎、绿叶、籽粒、落叶氮素累积量的最大值相对'华双 5 号'分别高 1.9kg/hm²、6.6kg/hm²、1.0kg/hm²、29.1kg/hm²、3.0kg/hm²。

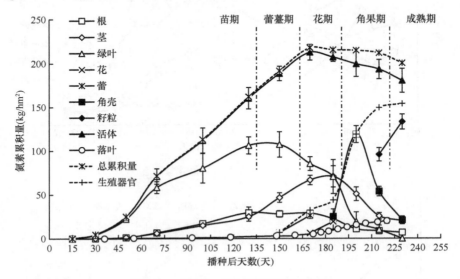

图 2-6 '华双 5 号'氮素累积量动态

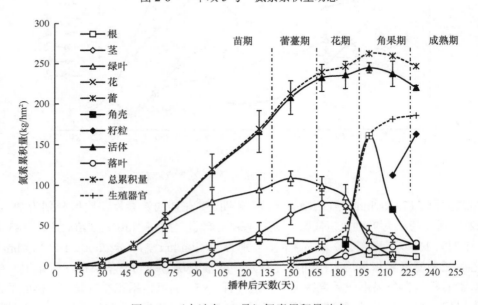

图 2-7 '中油杂 12 号'氮素累积量动态

综上可知，冬油菜氮素吸收规律为先增加后平稳。总累积量在花期至角果期达最大值。根、茎、绿叶中的氮素累积量均呈先增加后减少的变化趋势，分别在苗期、花期、蕾薹期达最大值。'华双5号'的氮素累积量小于'中油杂12号'，且'华双5号'的氮素累积主要集中在苗期，薹花期累积较少，而'中油杂12号'在抽薹后累积的氮素比例高于'华双5号'。

第三节　氮素需求的阶段性

一、氮肥用量对冬油菜不同生育期氮素累积量的影响

冬油菜不同生育期氮素累积量在花期达到最大值（图2-8），其中移栽冬油菜各生育期氮素累积量均明显高于直播冬油菜，苗期、蕾薹期、花期和成熟期分别提高43.3%、26.9%、21.2%和25.1%。施氮显著提高移栽和直播冬油菜不同生育期氮素累积量，不过当氮肥用量超过270kg/hm^{2}时，各处理氮素累积量无显著差异。与不施氮处理相比，移栽和直播冬油菜施氮处理氮素累积量苗期增幅分别为55.7%～260.9%和51.9%～428.5%、蕾薹期增幅分别为89.8%～414.8%和64.6%～

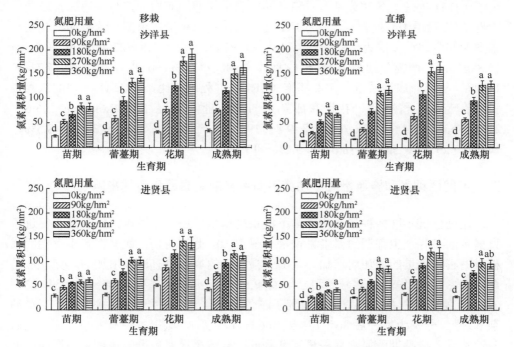

图2-8　栽培模式与氮肥用量对冬油菜不同生育期氮素累积量的影响

各小图每组柱子上方不含有相同小写字母表示相同时期不同氮肥处理间差异显著（$P < 0.05$）

584.5%、花期增幅分别为 69.2%～506.7%和 92.2%～779.1%、成熟期增幅分别为 73.4%～373.6%和 106.4%～582.9%，不同处理间植株氮素累积量差异较大的时期是蕾薹期至成熟期，而苗期相对较小。

二、控释尿素的施用对冬油菜不同生育期氮素累积量的影响

图 2-9 表示不同施肥处理下冬油菜氮素累积量的变化，冬油菜氮素累积量随生育期的推进逐渐增加，苗期、蕾薹期和花期的氮素累积量一直迅速增加，花期至成熟期的氮素累积量增加速度变缓。施氮显著提高了冬油菜各生育期的氮素累积量，与不施氮肥（CK）处理相比，各施氮处理的氮素累积量在苗期、蕾薹期、花期和成熟期的增加量依次为 10.4～33.6kg/hm^2、18.3～66.0kg/hm^2、21.1～84.2kg/hm^2 和22.0～94.4kg/hm^2，增幅分别为 26.7%～154.7%、74.6%～232.3%、39.7%～255.1%和 31.5%～163.8%。不同的施肥方式显著影响冬油菜的氮素累积量，在苗期普通尿素一次性基施（UB-H）处理的氮素累积量最高，但在蕾薹期以后氮素累积量增加速度变慢，普通尿素分次施用（UD-H）处理和控释尿素一次性基施（CRU-H）处理的氮素累积量在蕾薹期以后继续保持较快的增加速度，并超过了 UB-H 处理。冬油菜氮素累积量随施肥量的增加而增加，与普通尿素减量一次性基施（UB-L）处理相比，UB-H 处理的氮素累积量在苗期、蕾薹期、花期和成熟期的增加量依次为 1.8～6.6kg/hm^2、1.1～12.6kg/hm^2、2.8～22.4kg/hm^2 和6.3～16.8kg/hm^2，增幅分别为 6.6%～12.8%、3.1%～13.4%、6.3%～29.3%和 7.3%～14.8%。与控释尿素减量一次性基施（CRU-L）处理相比，CRU-H 处理的氮素累积量在苗期、蕾薹期、花期和成熟期的增加量依次为 1.3～2.6kg/hm^2、5.6～21.0kg/hm^2、2.4～17.3kg/hm^2 和 9.8～19.5kg/hm^2，增幅分别为 3.2%～8.5%、14.7%～20.2%、5.0%～18.0%和9.2%～15.8%。

三、不同播种量和施氮量对冬油菜不同生育期氮素累积量的影响

通过分析不同播种量和施氮量下氮素的累积过程可以发现，施氮显著促进了直播冬油菜各个生育期的氮素累积量（图 2-10，图 2-11）。氮素在各生育期的累积量随着施氮量的增加而增加，且随着播种量的增加也有逐渐增加的趋势。从苗期到越冬期（'华油杂 9 号' 和 '华油杂 62 号' 分别为播种后 46～86 天和 23～60 天）氮素累积量缓慢增加，而到了越冬期至角果期（'华油杂 9 号' 和 '华油杂 62 号' 分别为播种后 86～171 天和 60～177 天），氮素累积量大幅增加，之后冬油菜进入成熟期，氮素累积量逐渐降低。群体氮素累积量随播种量的增加而增加，说明提高播种量可以增加群体对氮素的吸收。

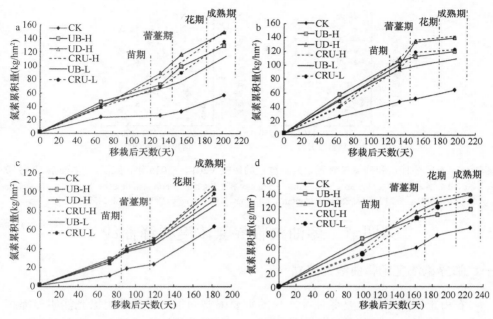

图 2-9　控释尿素施用对冬油菜不同生育期氮素累积量的影响

a. 浠水县；b. 鄂州市；c. 进贤县；d. 赤壁市

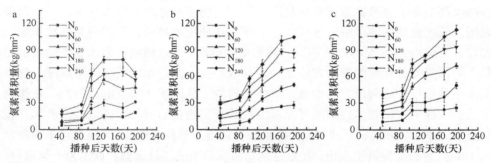

图 2-10　不同播种量和施氮量对氮素累积过程的影响（2013～2014 年，武汉，'华油杂 9 号'）

a、b、c 分别为播种量 1.5kg/hm² 、4.5kg/hm² 和 7.5kg/hm² 时的氮素累积变化；N₀、N₆₀、N₁₂₀、N₁₈₀ 和 N₂₄₀ 分别表示氮肥用量为 0kg/hm² 、60kg/hm² 、120kg/hm² 、180kg/hm² 和 240kg/hm²

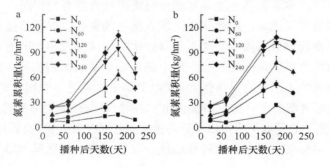

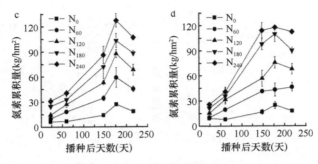

图 2-11 不同播种量和施氮量对氮素累积过程的影响（2014～2015 年，武汉，'华油杂 62 号'）
a、b、c、d 分别为播种量 1.5kg/hm²、3.0kg/hm²、4.5kg/hm² 和 7.5kg/hm² 时的氮素累积变化；N_0、N_{60}、N_{120}、N_{180} 和 N_{240} 分别表示氮肥用量为 0kg/hm²、60kg/hm²、120kg/hm²、180kg/hm² 和 240kg/hm²

第四节 冬油菜临界氮浓度稀释曲线

一、临界氮浓度稀释曲线的建立

农田土壤氮素缺乏是冬油菜产量的重要限制因子，合理施用氮肥能明显提高冬油菜的产量。由于氮的性质比较活跃，在土壤中的转化途径多，因此氮肥管理一直是作物养分管理中的重点和难点。由于缺乏明确的氮素营养诊断指标，故难以准确判断冬油菜植株氮素营养状况，生产中施氮不合理的现象常常发生，调查表明，长江流域冬油菜主产区有 1/3 农户存在施肥不足或过量的现象（徐华丽，2012），限制了冬油菜的产量和氮肥利用率的提高。通过植物氮素诊断来精确追肥是作物氮素养分管理的重要方法之一，其核心在于确定作物的临界氮浓度。临界氮浓度是指作物达到最大干物质量所需要的最低氮浓度（Ulrich，1992）。在作物生长的过程中，作物体内的临界氮浓度会随着生物量的增加而降低，两者间存在幂指数关系（$N=aDM^{-b}$，式中，N 为最低氮浓度，单位为%；a 为地上部干物质质量为 1t/hm² 时的临界氮浓度值；b 为控制此曲线斜率的统计参数；DM 为干物质量，单位为 t/hm²）。建立冬油菜的临界氮浓度稀释曲线有助于判断其不同生长阶段的氮素丰缺状况。因此明确直播冬油菜不同生育阶段的临界氮浓度对于科学诊断植株氮素营养状况、实现直播冬油菜氮肥合理施用具有重要的作用。

通过两年的田间试验，构建华中区域直播冬油菜的临界氮浓度稀释曲线，同时利用氮营养指数评估直播冬油菜氮素营养状况。结果表明，随着作物的生长，冬油菜地上部氮含量呈降低的趋势，地上部生物量呈增加的趋势。氮肥施用显著影响直播冬油菜地上部生物量和氮含量，地上部生物量随氮肥用量的增加先增加，试验点在氮肥用量增加至 120～300kg/hm² 后保持不变；地上部氮含量随氮肥用量增加而增加。充足的氮素供应可以保证冬油菜的正常生长。我们利用两年 4 个试验点的数据构建冬油菜临界氮浓度稀释曲线。随地上部干物质量的增加，冬油菜地上部氮含量呈逐渐下降的趋势（图 2-12）。确定冬油菜临界氮浓度稀释曲线为 $N_{cnc}=3.49\mathrm{DM}^{-0.26}$（$R^2=0.634$）。

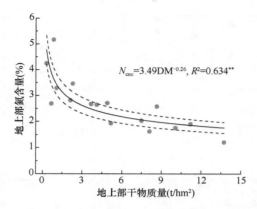

图 2-12　直播冬油菜地上部临界氮浓度稀释曲线
**表示相关性极显著（$P<0.01$）

二、氮肥用量对氮营养指数的影响

氮营养指数通常被用来定量评估植株体内的氮素状况。由图 2-13 可知，随着施氮水平的提高，各生育期氮营养指数不断上升。各试验点（试验二除外）氮肥用量为 180～240kg/hm² 时，苗期、越冬期、蕾薹期和花期的氮营养指数在 1.0 附近变化，指示氮素营养适宜；而氮肥用量小于 180kg/hm² 时，氮营养指数小于 1，指示氮素营养处于亏缺状态，氮肥用量大于 240kg/hm² 时，氮营养指数大于 1，指示氮素营养过量。试验二在氮肥用量为 120kg/hm² 时各时期氮营养指数在 1.0 附近，小于和大于 120kg/hm² 时氮营养指数分别明显小于和大于 1。从产量结果来看，试验二氮肥用量达 120kg/hm² 后各处理间的产量并无明显差异，其余试验点则是在氮肥用量达 180～240kg/hm² 时达到较高产量水平。

三、氮营养指数与直播冬油菜相对产量的关系

直播冬油菜相对产量随氮营养指数的增加呈一元二次曲线增加（图 2-14）。其中，苗期的二次项系数最大，相对产量随苗期氮营养指数的增加近乎线性增加。苗期、越冬期、蕾薹期和花期相对产量为 1 时的氮营养指数分别为 1.18、1.35、1.26 和 1.03。继续提高各时期的氮营养指数，各时期（除苗期外）对应的相对产量基本不再增加，而苗期对应的相对产量继续增加。因此，适当地提高苗期的氮营养指数对于获得高产具有重要作用。

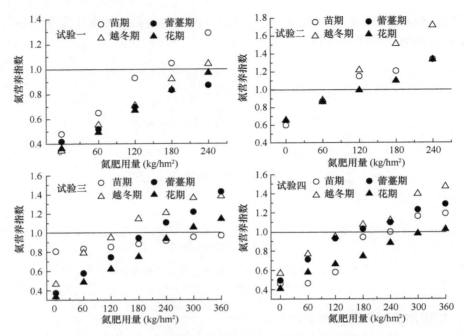

图 2-13　氮肥用量对直播冬油菜氮营养指数的影响

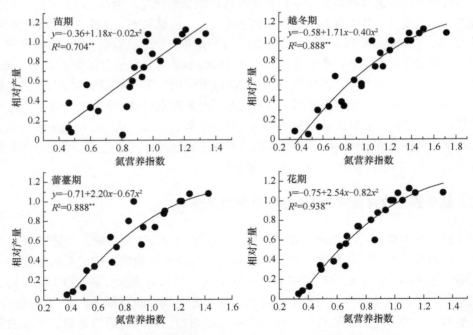

图 2-14　不同生育期氮营养指数与直播冬油菜相对产量的关系

**表示相关性极显著（$P<0.01$）

四、氮营养指数对冬油菜氮肥管理的意义

利用冬油菜临界氮浓度稀释曲线确定各时期的临界氮浓度，同时评估不同氮肥处理下各时期的氮营养指数，能有效评价冬油菜的氮素营养状况。冬油菜植株氮营养指数在 1.0 左右比较适宜，但是适当地增加植株体内的氮素营养有利于改善植株的生长状况，提高其在冬季低温时的抗逆性和存活率。研究发现，冬油菜越冬期、蕾薹期和花期适宜的氮营养指数分别为 1.35、1.26 和 1.03。对于苗期，冬油菜相对产量随氮营养指数的增加近乎线性增加，适当地提高苗期的氮营养指数有助于获得高产。苗期充足的氮素营养有利于冬油菜产量的形成，但过高的氮肥投入可能会增加氮素损失。越冬期和蕾薹期是冬油菜氮肥追施的关键时期，至冬油菜花期追施氮肥，产量的调控潜力并不大。冬油菜苗期的物质累积是后期生长发育的基础，关注苗期氮肥管理的同时，也要加强苗期之后氮素营养的及时补充，采用氮营养指数指导越冬期和蕾薹期的氮肥追施，维持植株充足的氮素供应，对直播冬油菜高产十分关键。

第三章 高产冬油菜磷素需求特征

与禾本科作物相比，油菜对磷素的需求较大，植株地上部养分吸收量可达 90～130kg P_2O_5/hm^2。此外，磷素在油菜的能量和物质代谢中起着重要作用，参与分生组织的多种化学反应，具有向生命活跃的新生组织集中运转的特点。前期研究表明，油菜磷素营养的代谢中心随生长发育进程而变化。苗期磷素主要供给根系生长；开花期营养生长和生殖生长并进，植株地上部是磷素分配中心；成熟期磷素分配中心转至生殖器官（郭庆元和李志玉，2000）。缺磷时油菜植株叶片小，不能自然平展，呈灰绿色、暗绿色到淡紫色，茎呈蓝绿色、紫色或红色，开花推迟；根系明显减少，吸收力弱；叶片、分枝发育和花芽分化受阻，光合作用减弱，角果、角粒数少，产量低。

第一节 磷素需求总量与分配

一、冬油菜各器官磷含量动态变化趋势

'华双 5 号'各器官磷含量的变化较平缓，根的磷含量在 70 天（苗期）最高，为 0.30%，随着生物量的增加磷含量持续下降，230 天时降至 0.07%（图 3-1）。茎和绿叶的磷含量自出苗后缓慢上升，在 130 天（苗后期）时达到最大值，分别为 0.41%和 0.44%，随后直线下降，收获时分别降至 0.05%和 0.14%。生殖器官除籽粒和花的磷含量逐渐升高外其他部分均逐渐降低。收获时籽粒的磷含量为 0.68%，显著高于其他器官。落叶的磷含量在苗期较高，抽薹之后保持在 0.10%左右。'中油杂 12 号'各器官磷含量的变化趋势与'华双 5 号'基本一致（图 3-2）。根、茎中的磷含量亦分别在 70 天、130 天时最高，分别为 0.31%、0.42%；收获时籽粒的磷含量达 0.83%，高于'华双 5 号'；其他器官之间磷含量的差异不大。

二、冬油菜各器官磷素累积量动态变化趋势

'华双 5 号'磷素（P_2O_5）总累积量在 0～130 天（苗期）缓慢上升，135～185 天趋于平稳，185～230 天（角果期至成熟期）又快速增加，230 天（收获时）达最大值 91.7kg/hm^2（图 3-3）。苗期、薹花期、角果成熟期三阶段的磷素（P_2O_5）累积比例分别为 39%、13%、48%。根、茎、绿叶中的磷素（P_2O_5）累积量先升后降，分别在 150 天（蕾薹期）、185 天（花后期）、130 天（苗后期）达最大值，为 2.5kg/hm^2、18.0kg/hm^2、22.8kg/hm^2；而后的下降幅度以绿叶最大，茎次之，根最小。生殖器官中磷素（P_2O_5）

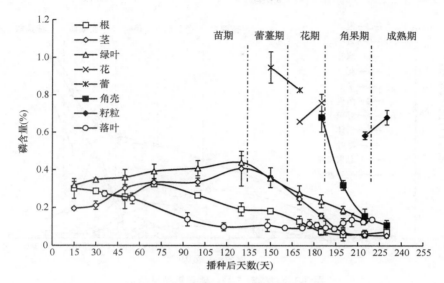

图 3-1　'华双 5 号'磷含量动态

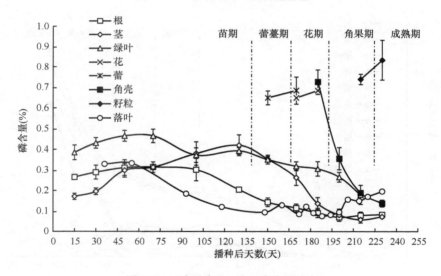

图 3-2　'中油杂 12 号'磷含量动态

累积量急剧增加，收获时籽粒磷素（P_2O_5）累积量达 68.6kg/hm^2。落叶的磷素（P_2O_5）累积量则相对较少，仅占总累积量的 6.2%。'中油杂 12 号'的磷素（P_2O_5）累积趋势与'华双 5 号'基本一致（图 3-4）。苗期、薹花期、角果成熟期的磷素（P_2O_5）累积比例分别为 31%、13%、56%。磷素（P_2O_5）总累积量、籽粒及落叶的磷素（P_2O_5）累积量分别为 134.5kg/hm^2、99.5kg/hm^2、8.6kg/hm^2，均高于'华双 5 号'，其他器官的磷素（P_2O_5）累积量差异不大。

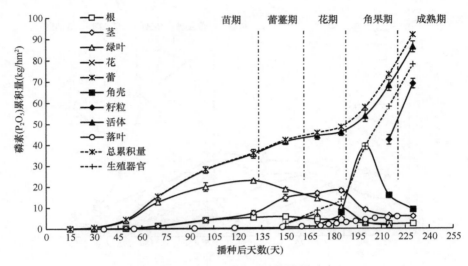

图 3-3　'华双 5 号'磷素累积量动态

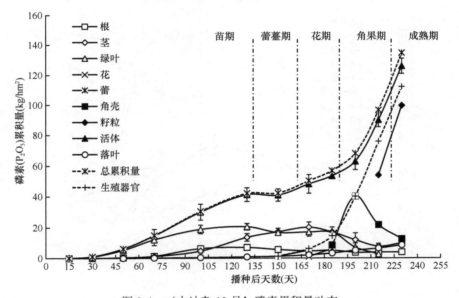

图 3-4　'中油杂 12 号'磷素累积量动态

　　冬油菜的磷素（P_2O_5）累积趋势与氮素不同，全株磷素（P_2O_5）累积量在整个生育期内持续增加，主要可分为三个阶段：苗期增加缓慢，薹花期基本保持稳定，角果成熟期迅速增加。根、茎、绿叶的磷素（P_2O_5）累积量分别在蕾薹期、花期和苗后期达到最大值，收获后 70%以上的磷素（P_2O_5）累积在籽粒中。与'华双 5 号'相比，'中油杂 12 号'的磷素（P_2O_5）需求量大，角果成熟期的累积比例高。

第二节　磷素需求的阶段性

一、冬油菜不同生育期地上部磷素累积量与分配比例

油菜地上部磷素养分的分配受生育期和品种特性的影响，苗期和蕾薹期各品种磷素吸收相对稳定，吸收比例分别为 23.4%～37.9%和 22.5%～29.4%，花期是磷素养分吸收量最大的时期，吸收比例为 32.7%～54.1%，角果期磷素累积量呈降低趋势，降幅为 3.0%～17.2%（表 3-1）。

表 3-1　不同生育期磷素（P_2O_5）累积量及其占最大累积量的百分比（单位：kg/hm^2）

品种	累积量（占最大累积量的百分比）				
	苗期	蕾薹期	花期	角果期	总计
华双 4 号	30.5（36.0%）	19.4（22.9%）	34.9（41.2%）	−9.4（−11.1%）	75.4（89.0%）
华双 5 号	23.0（23.4%）	22.1（22.5%）	53.2（54.1%）	−16.3（−16.6%）	82.0（83.4%）
华油杂 9 号	39.8（37.9%）	30.9（29.4%）	34.3（32.7%）	−18.0（−17.2%）	87.0（82.8%）
中双 9 号	25.3（29.5%）	24.7（28.8%）	35.8（41.7%）	−2.6（−3.0%）	83.2（97.0%）

二、冬油菜成熟期不同部位磷素累积与分配

不同施肥处理冬油菜各部位磷素累积情况见表 3-2。成熟期冬油菜 75%左右的磷素集中在籽粒中，不同施肥处理显著影响冬油菜各部位磷素累积量，与空白处理相比，推荐施肥与专用肥处理各部位磷素总累积量显著高于空白处理，专用肥处理冬油菜籽粒、茎磷素（P_2O_5）累积量分别为 10.8～75.2kg/hm^2、0.1～25.1kg/hm^2，平均为 39.4kg/hm^2、6.3kg/hm^2，与推荐施肥处理相比，冬油菜籽粒、茎磷素（P_2O_5）累积量平均分别增加 2.1kg/hm^2、0.2kg/hm^2，增幅分别约为 5.6%、3.3%。同样，专用肥处理冬油菜地上部磷素（P_2O_5）总累积量平均为 52.1kg/hm^2，比推荐施肥地上部磷素（P_2O_5）总累积量增加 2.2kg/hm^2，增幅约为 4.4%。

表 3-2　不同施肥处理冬油菜各部位磷素（P_2O_5）累积情况 （单位：kg/hm^2）

处理	统计指标	籽粒累积量	茎累积量	角壳累积量	总累积量
空白	变幅	1.1～61.5	0.1～13.1	0.2～10.8	1.5～78.0
	平均	21.4±13.5b	3.2±3.2b	3.5±3.2b	28.2±17.8b
推荐施肥	变幅	13.1～80.3	0.4～21.1	0.4～36.8	15.3～138.2
	平均	37.3±13.0a	6.1±5.0a	6.4±6.3a	49.9±21.7a
专用肥	变幅	10.8～75.2	0.1～25.1	0.3～23.0	11.7～112.5
	平均	39.4±12.8a	6.3±5.6a	6.4±5.4a	52.1±20.1a

注：同一列平均值后不同小写字母表示同一部位不同处理间差异显著（$P<0.05$）

第四章　高产冬油菜钾素需求特征

油菜对钾的需求量与需氮量相近甚至更多,全生育期钾(K$_2$O)吸收量为42~369kg/hm^2。钾素缺乏已成为一些地区油菜产量进一步提高的限制因子,我国不同区域油菜施钾增产效果差异较大,增产量和增产率分别为2~862kg/hm^{2}和0.3%~86.7%,钾素农学利用率为0.02~14.41kg/kg,且施钾增产效果与土壤有效钾含量密切相关。油菜缺钾时,下部叶片边缘失绿黄化,严重时叶片边缘和叶尖出现焦枯状,植株矮小,角果显著减少,多短荚且易出现阴角,籽粒产量和产油量降低。目前普遍认为钾肥施用促进了油菜对氮、磷等其他养分的吸收,有效增加各生育期的干物质累积量,增加角果数,同时促进干物质由营养器官向籽粒转移,增加籽粒数量和总量,充足的钾素供应还能延长植株生育期,延缓衰老,为油菜高产奠定良好的基础。

第一节　钾素需求总量与分配

一、冬油菜各器官钾含量动态变化趋势

油菜植株各器官钾含量差异较大,且随着生育进程的不同,变化规律有所差异(图4-1)。‘华双5号’根中钾含量在0~130天(苗期)基本保持在2.0%左右,150天(蕾薹期)后迅速下降,收获时降至0.6%。茎的钾含量自出苗后迅速下降,70天时出现低谷,随后缓慢升高,150天(蕾薹期)升至4.0%,而后又迅速下降,230天时降至1.2%。绿叶的钾含量则先升后降,70天之后一直稳定在2.5%左右。生殖器官钾含量的变化趋势有别于氮和磷,角壳的钾含量在成熟期逐渐上升,而籽粒的钾含量则逐渐下降。落叶的钾含量一直波动变化,花期以后变幅尤为明显。‘中油杂12号’各器官钾含量的变化规律与‘华双5号’基本一致,含量上的差异也不大(图4-2)。

二、冬油菜各器官钾素累积量动态变化趋势

‘华双5号’植株钾素总累积量先升高后降低,在200天(角果期)达最大值263.7kg/hm^2,其后略有降低(图4-3)。苗期、薹花期的钾素累积比例分别为53%、47%。根、茎、绿叶的钾素(K$_2$O)累积量分别在150天(蕾薹期)、185天(花期)、150天(蕾薹期)达到最大值,之后均有不同程度的降低;降幅以绿叶

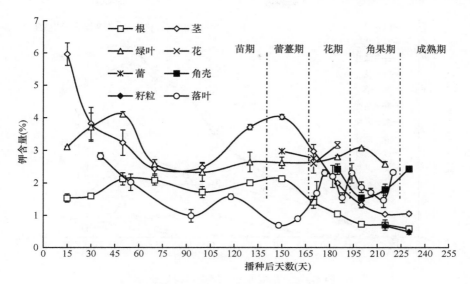

图 4-1　'华双 5 号'钾含量动态

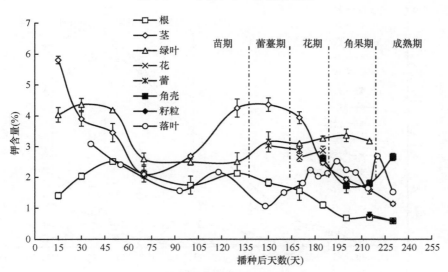

图 4-2　'中油杂 12 号'钾含量动态

最大，茎次之，根最小。生殖器官的钾素大部分累积在角壳中，最终分配到籽粒中的仅为 19.5%。落叶的钾素（K_2O）累积量为 45.6kg/hm²，占植株钾素总累积量的 18.4%。图 4-4 显示，'中油杂 12 号'植株钾素总累积量在 200 天达最大值 365.2kg/hm²，显著高于'华双 5 号'，其后略有降低。苗期、薹花期的钾素累积比例均为 50%。根、茎的钾素（K_2O）累积量达到最大值的时间与'华双 5 号'接近，最大值分别为 37.3kg/hm²、161.0kg/hm²；绿叶的钾素（K_2O）累积量

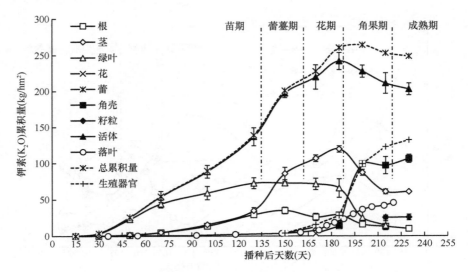

图 4-3　'华双 5 号'钾素累积量动态

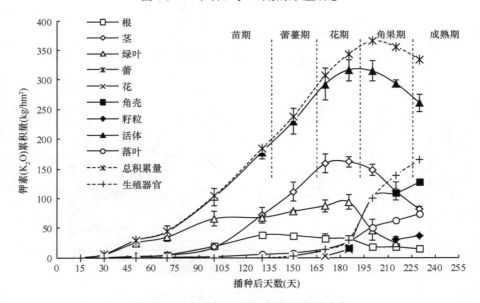

图 4-4　'中油杂 12 号'钾素累积量动态

最大值出现在 185 天，为 93.9kg/hm²，高于'华双 5 号'。落叶的钾素（K₂O）累积量为 73.6kg/hm²，高于'华双 5 号'。

　　冬油菜的钾素累积量随植株的生长呈先增加后平稳的变化，最大值出现在花后期至角果初期。苗期和薹花期吸钾量相当，全株吸钾量高于氮和磷。根、茎、绿叶的钾素累积量先增后降。与'华双 5 号'相比，'中油杂 12 号'的钾素需求量大。

第二节　钾素需求的阶段性

一、冬油菜不同生育期地上部钾素累积量与分配比例

在不同生长阶段，冬油菜地上部钾素吸收有所不同，苗期和蕾薹期各品种钾素累积量相对较低，所占比例分别为 24.7%～33.9%和 16.2%～35.9%；花期是钾素吸收量最大的时期，累积比例为 31.0%～53.3%；角果期钾素累积量均有减少，其中又以'华双 4 号'下降的幅度最大（表 4-1）。

表 4-1　不同生长阶段钾素（K_2O）累积量及其占最大累积量的百分比（单位：kg/hm^2）

品种	累积量（占最大累积量的百分比）				
	苗期	蕾薹期	花期	角果期	总计
华双 4 号	135.3（33.9%）	64.6（16.2%）	199.1（49.9%）	−171.6（−43.0%）	227.4（57.0%）
华双 5 号	100.4（24.7%）	89.7（22.0%）	217.0（53.3%）	−152.9（−37.6%）	254.2（62.4%）
华油杂 9 号	134.6（33.1%）	146.1（35.9%）	126.0（31.0%）	−95.4（−23.5%）	311.3（76.5%）
中双 9 号	106.0（30.8%）	119.7（34.8%）	118.8（34.5%）	−91.8（−26.6%）	252.7（73.5%）

二、冬油菜成熟期不同部位钾素累积与分配

不同施肥处理冬油菜各部位钾素累积情况见表 4-2。与空白处理相比，推荐施肥处理与专用肥处理钾素累积量在籽粒、茎、角壳以及总量上均表现出显著性差异，接近空白处理的 2 倍。专用肥处理油菜籽粒、角壳钾素（K_2O）累积量分别为 8.1～40.9kg/hm²、10.3～203.2kg/hm²，平均分别为 25.1kg/hm²、75.3kg/hm²；与推荐施肥处理相比，其油菜籽粒、角壳钾素（K_2O）累积量平均分别增加 1.4kg/hm²、4.4kg/hm²，增幅约为 5.9%、6.2%，而茎中钾素（K_2O）累积量有所下降，减少了 7.0kg/hm²，降幅约为 6.1%。

表 4-2　不同施肥处理冬油菜各部位钾素（K_2O）累积情况（单位：kg/hm^2）

处理	统计指标	籽粒累积量	茎累积量	角壳累积量	总累积量
空白	变幅	0.7～31.1	2.1～172.0	0.8～114.1	3.6～278.0
	平均	12.6±7.3b	60.1±38.2b	40.4±27.4b	113.2±67.9b
推荐施肥	变幅	10.6～43.7	22.9～336.5	24.3～204.1	73.0～566.5
	平均	23.7±7.6a	114.1±71.0a	70.9±32.7a	208.7±97.4a
专用肥	变幅	8.1～40.9	22.9～319.9	10.3～203.2	41.3～545.8
	平均	25.1±7.7a	107.1±54.1a	75.3±32.4a	207.5±76.8a

注：同一列平均值后不同小写字母表示同一部位不同处理间差异显著（$P<0.05$）

第五章　高产冬油菜硼素需求特征

油菜是含硼量较高的作物之一，对缺硼的反应比较强烈。硼能促进油菜生殖器官的生长发育，促进花粉的萌发和花粉管伸长，有利于受精和种子的形成。硼显著影响植株体内碳水化合物的分配与运输，参与细胞壁等物质的形成。研究表明，油菜根、茎、叶中硼含量的高峰均出现在初蕾期至盛蕾期，说明初蕾期至盛蕾期油菜体内需硼量最大。在缺硼和正常供硼情况下，油菜花器官的含硼量均明显高于叶片，当硼过量时，过量的硼多累积在叶片中。油菜缺硼的主要表现：苗期缺硼，根系发育不良，叶片小，叶柄粗，叶端倒卷，叶由暗绿色变为紫色；蕾薹期缺硼，薹茎延伸缓慢、矮化，中下部功能叶叶缘紫色，蕾发育不正常，甚至枯萎；花期缺硼，"花而不实"，花期延长，有"返花"现象；角果成熟期缺硼，角果中胚珠萎缩，不结籽或弱小籽，角果或茎皮呈紫红色，籽粒减产严重。

第一节　硼素需求总量与分配

一、冬油菜各器官硼含量动态变化趋势

'华双 5 号'根、茎的硼含量均先升高后降低（图 5-1），分别在花期、蕾薹期达到最大值。绿叶、落叶的硼含量则随生育期的推进逐渐升高，在蕾薹期之后落叶硼含量逐渐高于绿叶。生殖器官在经历蕾—花—角壳—籽粒的过程中，硼含量依次降低。收获时各器官的硼含量表现为落叶＞角壳＞籽粒=根＞茎。'中油杂 12 号'各器官硼含量的变化与'华双 5 号'基本一致，含量差异也较小（图 5-2）。

二、冬油菜各器官硼素累积量动态变化趋势

'华双 5 号'的植株硼素总累积量随生育进程先升后降（图 5-3），在 215 天（角果期）达到最大值 454.2g/hm²，收获时降低至 383.9g/hm²，降幅为 15.5%。苗期、薹花期、角果期的最大累积比例分别为 28%、53%、19%。根、茎、绿叶的硼素累积量呈先增加后降低的变化，分别在 185 天、185 天和 150 天达到最大值，分别为 43.2g/hm²、103.6g/hm² 和 92.3g/hm²；生殖器官的硼素累积量在 215 天（角果期）

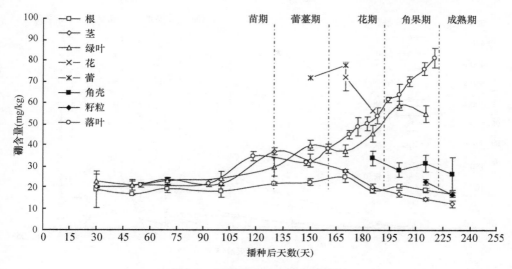

图 5-1　'华双 5 号'硼含量动态

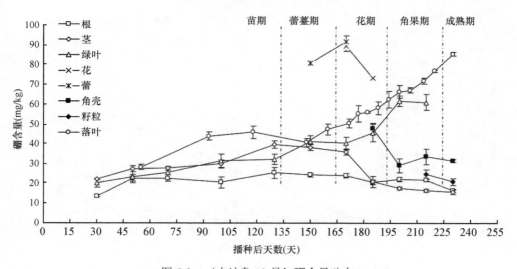

图 5-2　'中油杂 12 号'硼含量动态

达到最大值,之后略有下降;籽粒的硼素累积量为 75.8g/hm²。收获时各器官硼素累积量大小为落叶＞角壳＞籽粒=茎＞根。'中油杂 12 号'硼素累积趋势与'华双 5 号'一致,但是在角果后期的降幅较小(图 5-4)。'中油杂 12 号'硼素最大累积量为 595.3g/hm²,约比'华双 5 号'高 31.1%。苗期、蔓花期、角果期硼素最大累积比例分别为 30%、47%、23%。根、茎、绿叶硼素累积量的最大值与'华双 5 号'的差异不大。收获时籽粒、落叶的硼素累积量分别为 108.7g/hm² 和 214.0g/hm²,较'华双 5 号'分别约高 43.4%和 74.5%。

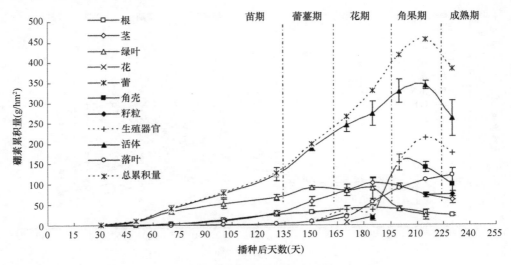

图 5-3 '华双 5 号'硼素累积量动态

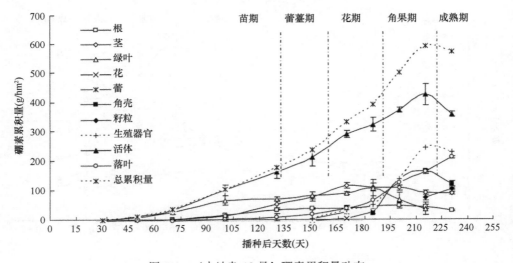

图 5-4 '中油杂 12 号'硼素累积量动态

第二节 硼素需求的阶段性

一、冬油菜不同生育期地上部硼素累积量与分配比例

微量元素硼累积量最大的时期为蕾薹期和花期（表 5-1），分别占最大累积量的 33.8%～38.7% 和 38.5%～39.6%，其次是苗期，角果期累积量呈负增长。不同生育阶段硼素累积量占最大累积量百分比的顺序为花期＞蕾薹期＞苗期＞角果

期，且蕾薹期和花期硼素累积量相近，两个时期硼素累积量共占最大累积量的
72.7%～78.3%。

表 5-1　不同生育阶段硼素累积量及其占最大累积量的百分比（单位：g/hm²）

品种	累积量（占最大累积量的百分比）				
	苗期	蕾薹期	花期	角果期	总计
华双 4 号	37.0（27.2%）	46.0（33.8%）	52.9（38.9%）	−19.9（−14.6%）	116.0（85.3%）
华双 5 号	29.0（21.7%）	51.6（38.7%）	52.8（39.6%）	−11.6（−8.7%）	121.8（91.3%）
华油杂 9 号	46.2（24.6%）	68.3（36.4%）	73.1（39.0%）	−32.0（−17.0%）	155.6（83.0%）
中双 9 号	32.8（23.4%）	53.4（38.1%）	53.9（38.5%）	−1.4（−1.0%）	138.7（99.0%）

二、冬油菜成熟期不同部位硼素累积与分配

不同施肥处理冬油菜各部位硼素累积情况见表 5-2。成熟期油菜植株硼素主
要分布在茎中，其次是角壳，籽粒中硼素累积量较少。不施硼时，植株整体及
各器官中硼素累积量变异最大。施硼显著增加冬油菜籽粒、茎、角壳中硼素的
累积，但当硼肥用量超过 9.0kg/hm² 时，植株各部位硼素累积量差异较小。施硼
9.0kg/hm² 处理植株硼素总累积量为 111.2～237.5g/hm²，平均值为 155.3g/hm²，
比不施硼处理约增加了 110.4%，籽粒、茎和角壳则分别约增加了 118.6%、83.3%
和 172.1%。

表 5-2　不同施肥处理冬油菜各部位硼素累积情况

硼肥用量（kg/hm²）	统计指标	籽粒累积量（g/hm²）	茎累积量（g/hm²）	角壳累积量（g/hm²）	总累积量（g/hm²）
0	变幅	1.4～29.0	16.8～85.2	0.8～55.4	32.5～169.6
	平均	12.9±8.9	43.8±19.9	17.2±18.3	73.8±43.3
4.5	变幅	17.0～35.7	43.6～98.2	14.7～58.2	95.5～190.4
	平均	24.7±6.9	62.4±17.6	36.1±12.4	123.2±31.4
9.0	变幅	22.2～37.8	54.3～127.1	31.9～72.6	111.2～237.5
	平均	28.2±5.1	80.3±24.5	46.8±13.2	155.3±37.2
13.5	变幅	22.7～35.3	53.7～107.0	32.9～86.6	119.8～226.6
	平均	29.1±4.4	78.6±20.6	59.2±15.1	166.8±32.9

第六章 高产高效冬油菜氮素调控

第一节 氮 肥 用 量

一、氮肥用量的研究现状与意义

氮肥是发展冬油菜生产不可或缺的养分资源。冬油菜对氮素需求量较大，加之土壤自身氮素普遍缺乏，仅靠土壤氮素远远满足不了冬油菜的正常生长。氮肥施用通过调控个体和群体生长，改善群体质量，直接影响产量构成因素，从而提高群体产量。此外，施氮可以明显增加冬油菜生物量，提高氮素吸收，从而增加籽粒产量，改善冬油菜品质（邹娟等，2011a；邹小云等，2011）。氮肥用量是目前影响氮肥利用率最主要的因素，大量研究表明，油菜的适宜氮肥用量为 140～280kg/hm^2（李银水等，2012a；王寅等，2013）。然而，我国冬油菜生产中氮肥施用仍然存在很多问题。徐华丽（2012）通过对长江流域农户冬油菜施肥状况进行调查发现，农户之间氮肥施用极不平衡，氮肥用量不足或过量的现象同时存在，分别超过了 15%。不合理的氮肥用量一般导致两种结果：一是氮肥投入量低于经济最佳施氮量或最高产量施氮量，导致减产，品种、栽培等其他配套农艺措施的增产效果不能得到有效发挥；二是氮肥投入量超过经济最佳施氮量或最高产量施氮量，产量不再增加，甚至减产，此时氮肥会在土壤中产生过多残留或大量损失到环境中，降低了氮肥利用率，造成了资源浪费和环境污染。

在冬油菜生产中，氮肥用量受多种因素影响。移栽和直播是长江流域冬油菜的主要栽培模式，生育期和种植密度不同导致两种栽培模式冬油菜个体和群体结构有所不同（王寅和鲁剑巍，2015）。移栽油菜采用苗床培育，壮实的秧苗对田间不利环境有较强的适应能力，在种植密度较低的情况下，个体更为粗壮，成熟期分枝和角果较多，单株产量水平高，个体优势明显。与移栽油菜相比，直播油菜受作物茬口期影响，播种时间较晚，菜籽萌发或苗期生长极易受环境影响，个体发育相对较弱且抗逆性较差，直播油菜对氮素响应更为敏感，氮肥供应不足直接影响直播油菜出苗、成苗及群体密度形成，从而影响产量（Wang et al.，2014）。因此，充分了解两种栽培模式下冬油菜的氮肥响应规律对完善油菜氮素管理意义重大。

水旱轮作和旱地轮作是长江流域冬油菜种植的主要轮作模式,其中包括水稻-油菜、棉花-油菜、花生-油菜等轮作模式。与旱地轮作不同,水旱轮作的重要特征是土壤系统季节间的干湿交替变化,水热条件的强烈转换引起土壤物理、化学、生物学特征的变化,进而影响土壤养分供应及作物生长。李银水等(2012a)针对湖北省不同油菜轮作模式下作物施肥现状的调查表明,在棉花-油菜和花生-油菜轮作模式下油菜产量高于水稻-油菜轮作。基于两种轮作模式存在的差异,在进行冬油菜氮肥推荐用量时就需要考虑不同轮作模式下前季作物生长特点和施肥后土壤养分残留对后季作物的影响。一般情况下,水稻季氮素投入量较小,加之径流、淋洗及氨挥发损失,残留给后季作物的无机氮较少;而棉花季施氮量较多,氮素损失量少,土壤氮素盈余量高于水稻,花生则属于豆科作物,具有固氮能力,同样可以增加土壤氮素累积,增加油菜季土壤氮素供给。此外,水稻根茬、棉花落叶及花生残体等外源有机物进入土壤后,会对土壤微生物产生影响,从而影响土壤氮素供应(Yang et al.,2013)。从整个轮作系统角度出发,根据土壤氮素供应特点和作物养分吸收规律,协调前后季作物氮肥施用对于保证作物产量、提高氮肥利用率同样具有重要意义。除此之外,种植密度及种植区域的气候特征也会对冬油菜的生长和对氮素的响应产生重大影响,氮肥用量和种植密度的协同优化,以及改善逆境条件下冬油菜的氮肥管理措施,是实现高产及高氮肥利用率的关键。

二、不同栽培模式下氮肥用量对高产冬油菜生产体系的影响

(一)产量

栽培模式和施氮均显著影响了冬油菜产量(表 6-1),移栽冬油菜平均产量为 1816kg/hm²,变幅为 684~2580kg/hm²,而直播冬油菜平均产量为 1575kg/hm²,变幅为 405~2442kg/hm²。相同施氮水平下,移栽冬油菜产量水平显著高于直播冬油菜,平均增产达 15.3%。不同施氮水平下,两种栽培模式冬油菜产量差异不尽相同,其中,在低氮(0~90kg/hm²)水平下移栽和直播冬油菜产量表现为显著差异;中氮(180kg/hm²)水平下赤壁市两者产量差异达到显著水平,而沙洋县和进贤县无显著差异;相反,在高氮(180~360kg/hm²)投入情况下移栽和直播冬油菜产量无显著差异。可见,随着氮肥用量的增加,移栽和直播冬油菜产量差逐渐缩小。

移栽和直播冬油菜不施氮处理平均产量分别为 909kg/hm² 和 622kg/hm²,变幅分别为 684~1100kg/hm² 和 405~842kg/hm²。相同栽培模式下,施氮均显著提高了油菜产量,并且随着氮肥用量的增加,产量呈先升高后降低的趋势;施氮 270kg/hm² 时,移栽和直播冬油菜产量达到最大,平均产量分别为 2307kg/hm²

表 6-1　不同栽培模式下氮肥用量对冬油菜产量的影响

栽培模式	氮肥用量 (kg/hm²)	产量 (kg/hm²)				增产率 (%)			
		沙洋县	赤壁市	进贤县	平均	沙洋县	赤壁市	进贤县	平均
移栽	0	684d	1100d	943d	909c				
	90	1498c	1758c	1469c	1575b	119.0	59.8	55.8	78.2
	180	2292b	2158b	1786b	2079a	235.1	96.2	89.4	140.2
	270	2558a	2400a	1963a	2307a	274.0	118.2	108.2	166.8
	360	2580a	2308ab	1737b	2208a	277.2	109.8	84.2	157.1
直播	0	405d	842d	618d	622c				
	90	1271c	1550c	1192c	1338b	213.8	84.1	92.9	130.3
	180	2033b	1917b	1477b	1809a	402.0	127.7	139.0	222.9
	270	2442a	2200a	1692a	2111a	503.0	161.3	173.8	279.4
	360	2304a	2150a	1535ab	1996a	468.9	155.3	148.4	257.5
方差分析									
C		**	**	**					
N		**	**	**					
C×N		ns	ns	ns					

注：C 为栽培模式，N 为氮肥用量。同一列数据后不含有相同小写字母表示相同地点同一栽培模式下不同氮肥用量间差异显著（$P<0.05$）；**表示差异极显著（$P<0.01$），ns 表示差异不显著

和 2111kg/hm²；施氮超过 270kg/hm² 时，籽粒产量基本无显著差异，甚至会有所下降。移栽和直播冬油菜施用氮肥后籽粒的增产率分别为 135.6%和 222.5%，变幅分别为 55.8%~277.2%和 84.1%~503.0%，移栽冬油菜增产率明显低于直播冬油菜，说明不同栽培模式对氮肥施用响应不一，直播冬油菜对氮肥施用响应更为敏感，增产潜力也更大。

（二）氮素累积量

栽培模式和施氮都对冬油菜成熟期氮素累积量具有显著影响（图 6-1）。移栽冬油菜成熟期氮素累积量为 98.9kg/hm²，变幅为 34.6~164.1kg/hm²，而直播冬油菜为 81.1kg/hm²，变幅为 19.2~131.0kg/hm²。相同施氮水平下，移栽冬油菜成熟期氮素累积量高于直播冬油菜，平均提高了 22.0%。移栽和直播冬油菜施氮处理成熟期氮素累积量显著高于不施氮处理：不施氮处理移栽和直播冬油菜成熟期氮素累积量分别为 40.2kg/hm² 和 26.5kg/hm²，其变幅分别为 34.6~43.3kg/hm² 和 19.2~32.3kg/hm²；施氮下成熟期氮素累积量分别为 113.6kg/hm² 和 94.7kg/hm²，其变幅分别为 75.1~164.1kg/hm² 和 57.5~131.0kg/hm²。与不施氮处理相比，移栽冬油菜施氮处理氮素累积量增加了 73.4%~373.6%，平均增幅为 188.1%；而直播冬油菜施氮处理氮素累积量增加了 106.4%~582.9%，平均增幅为 279.1%。随着

施氮水平提高，两种栽培模式冬油菜成熟期氮素累积量呈上升趋势，当施氮量超过 270kg/hm² 时，氮素累积量无显著差异。

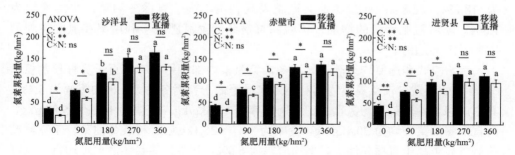

图 6-1　不同栽培模式下氮肥用量对冬油菜成熟期氮素累积量的影响

ANOVA：方差分析；C：栽培模式，N：氮肥用量。不同小写字母表示相同地点同一栽培模式下不同氮肥用量间差异显著（$P<0.05$）；横线上的符号表示同一氮肥用量时两种栽培模式之间的差异显著性，*表示差异显著（$P<0.05$），**表示差异极显著（$P<0.01$），ns 表示差异不显著

（三）氮肥利用率

通过氮肥农学利用率和氮肥表观利用率来表征栽培模式和施氮对冬油菜氮肥利用率的影响（表 6-2）。移栽冬油菜平均氮肥农学利用率为 5.7kg/kg，变幅为 2.2～9.1kg/kg，而直播冬油菜平均为 6.0kg/kg，变幅为 2.5～9.6kg/kg；移栽冬油

表 6-2　栽培模式与氮肥用量对冬油菜氮肥利用率的影响

栽培模式	氮肥用量（kg/hm²）	氮肥农学利用率（kg/kg）				氮肥表观利用率（%）			
		沙洋县	赤壁市	进贤县	平均	沙洋县	赤壁市	进贤县	平均
移栽	90	9.1a	7.3a	5.8a	7.4a	46.5a	41.2a	35.3a	41.0a
	180	8.9a	5.9b	4.7ab	6.5b	45.3a	35.4b	30.1b	36.9b
	270	6.9b	4.8b	3.8b	5.2c	43.4a	32.7b	26.9b	34.3b
	360	5.3c	3.4c	2.2c	3.6d	36.0b	26.2c	19.1c	27.1c
直播	90	9.6a	7.9a	6.4a	8.0a	42.6a	38.5a	33.1a	38.1a
	180	9.1a	6.0b	4.8b	6.6b	42.8a	33.0ab	27.4b	34.4b
	270	7.5b	5.0bc	4.0b	5.5b	40.3a	30.7bc	26.1b	32.4b
	360	5.3c	3.6c	2.5c	3.8d	31.1a	24.6c	18.8c	24.8c
方差分析									
C		ns	ns	ns		ns	ns	ns	
N		**	**	**		**	**	**	
C×N		ns	ns	ns		ns	ns	ns	

注：C 代表栽培模式，N 代表氮肥用量。同一列数据后不含有相同小写字母表示相同地点同一栽培模式下不同氮肥用量间差异显著（$P<0.05$）；**表示差异极显著（$P<0.01$），ns 表示差异不显著

菜氮肥农学利用率低于直播冬油菜，平均降幅为 5.0%。移栽冬油菜平均氮肥表观利用率为 34.8%，变幅为 19.1%～46.5%，而直播冬油菜平均为 32.4%，变幅为 18.8%～42.8%；移栽冬油菜氮肥表观利用率高于直播冬油菜，平均增幅为 7.4%。随着氮肥用量的增加，移栽和直播冬油菜氮肥农学利用率和氮肥表观利用率呈下降趋势。

栽培模式和施氮均显著影响了冬油菜氮素内部利用效率和百千克籽粒需氮量（表 6-3）。移栽冬油菜氮素内部利用效率显著低于直播冬油菜，平均降幅为 5.4%，其中，移栽冬油菜平均氮素内部利用效率为 19.3kg/kg，变幅为 15.5～25.8kg/kg，而直播冬油菜平均为 20.4kg/kg，变幅为 16.1～26.1kg/kg。移栽冬油菜百千克籽粒需氮量显著高于直播冬油菜，平均增幅为 6.0%，其中，移栽冬油菜平均百千克籽粒需氮量为 5.3kg，变幅为 3.9～6.4kg，而直播冬油菜为 5.0kg，变幅为 3.8～6.2kg。移栽和直播冬油菜氮素内部利用效率随着施氮量增加而显著下降，而百千克籽粒需氮量随施氮量增加而显著增加。

表 6-3　栽培模式与氮肥用量对冬油菜氮素内部利用效率和百千克籽粒需氮量的影响

栽培模式	氮肥用量 (kg/hm²)	氮素内部利用效率（kg/kg）				百千克籽粒需氮量（kg）			
		沙洋县	赤壁市	进贤县	平均	沙洋县	赤壁市	进贤县	平均
移栽	0	20.7a	25.8a	21.8a	22.8a	4.8d	3.9e	4.6e	4.4e
	90	20.3ab	22.1b	19.5b	20.6b	4.9cd	4.5d	5.1d	4.8d
	180	19.5b	20.3c	18.3c	19.4b	5.1c	4.9c	5.5c	5.2c
	270	17.0c	18.3d	16.9d	17.4c	5.9b	5.5b	5.9b	5.8b
	360	15.9d	16.8e	15.5e	16.1c	6.3a	5.9a	6.4a	6.2a
直播	0	22.2a	26.1a	22.1a	23.4a	4.5b	3.8e	4.5e	4.3c
	90	21.9a	23.2b	20.6a	21.9ab	4.6b	4.3d	4.9d	4.6bc
	180	21.9a	20.9c	19.1b	20.6b	4.6b	4.8c	5.2c	4.9b
	270	19.4b	19.1d	17.2c	18.6c	5.2a	5.2b	5.8b	5.4a
	360	18.1b	17.8e	16.1d	17.3c	5.5a	5.6a	6.2a	5.8a
方差分析									
C		**	**	**		**	**	**	
N		**	**	**		**	**	**	
C×N		ns	ns	ns		ns	ns	ns	

注：C 代表栽培模式，N 代表氮肥用量。同一列数据后不含有相同小写字母表示相同地点同一栽培模式下不同氮肥用量间差异显著（$P<0.05$）；**表示差异极显著（$P<0.01$），ns 表示差异不显著

三、不同轮作模式下氮肥用量对高产冬油菜生产体系的影响

(一)产量

轮作模式与施氮均能显著影响冬油菜产量(表 6-4)。虽然 2012~2013 年油菜季产量明显高于 2010~2011 年油菜季,但是两年籽粒产量变化趋势基本一致。

表 6-4　轮作模式与氮肥用量对冬油菜产量的影响

地点	氮肥用量 (kg/hm^2)	产量 (kg/hm^2)		增产率 (%)	
		棉花-油菜	水稻-油菜	棉花-油菜	水稻-油菜
进贤县 (2010~2011 年油菜季)	0	2010d	943d		
	90	2515c	1469c	25.1	55.8
	180	2697ab	1786b	34.2	89.4
	270	2777a	1963a	38.2	108.2
	360	2611b	1737b	29.9	84.2
武穴市 (2012~2013 年油菜季)	0	1978e	1538f		
	60	2570d	2228e	30.0	44.9
	120	2941c	2591d	48.7	68.5
	180	3219b	2792c	62.7	81.5
	240	3429a	3025b	73.4	96.7
	300	3542a	3198a	79.1	108.0
	360	3471a	3130ab	75.5	103.5
方差分析					
R			**		
N			**		
S			**		
R×N			ns		
R×S			**		
N×S			**		
R×N×S			ns		

注:R 代表轮作模式;N 代表氮肥用量;S 代表试验点。同一列数据后不含有相同小写字母表示相同地点同一轮作模式下不同氮肥用量间差异显著 ($P<0.05$);**表示差异极显著 ($P<0.01$),ns 表示差异不显著

棉花-油菜轮作冬油菜平均籽粒产量为 2813kg/hm², 变幅为 1978～3542kg/hm², 而水稻-油菜轮作为 2200kg/hm², 变幅为 943～3198kg/hm²。相同施氮水平下, 棉花-油菜轮作油菜产量显著高于水稻-油菜轮作, 平均增产 27.9%。

（二）氮素累积量

轮作模式和施氮均显著影响冬油菜成熟期的氮素累积量（图 6-2）。棉花-油菜轮作冬油菜成熟期氮素累积量为 148.7kg/hm², 变幅为 78.8～194.9kg/hm², 而水稻-油菜轮作冬油菜成熟期氮素累积量为 108.8kg/hm², 变幅为 43.3～167.6kg/hm²。相同施氮水平下, 棉花-油菜轮作成熟期氮素累积量显著高于水稻-油菜轮作, 平均提高了 36.7%。

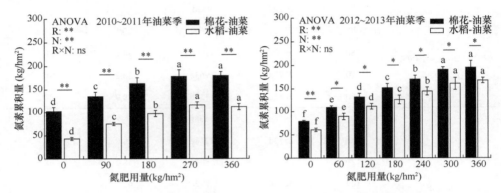

图 6-2　轮作模式与氮肥用量对冬油菜成熟期氮素累积量的影响

ANOVA: 方差分析; R: 轮作模式; N: 氮肥用量。同一类柱子上方不同小写字母表示同一轮作模式下不同氮肥用量间差异显著（$P<0.05$）; 横线上的星号表示相同氮肥用量不同轮作模式之间的差异显著性, *表示差异显著（$P<0.05$）, **表示差异极显著（$P<0.01$）, ns 表示差异不显著

施氮显著提高了棉花-油菜和水稻-油菜轮作成熟期氮素累积量, 两种轮作模式不施氮处理成熟期氮素累积量平均值分别为 90.5kg/hm² 和 51.9kg/hm², 施氮处理成熟期氮素累积量分别为 109.1～194.9kg/hm² 和 75.1～167.6kg/hm², 平均值分别为 160.4kg/hm² 和 120.1kg/hm²。与不施氮处理相比, 在棉花-油菜轮作中, 施氮处理成熟期氮素累积量提高了 32.2%～147.5%, 平均增幅为 84.6%; 而在水稻-油菜轮作中, 施氮处理成熟期氮素累积量提高了 47.6%～177.4%, 平均增幅为 125.0%。两种轮作模式冬油菜成熟期氮素累积量随施氮水平的提高呈增加趋势, 施氮超过 270kg/hm²（2010～2011 年油菜季）和 300kg/hm²（2012～2013 年油菜季）时成熟期氮素累积量无显著差异。

（三）氮肥利用率

轮作模式与施氮都对冬油菜氮肥农学利用率和氮肥表观利用率具有显著影响

（表 6-5）。棉花-油菜轮作平均氮肥农学利用率为 5.4kg/kg，变幅为 1.7～9.9kg/kg，而水稻-油菜轮作平均为 6.0kg/kg，变幅为 2.2～11.5kg/kg；棉花-油菜轮作氮肥农学利用率显著低于水稻-油菜轮作，平均降幅为 10.0%。棉花-油菜轮作平均氮肥表观利用率为 36.3%，变幅为 21.4%～50.6%，而水稻-油菜轮作平均为 33.7%，变幅为 19.1%～48.0%；棉花-油菜轮作氮肥表观利用率显著高于水稻-油菜轮作，平均增幅为 7.7%。随着氮肥用量的增加，两种轮作模式冬油菜氮肥农学利用率和氮肥表观利用率呈降低趋势。

表 6-5　轮作模式与氮肥用量对冬油菜氮肥利用率的影响

地点	氮肥用量（kg/hm²）	氮肥农学利用率（kg/kg）		氮肥表观利用率（%）	
		棉花-油菜	水稻-油菜	棉花-油菜	水稻-油菜
进贤县（2010～2011 年油菜季）	90	5.6a	5.8a	36.5a	35.3a
	180	3.8ab	4.7ab	33.7b	30.1b
	270	2.8b	3.8b	28.0c	26.9b
	360	1.7c	2.2c	21.4d	19.1c
武穴市（2012～2013 年油菜季）	60	9.9a	11.5a	50.6a	48.0a
	120	8.0ab	8.8b	44.7ab	42.7a
	180	6.9bc	7.0c	40.8b	36.8b
	240	6.0cd	6.2c	38.0bc	35.2bc
	300	5.2cd	5.5cd	37.3bc	33.5bc
	360	4.1d	4.4d	32.3c	29.8c
方差分析					
R			*		*
N			**		**
S			**		**
R×N			ns		ns
R×S			ns		ns
N×S			ns		ns
R×N×S			ns		ns

注：R 代表轮作模式；N 代表氮肥用量；S 代表试验点。同一列数据后不含有相同小写字母表示相同地点同一轮作模式下不同氮肥用量间差异显著（$P<0.05$）；*表示差异显著（$P<0.05$），**表示差异极显著（$P<0.01$），ns 表示差异不显著

　　轮作模式与施氮均对冬油菜氮素内部利用效率和百千克籽粒需氮量影响显著（表 6-6）。棉花-油菜轮作冬油菜氮素内部利用效率显著低于水稻-油菜轮作，其中，棉花-油菜轮作冬油菜平均氮素内部利用效率为 19.5kg/kg，变幅为 14.6～25.1kg/kg，

而水稻-油菜轮作冬油菜平均为 20.6kg/kg，变幅为 15.5～25.5kg/kg；棉花-油菜轮作氮素内部利用效率显著低于水稻-油菜轮作，平均降幅为 5.3%。但是棉花-油菜轮作冬油菜百千克籽粒需氮量显著高于水稻-油菜轮作，其中，棉花-油菜轮作冬油菜百千克籽粒需氮量为 5.3kg，变幅为 4.0～6.9kg，而水稻-油菜轮作冬油菜为 5.0kg，变幅为 3.9～6.4kg；棉花-油菜轮作百千克籽粒需氮量显著高于水稻-油菜轮作，平均增幅为 6.0%。两种轮作模式冬油菜氮素内部利用效率随着施氮量增加而下降，而百千克籽粒需氮量随着施氮量增加而增加。

表 6-6　轮作模式与氮肥用量对冬油菜氮素内部利用效率和百千克籽粒需氮量的影响

地点	氮肥用量（kg/hm²）	氮素内部利用效率（kg/kg）		百千克籽粒需氮量（kg）	
		棉花-油菜	水稻-油菜	棉花-油菜	水稻-油菜
进贤县 （2010～2011年油菜季）	0	19.7a	21.8a	5.1e	4.6e
	90	18.6b	19.5b	5.4d	5.1d
	180	16.6c	18.3c	6.0c	5.5c
	270	15.7d	16.9d	6.4b	5.9b
	360	14.6e	15.5e	6.9a	6.4a
武穴市 （2012～2013年油菜季）	0	25.1a	25.5a	4.0g	3.9e
	60	23.5b	25.0a	4.2f	4.0e
	120	22.2c	23.2b	4.5e	4.3d
	180	21.2d	22.1c	4.7d	4.5c
	240	20.2d	20.9d	5.0c	4.8b
	300	18.6e	19.9d	5.4b	5.0b
	360	17.8e	18.7e	5.6a	5.4a
方差分析					
R		**		**	
N		**		**	
S		**		**	
R×N		ns		ns	
R×S		ns		**	
N×S		ns		**	
R×N×S		ns		ns	

注：R 代表轮作模式；N 代表氮肥用量；S 代表试验点。同一列数据后不同小写字母表示相同地点同一轮作模式下不同氮肥用量间差异显著（$P<0.05$）；**表示差异极显著（$P<0.01$），ns 表示差异不显著

第二节　氮肥施用时期及比例

一、氮肥施用时期及比例的研究现状与意义

冬油菜生育期较长，在不同的生育阶段其生长特点及氮素需求特性存在较大差异，明确冬油菜氮肥吸收规律是氮肥合理施用的基础。刘晓伟等（2011a）研究显示，苗期氮素累积量最大，甚至占到总累积量的 80%，因此，生育前期是冬油菜氮素吸收的高峰时段，增加前期氮肥施用对冬油菜增产具有重要作用。另有研究显示，冬油菜产量随着追肥比例增加呈先增加后降低的趋势，60%基肥+40%越冬肥处理产量最高。壮苗是油菜获得高产的基础，顾玉民和李炳生（2008）研究认为，基肥不得少于 50%，过低容易形成弱苗，注重前期施肥可以促进花芽分化，形成更多的有效角果，有利于高产。蕾薹期合理施肥有利于协调冬油菜后期生长；苏伟等（2010）研究表明，薹肥追施可以明显增加产量、提高氮肥利用率。与氮肥全部基施处理相比，60%基肥+20%越冬肥+20%薹肥处理冬油菜产量、氮肥农学利用率和表观利用率分别提高了 17.6%、2.1kg/kg 和 4.9%。基肥、越冬肥及薹肥施用可以使冬油菜生长实现"早发冬壮""春发稳长"，冬前能迅速建立起强大的茎、叶片营养体，扩大群体光合面积，形成适宜的生物量，为后期氮素转移和再分配提供基础；春后适量追施氮肥可以增加结角层厚度和角果数，增加角果皮面积，提升角果的光合能力，为籽粒提供充足的灌浆物质。此外，在氮肥分次施用中控制基肥的投入量可以减少氮素淋失、径流、挥发等损失。因此，氮肥适量后移可以促进冬油菜对氮素的吸收利用，降低氮素损失率。

氮肥分次施用虽然在一定程度上提高了冬油菜产量和氮肥利用率，但是增加了劳动成本，降低了冬油菜生产效率。一次性施肥技术和缓控释肥技术的应用与推广使肥料一次性施用成为现实，大大降低了劳动成本投入，为冬油菜的节本增效提供了有效保障。氮肥运筹同样也需要考虑土壤肥力和质地情况，在不同肥力和质地的土壤上，施肥的肥效和作物响应各不相同（Gami et al.，2009），固定的肥料运筹模式在不同肥力土壤上的应用效果并不理想。在低肥力条件下，一定量的基肥是必需的，后期追肥并不能抵消前期氮肥缺乏对作物生长和产量的影响；在高肥力条件下，基肥施用比例适当降低、氮肥分次施用有利于提高作物产量和氮肥利用率，并减少氮素损失。因此，针对不同土壤肥力和区域进行合理氮肥运筹是保证冬油菜生产、协调土壤和肥料氮素供应及优化冬油菜氮素吸收的关键技术措施。

二、氮肥施用时期及比例对冬油菜产量的影响

表 6-7 的结果表明,移栽冬油菜和直播冬油菜施氮增产效果显著,其中氮肥分两次施用(N_{II})下移栽冬油菜产量平均值达 2203kg/hm²,相比不施氮处理平均增产 1449kg/hm²。直播冬油菜氮肥运筹处理籽粒产量较不施氮处理分别提高了 266.2%[氮肥一次性施用(N_I)]、327.8%[氮肥分两次施用(N_{II})]、339.4%[氮肥分三次施用(N_{III})]和 301.4%[氮肥分四次施用(N_{IV})],N_{III} 效果最好,平均产量最高,达到 1819kg/hm²,相比不施氮处理平均增产 1405kg/hm²,说明合理氮肥运筹可显著提高冬油菜产量。不同栽培模式冬油菜产量对氮肥分期施用的响应不尽相同,与 N_I 相比,移栽冬油菜 N_{II}、N_{III} 和 N_{IV} 籽粒产量增幅分别为 13.9%、11.7% 和 8.1%,而直播冬油菜 N_{II}、N_{III} 和 N_{IV} 籽粒产量增幅分别为 16.8%、20.0% 和 9.6%。

表 6-7 氮肥施用时期及比例对冬油菜产量的影响

栽培模式	试验地点	产量(kg/hm²)					增产率(%)			
		CK	N_I	N_{II}	N_{III}	N_{IV}	N_I	N_{II}	N_{III}	N_{IV}
移栽	沙洋县(2010 年)	274d	1690b	1949a	1538c	1452c	516.8	611.3	461.3	429.9
	沙洋县(2011 年)	1082b	2432a	2572a	2608a	2380a	124.8	137.7	141.0	120.0
	赤壁市(2010 年)	983c	1883b	2183a	2100a	1992ab	91.6	122.1	113.6	102.6
	进贤县(2010 年)	742c	1513b	1837a	1908a	1808a	103.9	147.6	157.1	143.7
	安义县(2010 年)	687d	2150c	2475b	2653ab	2823a	213.0	260.3	286.2	310.9
	平均	754b	1934a	2203a	2161a	2091a	156.5	192.2	186.6	177.3
直播	沙洋县(2010 年)	80c	1149ab	1256a	1117b	1073b	1336.3	1470.0	1296.3	1241.3
	沙洋县(2011 年)	581c	2217ab	2353ab	2461a	2195b	281.6	305.0	323.6	277.8
	赤壁市(2010 年)	392c	1183b	1475a	1333ab	1217b	201.8	276.3	240.1	210.5
	进贤县(2010 年)	540c	1215b	1482ab	1658a	1503a	125.0	174.4	207.0	178.3
	安义县(2010 年)	479d	1816c	2287b	2524a	2324b	279.1	377.5	426.9	385.2
	平均	414c	1516b	1771ab	1819a	1662ab	266.2	327.8	339.4	301.4

注:CK 代表不施氮;N_I 代表氮肥一次性施用,全部作基肥;N_{II} 代表氮肥分两次施用、60%作基肥、40%作越冬肥追施;N_{III} 代表氮肥分三次施用,60%作基肥、20%作越冬肥、20%作薹肥追施;N_{IV} 代表氮肥分四次施用,40%作基肥、20%作越冬肥、20%作薹肥、20%作花肥追施,图 6-3 和表 6-8 同此。同一行数据后不含有相同小写字母表示同一地点相同栽培模式下不同氮肥处理间差异显著($P<0.05$)

不施氮作物产量是衡量土壤供氮能力的重要指标。不同土壤供氮能力条件下,氮肥运筹方式对冬油菜产量的影响是不同的。例如,直播条件下各试验点和移栽

条件下的沙洋县（2010 年），基础产量相对较低，土壤供氮能力较弱，氮肥追肥次数过多会导致籽粒产量下降；反之，其他试验点基础产量较高，土壤供氮充足，氮肥分次施肥可以明显提高冬油菜产量。

三、氮肥施用时期及比例对冬油菜成熟期氮素累积量的影响

随施氮次数增加，冬油菜氮素累积量呈先增加后减少的趋势（图6-3）。施氮处理冬油菜成熟期氮素累积量显著高于不施氮处理，与不施氮处理相比，移栽冬油菜不同氮肥运筹方式处理成熟期氮素累积量分别增加了 140.7%～706.8%（N_I）、183.4%～818.9%（N_{II}）、184.3%～577.8%（N_{III}）和 152.7%～539.6%（N_{IV}），而直播冬油菜分别增加了 141.0%～864.0%（N_I）、198.0%～993.0%（N_{II}）、240.7%～847.3%（N_{III}）和 215.2%～742.4%（N_{IV}）。不同氮肥运筹方式间氮素累积量也存在显著差异，氮肥全部基施处理低于氮肥分次施用处理，其中，移栽冬油菜氮肥分次施用处理较氮肥全部基施处理氮素累积量提高了 13.0%～19.8%，其中，N_{II}处理均值最高（106.6kg/hm²），而直播冬油菜分别提高了 14.4%～27.8%，N_{III}处理均值最高（86.6kg/hm²）。

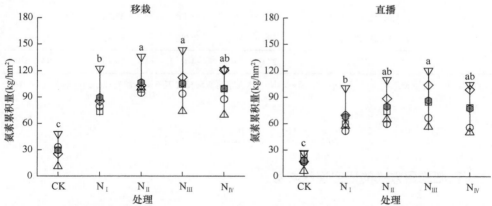

图 6-3　氮肥运筹对冬油菜成熟期氮素累积量的影响
不含有相同小写字母表示同一地点相同栽培模式下不同氮肥处理间差异显著（$P<0.05$）

四、氮肥施用时期及比例对冬油菜氮肥表观利用率的影响

不同氮肥运筹方式显著影响冬油菜的氮肥表观利用率（表 6-8），氮肥表观利用率随着氮肥施用次数的增加呈先升高后降低的趋势，移栽冬油菜氮肥表观利用率的平均变幅为 33.6%～42.9%，其中 N_{II} 处理最大，为 42.9%，相比氮肥全部基

施处理，N_{II} 处理氮肥表观利用率的增幅为 27.7%；而直播冬油菜氮肥表观利用率的平均变幅为 27.6%～38.1%，N_{III} 处理最大，为 38.1%，相比氮肥全部基施处理，N_{III} 处理氮肥表观利用率的增幅为 38.0%。

表 6-8　氮肥运筹对冬油菜氮肥表观利用率的影响

栽培模式	试验地点	氮肥表观利用率（%）			
		N_I	N_{II}	N_{III}	N_{IV}
移栽	沙洋县（2010 年）	42.9ab	49.7a	35.1b	32.8b
	沙洋县（2011 年）	41.4b	48.8a	53.0a	40.6b
	赤壁市（2010 年）	25.8b	34.3a	33.8a	30.3a
	进贤县（2010 年）	24.5b	38.5a	41.8a	38.9a
	安义县（2010 年）	33.4c	43.3b	48.4ab	53.1a
	平均	33.6b	42.9a	42.4a	39.1ab
直播	沙洋县（2010 年）	28.6b	32.9a	28.1b	24.6c
	沙洋县（2011 年）	40.9b	46.3ab	52.2a	43.2b
	赤壁市（2010 年）	19.7b	24.1ab	28.1a	21.9b
	进贤县（2010 年）	19.5b	27.4a	33.3a	29.7a
	安义县（2010 年）	29.3c	39.9b	48.6a	45.5ab
	平均	27.6b	34.1a	38.1a	33.0ab

注：同一行数据后不含有相同小写字母表示同一地点相同栽培模式下不同氮肥处理间差异显著（$P<0.05$）

第三节　氮肥施用方式

一、氮肥施用方式的研究现状与意义

氮肥施用方式主要包括表施、翻施、条施、穴施等。肥料表施后，土壤中相当一部分肥料养分分布距离根系较远，由于土壤对养分的吸附固定，养分向根际的迁移受阻，直接制约了根系对肥料养分的吸收利用。而氮肥深施或集中施用相比表施处理可以明显减少氮素损失，是提高氮肥利用率的有效途径。氮肥施用方式影响了土壤中作物根系的空间分布，进而影响作物对养分的吸收利用；反之，根系形态对作物养分高效利用也起着决定性的作用。氮肥深施不仅提高了深层根系各项形态生理指标，还有利于根系对较深层次土壤中水分的吸收和利用以及增加土壤中的养分和大团聚体含量，提高土壤酶活性，从而增加作物产量。尽管氮肥深施和集中施用可以取得较高产量与氮肥利用率，但是还要综合考虑劳动成本情况。Su 等（2015）的研究表明，综合油菜产量、根系分布及养分吸收情况，地表下 10cm 和 15cm 深施均为油菜条施中最优施肥深度，但是 15cm 施肥深度可能需要更多的劳动和机械投入，生产成本增加。此外，作物对施氮方式的响应还与土壤肥力有很大关系，与较低土壤肥力相比，土壤肥力较高时作物对施肥位置的响应偏低，主要是因为土壤本身供应氮素能够满足作物生长需要，集中施用优势不能得到有效发挥。因此，在保证氮肥供应不增加的情况下，应提高根区土壤氮素供应浓度和强度，从而实现充足氮素供应满足冬油菜最佳生长所需，提高氮素吸收利用，减少氮素损失，最终获得高产。

按照"4R"养分管理技术的相关科学原理，明确各项养分调控措施与植物-土壤-气候系统相互作用，并且测定施肥对作物系统中性能指标的影响，从而不断优化施肥管理措施。在冬油菜生产中，基于油菜种植中气候因素、栽培模式、轮作模式、栽培密度等不同生产场景，结合不同区域土壤供氮能力和特征确定不同目标产量下区域最佳氮肥用量，进一步结合特定田块土壤无机氮测试结果优化氮肥适宜用量。在明确氮肥用量的基础上，为了保证氮肥在冬油菜养分吸收关键时期的总量和浓度，需要同步土壤、肥料氮素供应和冬油菜氮素需求，明确冬油菜合适的氮肥运筹方式。为进一步降低劳动成本，应筛选和研制合适性能的控释氮肥，实现氮肥的一次性施用，为冬油菜机械化施肥提供条件。从高效利用土壤氮素养分和减少氮素损失角度明确氮肥合理施用的方式。

二、氮肥施用方式对冬油菜产量的影响

施氮方式显著影响冬油菜产量（表 6-9），在相同氮肥处理条件下，移栽冬油菜产量高于直播冬油菜，两者的产量差达到 299.1～544.2kg/hm^2。施氮显著提高了两种栽培模式下冬油菜的产量，移栽冬油菜不同施氮方式增产率分别为 185.0%（表施）、208.0%（翻施）和 236.2%（穴施），而直播冬油菜分别为 274.0%（表施）、309.1%（翻施）和 361.1%（条施）。可见，两种栽培模式下均表现为氮肥集中施用（穴施或条施，下同）＞翻施＞表施的趋势。与表施处理相比，移栽条件下，集中施用和翻施处理产量的平均增幅分别为 18.0% 和 8.1%，其中，穴施处理产量最高，为 2259kg/hm^2；而在直播情况下，两者平均增产幅度分别为 23.3% 和 9.4%，其中，条施处理产量达到最高，为 1720kg/hm^2，直播冬油菜对氮肥施用方式表现出更高的敏感性。冬油菜增产效果在不同地点间略有差异，沙洋县和安义县集中施用处理冬油菜产量均最高，显著高于表施处理；赤壁市直播冬油菜集中施用处理产量显著高于表施处理，但移栽情况下差异不显著；进贤县两种栽培模式下集中施用和表施处理均无显著差异。

表 6-9　施氮方式对冬油菜产量的影响

栽培模式	处理	产量（kg/hm²）				
		沙洋县	赤壁市	进贤县	安义县	平均
移栽	对照	274d	983b	742b	687c	672c
	表施	1718c	2200a	1543a	2199b	1915b
	翻施	2080b	2317a	1634a	2249b	2070b
	穴施	2294a	2475a	1690a	2577a	2259a
直播	对照	80c	392c	540b	479d	373c
	表施	1077b	1425b	1230b	1849c	1395b
	翻施	1240ab	1508ab	1390a	1964b	1526ab
	条施	1462a	1717a	1427a	2274a	1720a
方差分析						
C				**		
N				**		
S				**		
C×N				**		
C×S				**		
N×S				**		
C×N×S				ns		

注：C 代表栽培模式；N 代表施氮方式；S 代表试验地点。同一列数据后不含有相同小写字母表示同一地点相同栽培模式下不同施氮方式间差异显著（$P<0.05$）。**表示差异极显著（$P<0.01$），ns 表示无显著差异

三、氮肥施用方式对冬油菜成熟期氮素累积量的影响

与直播冬油菜相比，移栽冬油菜的氮素累积量提高了 33.1%～54.8%（图 6-4）。不同施氮方式下冬油菜成熟期氮素累积量显著高于对照处理，移栽冬油菜不同施氮方式下成熟期氮素累积量平均增幅分别为 322.1%（表施）、362.4%（翻施）和 412.9%（穴施），而直播冬油菜平均增幅分别为 329.7%（表施）、405.8%（翻施）和 513.0%（条施）。氮肥集中施用和翻施处理成熟期氮素累积量明显高于表施处理，移栽条件下，氮肥集中施用和翻施处理成熟期氮素累积量较表施处理分别提高了 19.0%和 7.5%，而直播条件下，两者平均增幅分别为 37.0%和 17.3%。其中，沙洋县、赤壁市和安义县氮肥集中施用与表施处理氮素累积量均有显著差异，而进贤县差异不明显。

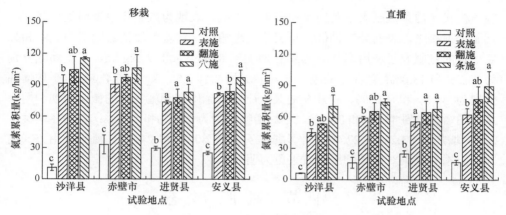

图 6-4 施氮方式对冬油菜成熟期氮素累积量的影响

各小图每组柱子上方不含有相同小写字母表示同一地点不同施氮方式间差异显著（$P<0.05$）

四、氮肥施用方式对冬油菜氮肥利用率的影响

相同处理条件下，移栽冬油菜氮肥农学利用率和氮肥表观利用率高于直播冬油菜（表 6-10）。相比于表施处理，翻施或者集中施用（穴施或条施）均提高了两种

表 6-10 施氮方式对冬油菜氮肥利用率的影响

栽培模式	处理	氮肥农学利用率（kg/kg）					氮肥表观利用率（%）				
		沙洋县	赤壁市	进贤县	安义县	平均	沙洋县	赤壁市	进贤县	安义县	平均
移栽	表施	8.0c	6.8a	4.5a	8.4b	6.9b	44.9a	32.0b	24.6a	31.5b	33.3c
	翻施	10.0b	7.4a	5.0a	8.7b	7.8b	52.0a	35.7ab	27.0a	32.8ab	36.9b
	穴施	11.2a	8.3a	5.3a	10.5a	8.8a	58.3a	40.8a	30.1a	40.1a	42.3a
直播	表施	5.5b	5.7b	3.8a	7.6c	5.7c	21.7a	23.9b	17.2b	25.4b	22.0c
	翻施	6.4ab	6.2ab	4.7a	8.3b	6.4b	26.3a	27.5ab	22.2ab	33.7ab	27.4b
	条施	7.7a	7.4a	4.9a	10.0a	7.5a	35.8a	32.5a	23.9a	40.7a	33.2a
方差分析											
C				**					**		
N				**					**		
S				**					**		
C×N				ns					ns		
C×S				**					**		
N×S				ns					ns		
C×N×S				ns					ns		

注：C 代表栽培模式；N 代表施氮方式；S 代表试验地点。同一列数据后不含有相同小写字母表示同一地点相同栽培模式下不同施氮方式间差异显著（$P<0.05$）。**表示差异极显著（$P<0.01$），ns 表示无显著差异

栽培模式冬油菜氮肥农学利用率和表观利用率，表现为氮肥集中施用处理最高，翻施处理次之，表施处理最低。与表施处理相比，移栽冬油菜氮肥集中施用和翻施处理的氮肥农学利用率从 6.9kg/kg 增加到 8.8kg/kg 和 7.8kg/kg，平均增幅分别为 27.5%和 13.0%；直播冬油菜从 5.7kg/kg 增加到 7.5kg/kg 和 6.4kg/kg，平均增幅分别为 31.6%和 12.3%。移栽冬油菜氮肥集中施用和翻施处理的氮肥表观利用率从 33.3%增加到 42.3%和 36.9%，平均增幅分别为 27.0%和 10.8%；直播冬油菜从 22.0%增加到 33.2%和 27.4%，平均增幅分别为 50.9%和 24.5%。氮肥施用方式之间，直播冬油菜对氮肥利用的效果更为明显。

第四节　氮　肥　形　态

一、氮肥形态的研究现状与意义

植物在长期的进化过程中形成了对不同形态氮素的偏向性选择，如水稻、茶树等都是"喜铵"植物（Britto and Kronzucker，2002；杜旭华，2009），这些植物在铵态氮（NH_4^+-N）条件下生长好于硝态氮（NO_3^--N）条件下。其他植物如麦类、烟草和蔬菜等则属于"喜硝"植物，它们在以硝态氮为氮源时生长良好，而在铵态氮条件下则会出现如根系生长受阻、叶面积变小、叶片萎蔫等抑制现象（师进霖等，2009）。大量研究发现，不同形态氮肥配施对作物生长有明显的影响，而且不同作物在不同试验条件下的表现也不尽相同（表 6-11）。

表 6-11　不同形态氮肥对作物生长发育的影响

作物	试验条件	最佳硝铵比	资料来源
菠菜	水培	100：0	汪建飞等，2007
	水培	70：30	田霄鸿等，1999
白菜	水培	50：50	张富仓等，2003
油菜	水培	75：25	张树杰等，2011
桑树	水培	50：50~75：25	许楠等，2012
小麦	水培	50：50	Wang and Below，1996
	水培	50：50	Heberer and Below，1989
	大田	100：0	尹飞等，2009
	土培、大田	75：25 和 25：75	马宗斌，2007
菘蓝	砂培	50：50	晏枫霞，2009
烤烟	大田	50：50	王瑞宝等，2007
	土培、大田	50：50	张春等，2010
黄瓜	设施栽培	50：50	武新岩等，2011
葡萄	大田	70：30	杨阳等，2009

氮素形态不仅可以影响植株的外部形态及产量，还可以影响植株内部养分累积和其他矿质元素的吸收（表 6-12）。这主要是因为硝态氮和铵态氮分别属于生理碱性盐和生理酸性盐，它们的吸收会伴随着 H^+ 和 OH^- 的释放，从而引起植株根系介质 pH 的变化，如 NH_4^+-N 营养可以降低无机阳离子的吸收，促进无机阴离子的吸收；而 NO_3^--N 营养则相反。

表 6-12　不同形态氮肥对作物养分吸收的影响

养分类型	作物	研究结果	资料来源
大量元素	棉花	硝铵比为 1∶1～3∶1 的混合氮素营养下，棉花植株的氮素累积量明显增加	董海荣等，2009
	春小麦	增施铵态氮可以促进作物对氮的吸收，增加体内总氮和还原性氮的含量，从而提高氮肥利用率	戴延波等，1998
	冬小麦	硝铵配施后，磷素累积量增加了 38%～69%	Heberer and Below，1989
	番茄	硝铵比为 3∶1 施用可以明显提高番茄幼苗体内 N、P 和 K 的总累积量	卢颖林等，2010
其他矿质元素	葡萄	硝铵比 7∶3 可以增加叶片中 Ca 和 Mg 的累积；单施铵态氮可以提高根系中 Ca、Mg、Fe、Mn、Zn 含量	杨阳等，2010
	越橘	适当的硝铵配施，可以提高叶片中 Fe 和 Mg 的含量	李亚东等，2008
	柑橘	随着铵态氮施用比例的增加，叶片中 Fe、Mn、Cu、Zn 的含量增加，而 Ca、Mg、B 的含量则显著减少	李先信等，2007
	玉米	NO_3^- 可以增加 Ca^{2+} 和 Mg^{2+} 含量，减少 Cl^- 和 SO_4^- 吸收；NH_4^+ 可以促进 Cl^-、SO_4^- 和 $H_2PO_4^-$ 吸收，抑制 Ca^{2+} 吸收	Engels and Marschner，1993；曹翠玲等，1999

二、不同形态氮肥配施对冬油菜根系生物量的影响

2012～2013 年苗期和越冬期各处理冬油菜根系生物量无明显差异，而蕾薹期时硝铵比 3∶1 处理的根系生物量显著低于其他施肥处理，之后该处理一直处于较低水平（图 6-5）；2013～2014 年苗期时硝铵比 1∶3 和单施铵态氮处理的根系生物量分别为 38kg/hm^2 和 39kg/hm^2，越冬期硝铵比 1∶3 和单施铵态氮处理处于较高水平，显著高于不施氮（CK）、单施硝态氮和单施尿素处理，至蕾薹期时硝铵比 1∶3 和三者混施处理的根系生物量分别达到 974kg/hm^2 和 986kg/hm^2，显著高于其他处理，至花期时硝铵比 1∶3 根系生物量已达 1210kg/hm^2，处于最高水平，之后角果期和成熟期各施肥处理的根系生物量无明显差异。

此外，从根系构型来看，不管是在苗期、越冬期还是在蕾薹期，硝铵比 3∶1 的处理根系更为健壮，拥有更大的根表面积、根体积和总根长（图 6-6）。

三、不同形态氮肥配施对冬油菜产量及产量构成因素的影响

2012～2013 年试验结果表明，不施氮（CK）处理的油菜产量仅为 112kg/hm^2

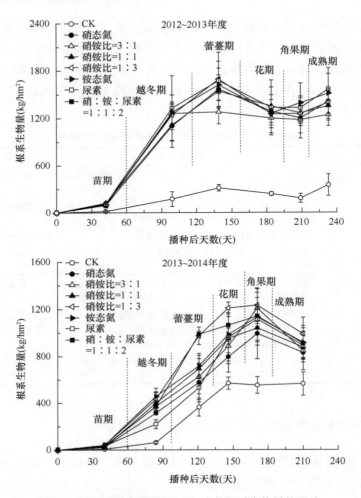

图 6-5　不同形态氮肥配施对冬油菜根系生物量的影响

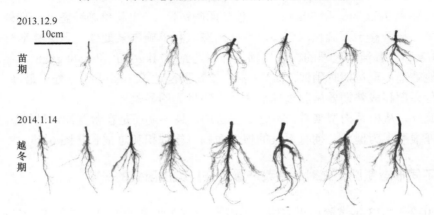

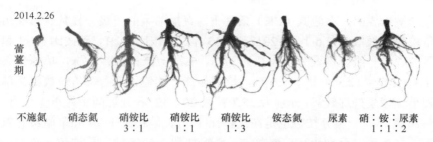

图 6-6　不同形态氮肥配施对冬油菜根系生长的影响

（表 6-13），施氮后产量为 1735～1992kg/hm^2，平均为 1848kg/hm^2，增产量为
1623～1880kg/hm^2，对应增产率为 1449.1%～1678.6%。2013～2014 年的规律与
2012～2013 年总体一致。随着硝铵比的降低，油菜产量呈现出先升后降的趋势，
在硝铵比 1：3 时产量达到最大值；2012～2013 年为 1992kg/hm^2，2013～2014 年为
2129kg/hm^2，硝铵比超过 1：3 后产量降低。2012～2013 年单施尿素处理油菜产
量为 1873kg/hm^2，2013～2014 年单施尿素处理和三者混施处理的产量分别为
1887kg/hm^2 和 1890kg/hm^2，产量基本接近且均略低于硝铵比 1：3 处理，说明尿
素与三者混施的施肥效果相近，但效果不如硝铵比 1：3 处理。

表 6-13　不同形态氮肥配施对冬油菜产量的影响

年份	处理	产量（kg/hm^2）	增产量（kg/hm^2）	增产率（%）
	CK	112c		
	硝态氮	1735b	1623	1449.1
	硝铵比=3：1	1795ab	1683	1502.7
2012～2013	硝铵比=1：1	1828ab	1716	1532.1
	硝铵比=1：3	1992a	1880	1678.6
	铵态氮	1867ab	1755	1567.0
	尿素	1873ab	1761	1572.3
	CK	518c		
	硝态氮	1629b	1111	214.5
	硝铵比=3：1	1776b	1258	242.9
2013～2014	硝铵比=1：1	1916ab	1398	270.0
	硝铵比=1：3	2129a	1611	311.0
	铵态氮	1941ab	1423	274.7
	尿素	1887ab	1369	264.3
	硝：铵：尿素=1：1：2	1890ab	1372	264.9
方差分析				
S		**		
F		**		
S×F		ns		

注：S 代表地点；F 代表处理。同一列数据后不含有相同小写字母表示同一年度不同处理间差异显著（$P<0.05$）。
**表示差异极显著（$P<0.01$），ns 表示无显著差异

在产量构成上，不施氮（CK）条件下，直播油菜的一级分枝数、单株角果数和每角粒数均最低（表6-14）。2012～2013年，硝铵比1∶1、硝铵比1∶3和单施铵态氮处理的一级分枝数分别为3.9个/株、3.7个/株和3.9个/株，单株角果数分别为111.1个、112.3个和112.6个，均明显高于其他处理；每角粒数则是单施硝态氮和单施尿素处理较高，分别为25.7粒和26.1粒；各处理间千粒重无显著差异。2013～2014年，一级分枝数也是在硝铵比1∶1、硝铵比1∶3和单施铵态氮处理时处于较高水平，分别为4.6个/株、5.4个/株和4.6个/株，单株角果数则是硝铵比3∶1、硝铵比1∶1、硝铵比1∶3和单施铵态氮处理相对高于其他处理，各施氮处理间每角粒数和千粒重没有显著差异。整体来看，适当的硝铵混施可以相对改善冬油菜的产量构成因素，相比较而言，硝铵比1∶3时效果最佳，单施尿素和三者混施处理对改善冬油菜各产量构成因素也有明显作用，但是其效果不如硝铵混施效果明显，尤其是一级分枝数和单株角果数不如硝铵混施。

表6-14　不同形态氮肥配施对冬油菜产量构成因素的影响

年份	处理	密度 （×10⁴株/hm²）	一级分枝数 （个/株）	单株角果数（个）	每角粒数（粒）	千粒重（g）
2012～2013	CK	44.0b	0.9c	24.8a	21.8d	3.18a
	硝态氮	60.0a	3.3ab	98.8ab	25.7a	3.15a
	硝铵比=3∶1	68.0a	2.5b	83.1b	24.5ab	3.11a
	硝铵比=1∶1	68.0a	3.9a	111.1a	23.4bc	3.13a
	硝铵比=1∶3	60.0a	3.7a	112.3a	23.6bc	3.13a
	铵态氮	69.3a	3.9a	112.6a	22.7cd	3.04a
	尿素	68.0a	3.4ab	102.1ab	26.1a	3.01a
2013～2014	CK	31.2b	1.4c	32.0c	23.8b	2.61a
	硝态氮	35.5ab	4.5b	177.1b	27.3a	2.57a
	硝铵比=3∶1	36.8ab	4.2b	201.8ab	27.4a	2.70a
	硝铵比=1∶1	39.2ab	4.6ab	197.6ab	27.6a	2.60a
	硝铵比=1∶3	37.1ab	5.4a	231.6a	28.1a	2.62a
	铵态氮	38.1a	4.6ab	202.0ab	28.0a	2.79a
	尿素	40.5a	3.7b	182.1b	28.2a	2.65a
	硝∶铵∶尿素 =1∶1∶2	34.7ab	4.2b	182.8b	27.0a	2.77a
方差分析						
S		**	**	**	**	**
F		**	**	**	**	ns
S×F		**	*	**	**	ns

注：S代表地点；F代表处理。同一列数据后不含有相同小写字母表示同一年度不同处理间差异显著（P＜0.05）。
*表示差异显著（P＜0.05），**表示差异极显著（P＜0.01），ns表示无显著差异

四、不同形态氮肥配施对冬油菜氮肥利用率的影响

不同形态氮肥配施对冬油菜氮肥利用率影响显著（表 6-15）。从氮肥表观利用率来看，单施硝态氮的氮肥表观利用率最低，2012～2013 年和 2013～2014 年分别为 38.11%和 28.59%，且随着铵态氮施用比例的增加，氮肥表观利用率表现出先升高后降低的趋势，在硝铵比 1：3 时达到最大，超过 1：3 时氮肥表观利用率有所降低，单施尿素和三者混施处理的氮肥表观利用率处于中等水平。氮肥农学利用率和偏生产力变化与表观利用率类似，也是单施硝态氮处理的最低，随着铵态氮施用比例的增加，氮肥农学利用率和偏生产力在硝铵比 1：3 时达到最大，2012～2013 年和 2013～2014 年分别为 10.44kg/kg、11.06kg/kg 和 8.95kg/kg、11.83kg/kg。氮肥农学利用率和偏生产力在 2012～2013 年各处理间差异不显著，而 2013～2014 年单施硝态氮和硝铵比 3：1 处理则显著低于硝铵比 1：3 处理，其他处理无显著差异。不同形态氮肥配施对氮肥生理利用率的影响没有明显规律，但 2012～2013 年硝铵比 1：3 和单施铵态氮处理的氮肥生理利用率显著低于不施氮处理，说明其产量增加量不如氮素累积增加量明显，故其生理利用率偏低。

表 6-15　不同形态氮肥配施对冬油菜氮肥利用率的影响

年份	处理	氮肥表观利用率（%）	氮肥农学利用率（kg/kg）	氮肥偏生产力（kg/kg）	氮肥生理利用率（kg/kg）
2012～2013	硝态氮	38.11b	9.02a	9.64a	24.04a
	硝铵比=3：1	41.97ab	9.35a	9.97a	22.70ab
	硝铵比=1：1	42.11ab	9.54a	10.16a	22.69ab
	硝铵比=1：3	50.42a	10.44a	11.06a	20.72b
	铵态氮	49.23a	9.75a	10.37a	19.91b
	尿素	42.40ab	9.78a	10.40a	23.06ab
2013～2014	硝态氮	28.59b	6.17c	9.05b	22.46a
	硝铵比=3：1	31.20b	6.99bc	9.87b	22.63a
	硝铵比=1：1	39.26ab	7.77abc	10.65ab	19.87a
	硝铵比=1：3	42.59a	8.95a	11.83a	21.04a
	铵态氮	35.25ab	7.90ab	10.78ab	22.40a
	尿素	35.56ab	7.60abc	10.48ab	21.87a
	硝：铵：尿素=1：1：2	37.97ab	7.62abc	10.50ab	20.22a
方差分析					
S		**	**	ns	ns
F		*	*	*	ns
S×F		ns	ns	ns	ns

注：S 代表地点；F 代表处理。同一列数据后不含有相同小写字母表示同一年度不同处理间差异显著（$P<0.05$）。*表示差异显著（$P<0.05$），**表示差异极显著（$P<0.01$），ns 表示无显著差异

第五节 基于土壤无机氮测试的根层氮素调控

一、基于土壤无机氮测试的根层氮素调控研究背景及现状

油菜氮素需求量很大，但是氮肥利用率相对较低且油菜的高产十分依赖过多的氮肥投入量。优化氮肥施用对实现油菜高产高效非常重要。前人通过田间和盆栽试验的方式开展了大量氮肥施用研究，基于产量响应曲线所推荐的最佳施氮量为 90~200kg/hm^2（Rathke et al.，2005；王寅等，2013），但是目前在氮肥推荐用量下的油菜产量并没有显著提高。冬油菜多点试验研究表明，与传统施氮相比，区域优化施氮冬油菜产量可以提高 29.1%，然而相对于习惯施肥，只有 26.7%的试验点获得了较好的增产效果（Ren et al.，2015b）。这是因为区域内不同地点经验氮肥推荐的前提假设就是土壤养分供给和作物产量对氮肥响应是一致的（Cui et al.，2008）。尽管如此，土壤养分供给能力依然表现出很大的变化，因此结合土壤氮素供应和作物氮素需求研究适宜的氮肥推荐管理策略，对于增加冬油菜产量和提高氮肥利用率十分必要。

土壤无机氮含量（N_{min}）测试是同步土壤、肥料氮素供应和作物氮素需求的重要环节（Mulvaney et al.，2006）。氮肥推荐用量是氮素供应目标值减去氮肥施用前根区土壤 N_{min}，从而平衡土壤、肥料氮素供应和作物氮素需求。精确的氮素供应目标值是基于土壤 N_{min} 测试进行氮肥推荐的前提条件，Chen 等（2006）的研究表明，作物氮素吸收规律是确定氮素供应目标值的关键因素，但是气候变化也会影响到作物生长和氮素吸收。在同一区域不同年份和气候状况下，冬油菜苗期氮素吸收量占总吸收量的 23.4%~80.9%（刘晓伟等，2011b）。作物氮素吸收量的变幅对氮素供应目标值的设定具有重要影响，尤其在冬季更为明显。充足的氮素供应可以满足不同生育期作物生长所需的氮素营养，还可为下一个生育期提供必要的无机氮残留（He et al.，2007）。这就增加了通过土壤 N_{min} 测试建立冬油菜氮肥管理的难度，目前仍然没有一个基于土壤 N_{min} 进行氮肥推荐的完善氮肥管理体系。

前人大量研究表明，冬油菜区域性氮肥推荐量为 180~200kg/hm^2（王寅等，2013；Ren et al.，2015b）。这个经验氮肥推荐量在区域尺度上保证了冬油菜获得较高产量，而对氮肥区域推荐量响应较差的特定区域，小范围调整也是必要的。Ren 等（2015b）研究发现，利用缺素区域的作物氮素吸收和产量可以优化氮肥推荐量，显然，这种调整只能在当季完成。因此，本节内容的主要目的：①通过多年试验平均氮素吸收量确定不同生育期氮素供应目标值，并且基于土壤 N_{min} 测定建立冬油菜根层氮素管理体系；②比较基于土壤 N_{min} 测试的根层氮

素管理和经验氮肥推荐管理在产量、氮肥推荐量、氮素吸收量及氮肥利用率方面的差异。

二、基于土壤无机氮测试的根层氮素调控研究方案设定

试验处理为三因素的随机区组设计。小区面积为 20m^2（8.0m×2.5m）。2011～2012 年和 2012～2013 年冬油菜具体氮肥管理措施如下。

（1）对照处理（0-N）

不施氮肥。

（2）氮肥推荐用量处理（FN）

根据《中国主要作物施肥指南》，当目标产量达到 3000kg/hm^2 及以上时，氮肥推荐用量为 180～225kg/hm^2；当目标产量为 1500～3000kg/hm^2，氮肥推荐用量为 105～180kg/hm^2。在湖北武汉地区，当目标产量为 2000～3000kg/hm^2 时，氮肥推荐用量为 180kg/hm^2，其氮肥施用方式为基肥：越冬肥（移栽后 60 天）：蕾薹肥（移栽后 120 天）=60%：20%：20%。

（3）优化氮肥推荐处理（SN）

利用方程确定优化氮肥推荐用量，氮肥推荐用量=不同生育期氮素供应目标值–追肥前根区土壤无机氮含量（$N_{\min}$）；基于多年冬油菜目标产量（3000kg/hm^2）和自身氮素吸收特性，移栽到越冬期、越冬期到蕾薹期、蕾薹期到花期以及花期到成熟期的平均氮肥需求量分别为 78.0kg/hm^2、39.0kg/hm^2、31.2kg/hm^2 和7.8kg/hm^2（邹娟，2010；刘晓伟等，2011a）。为保障不同生育阶段有足够的氮肥供应来满足冬油菜正常生长，同时保持下一个生育阶段有适宜的土壤无机氮残留，根据冬油菜移栽到越冬期、越冬期到蕾薹期、蕾薹期到花期以及花期到成熟期各个生育阶段根系生长情况，设置氮素供应目标值分别为 130kg/hm^2、100kg/hm^2、100kg/hm^2 和50kg/hm^2（表 6-16）。在每个生育阶段开始时测定土壤

表 6-16　冬油菜不同生育期氮素供应目标值

生育期	氮素吸收量（%）	根区（cm）	氮素供应目标值（kg/hm^2）
移栽到越冬期（1～60 天）	40～60	0～20	130
越冬期到蕾薹期（60～120 天）	20～30	0～40	100
蕾薹期到花期（120～150 天）	15～25	0～60	100
花期到成熟期（150～200 天）	0～10	0～60	50

注：当目标产量达到 3000kg/hm^2 时，冬油菜平均氮素需求量为 156kg/hm^2（邹娟，2010；刘晓伟等，2011a）

中无机氮含量，如果测定值低于该时期氮素供应目标值，那么就需要根据方程计算氮肥需求量。

在 2012～2013 年油菜季试验中增加了氮素供应目标值 75% 和 125% 的根层氮素管理处理（$SN_{0.75}$ 和 $SN_{1.25}$）。

三、冬油菜产量、氮肥投入量及氮肥利用率

尽管两季冬油菜产量有所差异，但是施氮显著提高了冬油菜产量（表 6-17），FN 和 SN 处理冬油菜产量均显著高于对照处理（0-N）。与 FN 处理相比，2011～2012 年油菜季 SN 处理在两者产量相差不大的情况下氮肥投入量减少了 42.2%；在 2012～2013 年油菜季，虽然 SN 处理冬油菜产量比 FN 处理增加了 12.0%，但是 SN 处理较 FN 处理氮肥投入量增加了 53kg/hm^2（$P<0.05$）。两季 SN 处理氮肥投入量比 FN 处理减少了 6.1%，处理之间产量并无显著差异，与 SN 处理相比，氮素供应目标值的提高会增加氮肥投入量，而对产量提高并无显著效果，但是降低氮素供应目标值会减少氮肥投入量，从而降低冬油菜产量。

表 6-17　不同氮肥处理对氮肥投入量、冬油菜产量和氮肥表观利用率的影响

处理	氮肥投入量（kg/hm^2）			产量（kg/hm^2）			氮肥表观利用率（%）		
	2011～2012年油菜季	2012～2013年油菜季	均值	2011～2012年油菜季	2012～2013年油菜季	均值	2011～2012年油菜季	2012～2013年油菜季	均值
0-N	0	0	0	1386±250b	268±50c	827	—	—	—
FN	180	180	180	2632±79a	1846±85b	2239	52.7±6.9b	36.8±1.0ab	44.8
SN	104	233	169	2407±157a	2068±112a	2238	63.5±11.3a	40.2±0.9a	51.9
$SN_{0.75}$	—	180	—		1788±143b	—		35.9±6.0ab	
$SN_{1.25}$	—	304	—		2178±88a	—		32.3±0.9b	
方差分析									
T		$<0.001^{***}$						0.060^{*}	
Y		$<0.001^{***}$						0.001^{**}	
T×Y		0.002^{**}						0.235^{ns}	

注：0-N 代表对照处理；FN 代表氮肥推荐用量处理；SN 代表优化氮肥推荐处理；$SN_{0.75}$ 代表氮素供应目标值 75% 的优化氮肥推荐处理；$SN_{1.25}$ 代表氮素供应目标值 125% 的优化氮肥推荐处理；T 代表不同氮肥处理；Y 代表年份。"—"表示无数据，同一列数据后不含有相同小写字母表示处理间差异显著（$P<0.05$）。两个油菜季 0-N、FN 和 SN 处理的产量与氮肥表观利用率进行相关分析，*、**和***分别表示在 0.05、0.01 和 0.001 水平上差异显著，ns 表示无显著差异

在 2011～2012 年油菜季，SN 处理氮肥表观利用率为 63.5%，显著高于 FN 处理，而在 2012～2013 年油菜季 SN 处理氮肥表观利用率为 40.2%，与 FN 处理差异不显著。提高氮素供应目标值会降低冬油菜氮肥表观利用率，$SN_{1.25}$ 处理氮肥表观利用率低于 SN 处理。整体来讲，两季 SN 处理氮肥表观利用率的平均值为 51.9%，显著高于 FN 处理。

四、冬油菜不同生育期土壤氮素供应

2011～2012 年油菜季和 2012～2013 年油菜季冬油菜移栽前 0～20cm 土层土壤 N_{min} 分别为 26.1kg/hm² 和 5.4kg/hm²，FN 处理的施氮量为 108.0kg/hm²（表 6-18）。从移栽到越冬期，两季基于氮素供应目标值得出的 SN 处理基肥用量分别为 104.0kg/hm² 和 124.6kg/hm²，2011～2012 年油菜季地上部干物质量和地上部氮素吸收量要明显高于 2012～2013 年油菜季。但是各个生育期 FN 处理和 SN 处理并无显著差异。

表 6-18　不同氮肥处理对氮肥投入量、冬油菜各生育期地上部干物质量和作物氮素吸收量的影响

	2011～2012 年油菜季			2012～2013 年油菜季		
	0-N	FN	SN	0-N	FN	SN
移栽到越冬期						
移栽前						
土壤 N_{min}（0～20cm 土层）（kg/hm²）	26.1	26.1	26.1	5.4	5.4	5.4
施氮量（kg/hm²）	0.0	108.0	104.0	0.0	108.0	124.6
总氮输入量（kg/hm²）	26.1	134.1	130.1	5.4	113.4	130.0
地上部干物质量（kg/hm²）	1186.5b	2917.3a	3152.3a	306.4b	503.0a	578.8a
地上部氮素吸收量（越冬期）（kg/hm²）	20.1b	77.1a	86.5a	6.0b	16.0a	19.6a
越冬期到蕾薹期						
越冬前						
土壤 N_{min}（0～40cm 土层）（kg/hm²）	59.4b	101.3a	113.6a	15.5b	37.5a	59.7a
施氮量（kg/hm²）	0.0	36.0	0.0	0.0	36.0	40.3
总氮输入量（kg/hm²）	59.4	137.3	113.6	15.5	73.5	100.0
地上部干物质量（kg/hm²）	1236.5b	3265.2a	3873.3a	427.3b	1438.3a	1739.3a
地上部氮素吸收量（蕾薹期）（kg/hm²）	28.2b	132.6a	133.4a	8.6c	38.5b	50.5a
蕾薹期到花期						
抽薹前						
土壤 N_{min}（0～60cm 土层）（kg/hm²）	48.0b	71.6a	99.1a	21.0b	32.0a	32.3a
施氮量（kg/hm²）	0.0	36.0	0.0	0.0	36.0	67.7
总氮输入量（kg/hm²）	48.0	107.6	99.1	21.0	68.0	100.0
地上部干物质量（kg/hm²）	2323.1b	5830.3a	6594.2a	948.2c	3579.7b	4429.5a
地上部氮素吸收量（花期）（kg/hm²）	44.9b	159.8a	152.8a	11.6c	85.1b	138.1a

续表

	2011～2012 年油菜季			2012～2013 年油菜季		
	0-N	FN	SN	0-N	FN	SN
花期到成熟期						
花前						
土壤 N_{min}（0～60cm 土层）(kg/hm²)	62.7b	97.0a	78.7ab	40.0b	56.3ab	67.5a
施氮量（kg/hm²）	0.0	0.0	0.0	0.0	0.0	0.0
总氮输入量（kg/hm²）	62.7	97.0	78.7	40.0	56.3	67.5
地上部干物质量（kg/hm²）	4810.1b	8868.8a	8506.1a	895.2c	4950.1b	6002.7a
地上部氮素吸收量（成熟期）(kg/hm²)	61.2c	156.1a	129.2b	9.3c	75.5b	103.0a

注：同一行数据后不含有相同小写字母表示同一年份不同处理间差异显著（$P<0.05$）

在越冬期，2011～2012 年油菜季和 2012～2013 年油菜季 FN 处理均追施了 36.0kg/hm²，那么此时期总氮素供应量分别为 137.3kg/hm² 和 73.5kg/hm²，而 SN 处理基于根区土壤 N_{min} 分别为 113.6kg/hm² 和 59.7kg/hm²，因此，在 2011～2012 年油菜季无需氮肥投入，而在 2012～2013 年油菜季施氮量为 40.3kg/hm²。两季蕾薹期地上部干物质量并没有显著差异，而在 2012～2013 年油菜季 FN 处理地上部氮素吸收量显著低于 SN 处理。

根据经验氮肥推荐处理要求，FN 处理在蕾薹期氮肥施用量为 36.0kg/hm²，2011～2012 年油菜季蕾薹期基于根区土壤 N_{min} 为 99.1kg/hm²，该值接近该时期氮素供应目标值，所以没有必要追施氮肥。而 2012～2013 年油菜季根区土壤 N_{min} 为 32.3kg/hm²，因此 SN 处理需要追施氮肥 67.7kg/hm²。2011～2012 年油菜季花期 FN 处理和 SN 处理地上部干物质量和地上部氮素吸收量无显著差异，而 2012～2013 年油菜季 FN 处理地上部干物质量和地上部氮素吸收量显著低于 SN 处理。

从花期到成熟期，FN 处理不需要追施氮肥，此时根区土壤 0～60cm 土层无机氮含量高于氮素供应目标值，因此不需要追施氮肥。在成熟期，2011～2012 年油菜季 FN 处理和 SN 处理地上部干物质量均无显著差异，地上部氮素吸收量则是 FN 处理显著高于 SN 处理，而 2012～2013 年油菜季 FN 处理的地上部干物质量与氮素吸收量均显著低于 SN 处理。

五、冬油菜不同生育期肥料氮素供应目标值的优化

从图 6-7 可以看出，在 2012～2013 年油菜季，基于移栽前氮素供应目标值可以得到 $SN_{0.75}$、SN 和 $SN_{1.25}$ 处理作为基肥的氮肥施用量分别为 92.1kg/hm²、

124.6kg/hm^2 和 157.1kg/hm^2，从移栽到越冬期，氮素供应目标值的变化对氮素吸收量无显著影响。从越冬期到蕾薹期，提高氮素供应目标值可以增加越冬前根区土壤 N_{min}，此时 $SN_{0.75}$、SN 和 $SN_{1.25}$ 处理土壤 N_{min} 分别为 92.1kg/hm^2、124.6kg/hm^2 和 157.1kg/hm^2，$SN_{0.75}$ 处理氮素吸收量显著低于 $SN_{1.25}$ 处理。蕾薹期到花期是作物吸收氮素最为关键的时期，较低的氮素供应目标值无法满足作物正常生长的氮素需求，即 $SN_{0.75}$ 处理氮素吸收量显著低于 $SN_{1.25}$ 处理，较高的氮素供应目标值对地上部干物质量和氮素吸收量并无显著影响。在花期，$SN_{0.75}$、SN 和 $SN_{1.25}$ 处理土壤 N_{min} 分别为 55.2kg/hm^2、67.5kg/hm^2 和 72.5kg/hm^2，其土壤 N_{min} 接近此时期氮素供应目标值，所以此时没有追施氮肥。整体而言，从移栽到越冬期，氮素供应目标值较低，主要源于此阶段冬油菜氮素吸收量非常少。而花期到成熟期应提供合适的氮素供应目标值，降低氮素供应目标值对冬油菜地上部干物质量和氮素吸收量有负面效应，而增加氮素供应目标值却没有显著增加冬油菜地上部干物质量和氮素吸收量。从花期到成熟期，冬油菜氮素吸收量降低，冬油菜生育前期充足的氮素供应保证了此阶段土壤无机氮含量接近氮素供应目标值，因此该阶段不需要对氮素供应目标值进行调整。

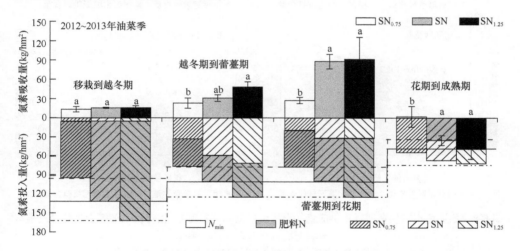

图 6-7　冬油菜各生育期氮素供应目标值的优化

SN：优化氮肥推荐处理；$SN_{0.75}$：氮素供应目标值 75%的优化氮肥推荐处理；$SN_{1.25}$：氮素供应目标值 125%的优化氮肥推荐处理。不含有相同小写字母表示同一生育期不同处理间差异显著（$P<0.05$）

　　基于年度间冬油菜产量和地上部氮素吸收量的差异，利用对数函数进一步优化不同生育阶段氮素供应目标值。冬油菜不同生育期 SN 处理氮素供应量与相对地上部氮素吸收量和根区土壤无机氮含量之间呈正相关关系（图 6-8），当氮素供应量小于某一临界值时，施氮提高了冬油菜地上部氮素吸收量。经过对数方程拟合，当 SN 处理相对地上部氮素吸收量为 90%~95%时，移栽到越冬期、越冬期到蕾薹期、蕾薹期到花期和花期到成熟期氮素供应总量的阈值分别为 105～128kg/hm²、95～105kg/hm²、94～102kg/hm² 和 71～73kg/hm²。不同生育期最佳氮素供应目标值并不能满足冬油菜的氮素需求，但是为根区提供了必要的土壤无机氮残留，从而使冬油菜氮素吸收量随着氮素供应量增加而线性增加。冬油菜越冬期、蕾薹期、花期和成熟期前的土壤 N_{min} 分别为 63～71kg/hm²、47～51kg/hm²、72～75kg/hm² 和 54～56kg/hm²。

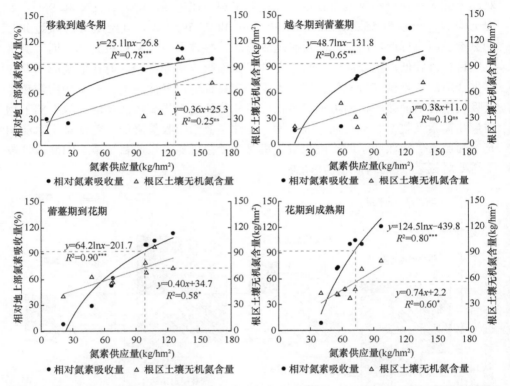

图 6-8　冬油菜不同生育期氮素供应量（土壤无机氮和肥料氮）、相对地上部氮素吸收量及根区土壤无机氮含量之间的关系

图中 ns 表示相关性不显著；*、*** 分别表示相关性达 0.05 和 0.001 显著水平

第六节　基于叶片氮含量的光谱调控

一、基于叶片氮含量的光谱调控研究背景与现状

优化氮肥施用策略，提高氮肥利用率是氮素营养精准管理与应用的重要目标，而于施肥前快捷并准确地获取作物氮养分丰缺状况信息则是实现作物精准追施氮

肥的重要前提（罗锡文等，2016）。精准施肥是精准农业的关键目标与核心任务，目标是实现环境、资源和经济等效益最大化，而在我国氮肥过量施用仍普遍存在的情况下，其首要任务则是确保氮肥合理高效施用。此外，实现氮肥精准施用的根本措施则是要充分了解作物氮素变化和需求规律，因"株"制宜地制定相应的施肥策略和管理措施。随着农业信息技术的快速发展与广泛普及，如何充分把握和利用好信息技术高速发展的机遇，进一步提升施肥精度，实现精准施肥综合效应最大化则是我们关注和努力的方向（金继运和白由路，2001）。因此，研究不同氮素营养条件下油菜的光谱特性，构建基于氮素营养高光谱特征的氮肥实时追施与调控体系具有重要的现实和理论意义，而基于氮素营养状况的油菜施肥诊断也一直是植物营养学领域中的核心研究内容之一。

　　实施精准施肥，信息技术是手段，氮肥调控是措施，植株氮素需求规律则是本质。因此，开展基于现代信息光谱技术的作物氮素营养施肥调控的首要步骤是根据多年多点及多生育期的前期广泛试验结果而确立临界光谱参数值并构建氮肥实时追施模型。前人已从多种角度开展了相关研究，如 Raun 等（2008）所提出的斜坡校准带法，该技术在高于农民习惯施肥条件下，通过各生育期不断变化或逐步提高的条状追肥策略补充作物氮肥需求量。此后，Yue 等（2015）根据中国生产实际提出了一个修正版的斜坡校准带法，又称为绿色窗口法。但该技术主要为下季作物确定最佳氮肥用量，但忽视了季节间的作物需肥差异性。在无损诊断应用方面，Raun 等（2002）利用 GreenSeeker 手持式光谱仪对小麦进行产量估测，与常规施肥相比，在小麦关键生育期按有效推荐氮肥用量施用则可使氮肥利用率提高 15%左右。Phillips 等（2004）利用 GreenSeeker 对冬小麦进行氮肥追施，与当地主推的氮肥推荐技术相比，在每公顷降低 11kg 氮的同时获得了较好的产量效应。此外，潘薇薇等（2009）通过分析棉花敏感叶片叶绿素含量（SPAD）与氮肥用量和产量间的关系，明确了盛蕾期、花期、盛花期和铃期叶片临界 SPAD 分别为 60.5、60.0、60.8 和 59.1，并以此确定了各生育期 SPAD 每变动一格所对应的氮肥推荐施用量分别为 $10.8kg/hm^2$、$8.5kg/hm^2$、$13.4kg/hm^2$ 和 $6.3kg/hm^2$，且成功进行了生产应用。因此，构建满足作物养分需求规律特性并符合中国生产实际的新型无损氮素营养诊断与追肥调控技术具有很大的需求空间和发展潜力。

　　目前，利用现代信息光谱技术进行作物氮素营养诊断的研究相对较多，而开展指导施肥的报道则相对较少，且主要集中在多光谱研究领域。通过分析国内外已发表文献和参加相关学术会议发现，利用冠层高光谱遥感技术指导作物氮肥实时追施的研究已逐渐引起了从事农学或植物营养学与信息科学学科交叉研究的相关专家的关注和重视，相关专家提出了系列思想和建议：如何识别营养光谱特征专一性并做出精准诊断、如何将理论研究应用到生产实际中去、如何将技术性结论推广到大田等。基于此，我们以"理论结合实际"的思想为指导，进一步构建并筛选了基于叶片氮含量（LNC）有效波段的特征光谱参数，确定了各生育期临界光谱参数阈值并构建了氮肥实时追施与调控模型，以期为冠层高光谱技术在作物氮素营养诊断方面的具体应用提供思路参考。在此基础上，进一步以大田试验为依托，通过布置融合多种光谱调控氮肥追施可能性的试验方案，检验上述高光谱技术在指导油菜氮肥实时施用中的可行性及应用能力，同时也为该技术在指导氮肥追施与调控中的应用性提供决策依据。

二、基于叶片氮含量的光谱调控模型构建

（一）各生育期特征光谱参数 RVI(764, 657)与施氮量的关系

以 2015～2016 年移栽冬油菜试验为基础，定量构建基于 LNC 特征光谱参数 RVI(764, 657)的氮肥实时追施模型。首先对 2015～2016 年六叶期（移栽后 30 天）、八叶期（移栽后 60 天）、十叶/越冬期（移栽后 85 天）、越冬期（移栽后 105 天）、蕾薹期（移栽后 130 天）和花期（移栽后 155 天）冬油菜冠层 RVI(764, 657)与施氮量间的关系进行定量拟合分析（图 6-9）。发现采用一元二次方程可较好地拟合除花期外的两者间关系，决定系数分别为 0.899、0.874、0.890、0.953 和 0.974；而花期冬油菜施氮量与 RVI(764, 657)的关系则明显符合一元线性拟合方程，R^2 为 0.961。

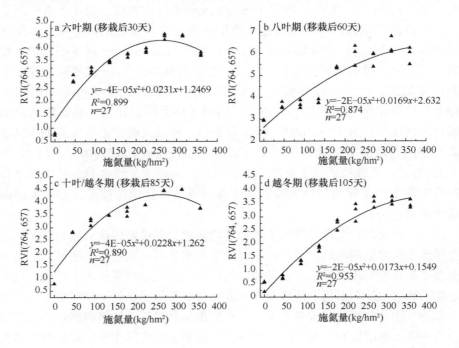

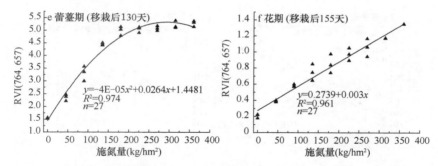

图 6-9　冬油菜各生育期 RVI(764, 657)与施氮量间的关系（2015～2016 年）

（二）冬油菜各生育期 RVI(764, 657)临界值的确定

将各生育期冬油菜 LNC 特征光谱参数 RVI(764, 657)与其成熟期相对产量（%）采用一元二次方程进行拟合，根据分级标准确定其临界值（图 6-10）。相对产量（%）为各氮肥处理冬油菜成熟期产量与其最高产量的比值，通过该法运算，将氮肥-产量效应归一化到 0%～100%。参照 Cate 和 Nelson（1971）、陈新平和张福锁（2006）与邹娟等（2009）的分级标准并结合本试验冬油菜产量实际效应，把相对产量的 95%作为临界值，低于该值即为缺乏，高于该值即为丰富，以此确定油菜各生育期 RVI(764, 657)临界值。基于此，确定六叶期、八叶期、十叶/越冬期、越冬期、蕾薹期和花期油菜 RVI(764, 657)临界值分别为 4.34、6.78、4.40、3.79、5.49 和 1.38，该结果将作为指导基于冠层高光谱遥感技术的冬油菜氮肥实时追施的参照依据和执行标准。

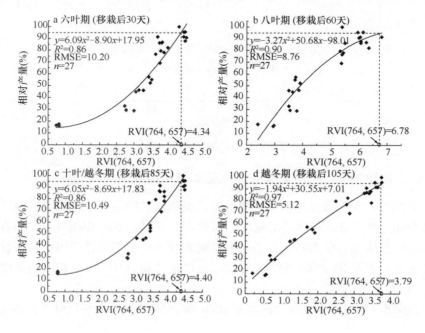

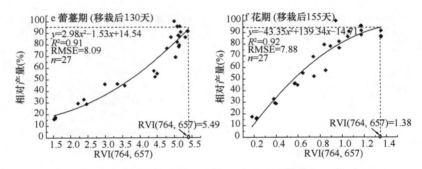

图 6-10 冬油菜各生育期 RVI(764, 657)与相对产量的关系（2015～2016 年）

RMSE 为均方根误差，下同

（三）冬油菜氮肥-产量效应

不同氮素营养条件下冬油菜产量以常规（施氮量 270kg/hm²）氮肥处理最高，用一元二次方程对冬油菜全生育期不同施氮量总的氮肥-产量效应进行拟合，可得全生育期总施氮量与冬油菜产量的拟合关系（图 6-11）。对该方程式求偏导，得到最高产量 3279.3kg/hm²，对应的施氮量为 356.6kg/hm²。356.6kg/hm² 为冬油菜全生育期总的施氮量，其也可以作为氮肥追施总量的参考值。

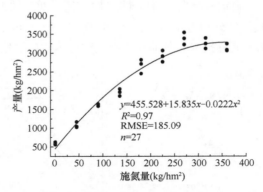

图 6-11 冬油菜施氮量与产量的关系（2015～2016 年）

（四）基于 RVI(764, 657)的冬油菜氮肥追肥模型的构建

当 RVI(764, 657)测定值低于临界值时，说明氮肥供应不足，需要追施氮肥，即通过中间追肥的方式提供外源氮肥。因此，必须确定不同 RVI(764, 657)测定值对应的氮肥追施量。根据冬油菜不同生育期 RVI(764, 657)与氮肥用量抛物线和线性拟合关系，以及 RVI(764, 657)临界值，可以建立基于 RVI(764, 657)的氮肥追肥模型。

根据图 6-9 所示的冬油菜"施氮量-RVI(764, 657)"拟合关系，可求出各生育期测定 RVI(764, 657)前一次的氮肥水平（N_{fer}），全生育期总的施氮量为 356.6kg/hm²，则各生育期氮肥追施量（N_{top}）：

$$N_{top}=356.6 - N_{fer} \tag{6-1}$$

图 6-9 中六叶期—蕾薹期的 RVI(764, 657)和 N_{fer} 之间具有抛物线回归关系：

$$N_{fer} = \frac{-b-\sqrt{b^2-4a\left[c-RVI(764,657)\right]}}{2a} \tag{6-2}$$

本研究中抛物线方程应有两个 N_{fer} 值，即 N_{fer1}、N_{fer2}，$N_{fer1}<N_{fer2}$，由于其二次项系数 a 为负值，即该抛物线方程开口向下，而在临界值推荐中应选择第一个拐点值，即较小的 N_{fer1} 值，故所确定的 N_{fer} 方程如式（6-2）所示。此外，冬油菜花期氮肥用量与 RVI(764, 657)呈线性回归关系，其拟合思路与此相同，且更为简单些。

将式（6-2）代入式（6-1），即可得到基于 RVI(764, 657)的氮肥追肥模型：

$$N_{top} = 356.6 - \frac{-b-\sqrt{b^2-4a\left[c-RVI(764,657)\right]}}{2a} \tag{6-3}$$

式中，a 为抛物线方程二次项系数；b 为一次项系数；c 为常数。将表 6-19 中的 a、b、c 值代入式（6-3），即可得到各生育期氮肥追肥模型（表 6-19）。

表 6-19　基于特征光谱参数 RVI(764, 657)的冬油菜各生育期氮肥追肥模型

生育期	移栽后天数（天）	临界值	a	b	c	氮肥追肥模型（kg/hm²）
六叶期	30	4.34	-4×10^{-5}	0.023	1.247	$N_{top}=1.25\times10^4\times[7.33\times10^{-4}-1.6\times10^{-4}\times RVI(764,657)]^{0.5}+67.3$
八叶期	60	6.78	-2×10^{-5}	0.017	2.632	$N_{top}=2.5\times10^4\times[4.96\times10^{-4}-8.0\times10^{-4}\times RVI(764,657)]^{0.5}-65.9$
十叶/越冬期	85	4.40	-4×10^{-5}	0.023	1.262	$N_{top}=1.25\times10^4\times[7.22\times10^{-4}-1.6\times10^{-4}\times RVI(764,657)]^{0.5}+71.6$
越冬期	105	3.79	-2×10^{-5}	0.017	0.155	$N_{top}=2.0\times10^4\times[3.12\times10^{-4}-8.0\times10^{-4}\times RVI(764,657)]^{0.5}-75.9$
蕾薹期	130	5.49	-4×10^{-5}	0.026	1.448	$N_{top}=1.25\times10^4\times[9.29\times10^{-4}-1.6\times10^{-4}\times RVI(764,657)]^{0.5}+26.6$
花期	155	1.38	—	0.003	0.2739	$N_{top}=447.9-RVI(764,657)/0.0030$

三、基于"叶片氮浓度-高光谱技术"作物氮养分调控的模型验证

（一）基于 RVI(764, 657)的冬油菜氮肥追肥模型方案设定

为深入和全面评估前述所构建的基于冠层高光谱特征参数 RVI(764, 657)的氮肥追肥模型在指导油菜氮肥施用时的应用能力，根据 2016～2017 年冬油菜生长实际，分别于六叶期、八叶期、越冬期、蕾薹期和花期以田间试验方式布置并有效开展了一个融合多种追肥可能性（非完全）的氮肥实时追施与调控试验方案。同时，为对比检验光谱指导氮肥施用效果，于同一试验田内按照农民习惯种植冬油

菜方式（基肥∶越冬肥∶蕾薹肥＝6∶2∶2）同步开展同田对比试验，其管理措施，如除草、打药和灌水等均采用当地推荐且最优化方案进行（图6-12）。光谱调控试验采用基肥+追肥的裂区设计思路，下面对本试验方案进行详尽说明和阐释。

（1）基肥处理（主处理）：分别设置基肥氮素施用量为0kg/亩（N0）、4kg/亩（N4）、8kg/亩（N8）、12kg/亩（N12）、16kg/亩（N16）、20kg/亩（N20）和24kg/亩（N24）共7个处理（为使试验方案能清晰展示，此处氮肥用量均按kg/亩计），使油菜氮素供应人为设置为缺乏、适宜和过量等不同条件并以此检验光谱追氮的敏感性和精准性。所有基肥均采用撒施、翻压方式进行。

（2）追肥处理（副处理）：2016～2017年分别于冬油菜移栽后27天（六叶期）、60天（八叶期）、82天（越冬期）、118天（蕾薹期）和144天（花期），利用ASD高光谱仪测试冠层光谱反射率，计算RVI(764, 657)值，对比分析其与表6-19中RVI(764, 657)临界值的差异情况。若实测值低于临界值，则进行追肥；若实测值高于临界值，则不进行追肥。具体追肥量参考表6-19进行。

注：小区宽2m，长7m，沟宽30cm；六叶期、八叶期、越冬期、蕾薹期和花期分别为冬油菜移栽后30天、60天、85天、105天和130天左右

光谱指导氮肥追肥调控试验

图 6-12　基于冠层高光谱的氮肥实时追施与调控方案（2016～2017 年）

具体追肥措施：对于 N0，其整个生育期设计以下追肥方案（非完全，仅探究关键追肥可能性）。①仅在六叶期追肥；六叶期、八叶期均需追肥（六叶期追肥后至八叶期通过光谱测试仍需追肥；若八叶期不需追肥，则该小区光谱调控到此为止；其他追肥方案设计思路同此）；六叶期、八叶期和越冬期均需追肥；六叶期、八叶期、越冬期和蕾薹期均需追肥；六叶期、八叶期、越冬期、蕾薹期和花期均需追肥（共 5 种方案）。②仅在八叶期追肥；八叶期、越冬期均需追肥；八叶期、越冬期和蕾薹期均需追肥；八叶期、越冬期、蕾薹期和花期均需追肥（共 4 种方案）。③仅在越冬期追肥；越冬期和蕾薹期均需追肥；越冬期、蕾薹期和花期均需追肥（共 3 种方案）。④仅在蕾薹期追肥；蕾薹期和花期均需追肥（共 2 种方案）。⑤仅在花期追肥。因此，N0 处理可能会出现最多 15 种追肥方案（图 6-12）。

对于 N4 处理，考虑到其基施氮肥用量较少，仍处于氮严重缺乏状态，因此其光谱调控试验方案与 N0 相同（图 6-12）。对于 N8 和 N12，这两个方案基肥用量明显增多，可满足前期（如移栽后 30 天内）冬油菜生长发育对氮素的需求，因此其光谱调控氮肥施用从八叶期（移栽后 60 天左右）开始，共 10 种方案。对于 N16，氮肥基施用量处于适宜水平，因此其设计从越冬期开始，共 3 种；N20 为 1 种；N24 为过量施氮，生育期间很难出现脱肥现象，因此，生育期均不追肥。同时，为保证试验的合理性及考虑试验中可能存在的误差，各个处理均增添一个备用小区。因此，共有 54 个追肥方案，68 个小区（图 6-12）。

（二）基于 RVI(764, 657)的冬油菜氮肥实时推荐用量总结分析

根据表 6-19 所确立冬油菜各生育期特征光谱参数临界值和追肥方程，分别于不同生育期测试冠层光谱反射率，提取特征光谱参数，分析其与临界值的关系。当实测值低于临界值时，表明要进行追肥，具体追肥量由表 6-19 计算而得。具体追肥结果如表 6-20 所示。

表 6-20　基于特征光谱参数 RVI(764, 657)的冬油菜各生育期氮肥追施推荐

基肥处理	生育期	移栽后天数（天）	RVI(764, 657)临界值	RVI(764, 657)实测值	追氮量（kg/亩）	总施氮量（kg/亩）
	N0 对照					0
	仅六叶期追肥	27	4.34	3.80	13.8	13.8
	六叶期/八叶期均追肥	27/60	4.34/6.78	3.80/6.01	13.8/2.2	16.0
	仅八叶期追肥	60	6.78	3.98	17.8	17.8
	八叶期/越冬期均追肥	60/82	6.78/4.40	3.98/4.04	17.8/12.0	29.8
N0	八叶期/越冬期/蕾薹期均追肥	60/82/118	6.78/4.40/5.49	3.98/4.04/5.36	17.8/12.0/8.8	38.6
	仅越冬期追肥	82	4.40	2.97	17.8	17.8
	越冬期/蕾薹期均追肥	82/118	4.40/5.49	2.97/4.36	17.8/14.5	32.3
	仅蕾薹期追肥	118	5.49	3.03	19.3	19.3
	仅花期追肥	144	1.38	0.58	17.0	17.0
	N4 对照					4.0
	仅六叶期追肥	27	4.34	4.14	11.5	15.5
	仅八叶期追肥	60	6.78	4.25	16.4	20.4
N4	八叶期/越冬期均追肥	60/82	6.78/4.40	4.29	9.7	13.7
	仅越冬期追肥	82	4.40	4.10	11.5	15.5
	越冬期/蕾薹期均追肥	82/118	4.40/5.49	5.35	8.9	12.9
	仅蕾薹期追肥	118	5.49	4.48	13.9	17.9
	仅花期追肥	144	1.38	0.88	10.4	14.4
	N8 对照					8.0
	仅八叶期追肥	60	6.78	5.29	9.8	17.8
N8	仅越冬期追肥	82	4.40	4.33	9.3	17.3
	仅蕾薹期追肥	118	5.49	4.48	10.0	18.0
	仅花期追肥	144	1.38	1.05	6.5	14.5

续表

基肥处理	生育期	移栽后天数（天）	RVI(764, 657)临界值	RVI(764, 657)实测值	追氮量（kg/亩）	总施氮量（kg/亩）
N12	N12 对照					12.0
	仅八叶期追肥	60	6.78	6.93	—	12.0
	仅越冬期追肥	82	4.40	4.50	—	12.0
	仅蕾薹期追肥	118	5.49	4.48	8.6	20.6
	仅花期追肥	144	1.38	1.20	3.2	15.2
N16	N16 对照					16.0
	仅越冬期追肥	82	4.40	4.53	—	16.0
	仅蕾薹期追肥	118	5.49	6.02	—	16.0
N20	仅蕾薹期追肥	118	5.49	6.18	—	20.0
N24	未进行追肥	—	—	—	—	24.0

注："—"表示未进行追肥

以 N0 为例，分析冬油菜氮素光谱调控效果的可行性与精准性。对于 N0（未施基肥），在六叶期（移栽后 27 天）时通过测试冠层高光谱反射率并计算 RVI(764, 657) 值为 3.80，低于该时期临界值 4.34，即需要追施氮肥 13.8kg/亩；至八叶期（移栽后 60 天）时，RVI(764, 657)值为 6.01，仍低于临界值 6.78，即还需追施氮肥 2.2kg/亩；至越冬期（移栽后 82 天）时，RVI(764, 657)值为 4.52，已高于临界值 4.40，即通过前期光谱指导氮追施以满足冬油菜生长发育对氮素的需求（全生育期追氮 16.0kg/亩），不需要再进行追肥。此外，若从八叶期开始追氮，RVI(764, 657)实测值为 3.98，远低于临界值 6.78，该时期需追施氮肥 17.8kg/亩；至越冬期时，RVI(764, 657)实测值为 4.04，低于临界值 4.40，需追氮肥 12.0kg/亩；至蕾薹期时，RVI(764, 657)实测值为 5.36，仍低于临界值 5.49，需再追施氮肥 8.8kg/亩；至此全生育期共追施氮肥 38.6kg/亩，已远远高于油菜实际氮肥需求量。通过实际观测冬油菜长势，同样发现与此相对应的田间现象，即若从八叶期开始进行光谱调控氮肥追施，由于前期冬油菜氮素匮乏，已对其生长发育造成不可恢复性影响，即使后期追施再多的氮肥，也无法有效提高冬油菜生长活性。与上述变化趋势相一致，若继续推迟首次追肥时间，在越冬期（移栽后 82 天）开始进行光谱测试，其 RVI(764, 657)实测值为 2.97，低于临界值 4.40，需追氮肥 17.8kg/亩；而后至蕾薹期时，仍需再追施氮肥 14.5kg/亩。仅蕾薹期追肥和仅花期追肥变化趋势与此相同。

当基肥施用一定量氮素时，如 N4，若从六叶期开始测试冠层光谱反射率并计算追肥量，发现仅需追施 11.5kg/亩，低于 N0 的 13.8kg/亩，即适当补充一定量基肥，不仅对促进冬油菜生长发育具有重要意义，也具有保苗、促苗等功效。对于 N8～N24，基于光谱调控氮肥追施效果变化趋势与前述相一致，只不过随着基肥用量增加，调控方案总数有所减少而已。上述结果均表明，利用冠层高光谱技术指导作物氮肥实时追施与调控具有极高的可行性和准确性，具有很大的发展和应用潜力。不同氮肥营养间差异造成作物生长发育状况显著不同，继而使得光能反射、吸收与利用不同，而上述变化在冠层高光谱上均具有很强的响应敏感性，即氮素营养所造成的作物生长差异性在冠层高光谱上均能有效捕捉并有所反馈。基于此，我们利用前述所构建的氮肥追肥模型较为成功地实现了冬油菜氮素营养实时实地管理与应用，其调控效果如图 6-13 所示。不过在实际生产上，考虑到劳动力成本等问题，将光谱诊断与一次性施肥技术有效结合更能够实现油菜生产的轻简高效。

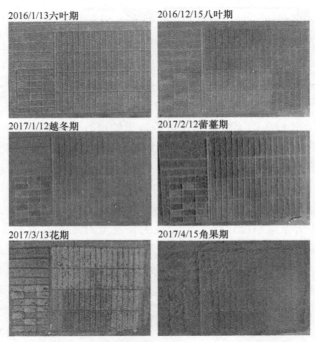

图 6-13　各生育期冬油菜高光谱指导氮肥实时追施调控效果航拍图（2016～2017 年）

（三）基于 RVI(764, 657) 的冬油菜氮肥实时调控对成熟期产量的影响

冬油菜成熟期产量效应是评价高光谱调控氮肥施用的最终指标，也是检验高光谱技术在指导实时实地油菜养分管理策略中能否"行得通"和"用得上"的最佳方式。通过各生育期对所设置不同光谱调控氮肥方案的开展及运用，整体上获得了相对较为理想的结果，系统展示了高光谱技术的稳定性和精准性。成熟期产量效应表明，基于 LNC 特征光谱参数 RVI(764, 657) 所确定的氮肥追肥模型通过前期对氮肥的有效调控和指导施用，显著促进了冬油菜的生长发育及对氮素营养的吸收利用，并最终改善了产量（图 6-14）。

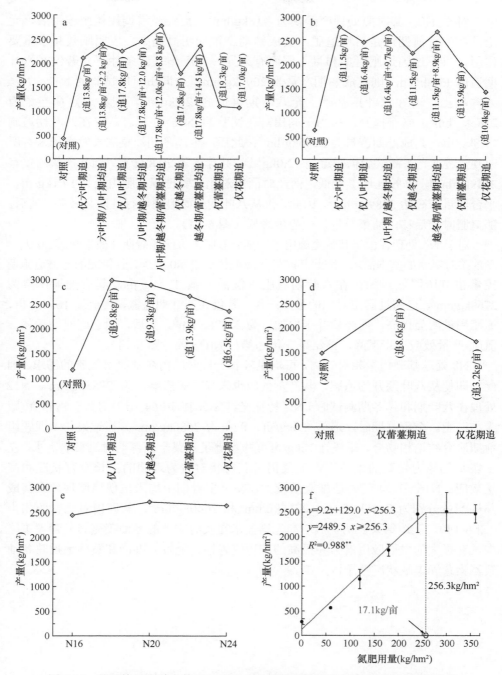

图 6-14　基于特征光谱参数 RVI(764, 657)的冬油菜氮肥实时调控后成熟期产量

a. N0 实时追肥；b. N4 实时追肥；c. N8 实时追肥；d. N12 实时追肥；e. N16～N24 实时追肥；f. 同田对比试验产量

对于 N0，其对照处理产量仅为 418kg/hm^2，而经光谱调控氮肥施用后，无论是在生育前期还是后期追肥，其成熟期产量均明显提高，表明肥效起了重要作用，只不过因追肥时期和量不同而有差异。在不施基肥条件下，若仅在六叶期追施 13.8kg/亩，则其成熟期产量为 2099kg/hm^2，与同田对比试验的 N12～N16 处理相当；若在六叶期基础上至八叶期再追施 2.2kg/亩，则其成熟期产量为 2385kg/hm^2，略有提升，相当于同田对比试验的 N16 处理。若仅在八叶期追施 17.8kg/亩，则成熟期产量为 2246kg/hm^2；此后，至越冬期油菜生长发育仍未有所改观，通过光谱测试后仍需追施 12.0kg/亩，共计追施 29.8kg/亩，但其产量却仅有 2449kg/hm^2，产投比明显较低，而此时同田对比试验推荐氮肥用量为 17.1kg/亩，平台产量却高达 2489kg/hm^2，因此，仅从八叶期开始追肥可行性明显较差。其后，随追肥时期后移，油菜产量效应逐步降低（图 6-14）。

对于 N4 处理，由于其基肥施用了一部分氮肥，可保证前期（如移栽后 30 天）冬油菜对氮素的基本需求，因此其产量效应整体高于 N0 处理，且氮肥的光谱追施调控量也有所降低。如仅在六叶期追肥，仅需追施 11.5kg/亩，其成熟期产量为 2760kg/hm^2，已超过同田对比的最高产量。若仅在八叶期追氮，需追施 16.4kg/亩，氮肥用量明显提高，而产量并未增加，为 2447kg/hm^2。其后，随追肥时期后移，氮肥-产量效应逐步下降，该结果变化趋势与 N0 一致（图 6-14）。

N8 处理基肥用量相对较高，可满足较长一段时间内冬油菜对氮素的需求。因此，即使从八叶期开始追肥，其产量效应也未受显著影响，为 2985kg/hm^2。N12 处理在八叶期和越冬期测试时 LNC 特征光谱参数 RVI(764, 657)均高于临界值，即无需追肥。至蕾薹期时，追施 8.6kg/亩，产量为 2580kg/hm^2。该结果与本课题组前期研究结论相吻合，即基施 12kg/亩可基本满足油菜全生育期对氮素的需求，在土壤基础地力较高的条件下，油菜仍可获得相对较为理想的生长发育状况和产量效应。N16～N24 三处理施氮量较大，在全生育期中均未出现追肥现象，其成熟期产量分别为 2445kg/hm^2、2715kg/hm^2 和 2640kg/hm^2，与同田对比试验相当（图 6-14）。上述结果表明，冠层高光谱技术在实时实地的冬油菜氮养分管理策略中具有极大的发展应用潜力和极高的普适代表性，能较为准确和敏感地反映冬油菜氮素营养丰缺状况并予以反馈。

第七章　高产高效冬油菜磷素调控

第一节　磷　肥　用　量

一、磷肥用量对冬油菜产量的影响

由表 7-1 可以看出，施用适量磷肥能提高油菜产量。在 6 种磷肥用量设计试验中，以设计Ⅱ和设计Ⅲ试验的增产效果最明显，在磷肥（P_2O_5）用量为 $0\sim$ 90kg/hm² 时，随着磷肥用量的增加，产量逐渐提高，设计Ⅱ的 13 个试验中，施用 45kg/hm² 的处理比不施磷增产 386kg/hm²，施磷肥（P_2O_5）90kg/hm² 比施用 45kg/hm² 平均增产 185kg/hm²；设计Ⅲ的 17 个试验中使用磷肥（P_2O_5）37.5kg/hm² 的处理比不施磷处理平均增产 410kg/hm²，施磷肥（P_2O_5）75kg/hm² 比施用 37.5kg/hm² 平均增产 291kg/hm²；而当磷肥（P_2O_5）用量为 135kg/hm² 和 112.5kg/hm² 时，

表 7-1　磷肥用量对冬油菜产量的影响

磷肥（P_2O_5）用量（kg/hm²）	油菜产量（kg/hm²）					
	设计Ⅰ（$n=9$）	设计Ⅱ（$n=13$）	设计Ⅲ（$n=17$）	设计Ⅳ（$n=2$）	设计Ⅴ（$n=4$）	设计Ⅵ（$n=3$）
0	2090±912	2153±392	1670±647	1989±357	1842±197	1529±257
22.5	—	—	—	2276±99	—	—
30	2348±845	—	—	—	—	—
37.5	—	—	2080±610	—	—	—
45	—	2539±395	—	2354±4	1966±758	1905±534
60	2511±881	—	—	2313±33	2075±793	—
67.5	—	—	—	—	—	2001±596
75	—	—	2371±571	—	2060±709	—
90	2488±877	2724±369	—	—	—	1879±532
112.5	—	—	2398±590	—	—	—
135	—	2722±380	—	—	—	—

注：在湖北省不同试验点（如黄梅县、武穴市、大冶市、浠水县、鄂州市、麻城市、黄陂区、孝昌县、天门市、沙洋县、枝江市、仙桃市、洪湖市、赤壁市等）共设置 48 个田间试验，根据各试验点的实际情况，采用 6 套磷肥施用方案，每套方案均包含 4 个磷肥梯度

两种设计各有 69.2%和 35.3%的试验有平产或减产趋势出现。结果说明磷肥用量并不是越多越好，一方面随着磷肥用量的增加，单位肥料的增产率在降低；另一方面当磷肥用量超过最高产量施肥量时，如再增施磷肥，反而会对油菜生长产生不利的影响。设计Ⅰ、设计Ⅳ、设计Ⅴ和设计Ⅵ的产量变化趋势与设计Ⅱ基本相同。在产量构成因素上，与不施磷相比，施磷在提高冬油菜株高、一级有效分枝数和单株角果数的同时，能相应提高冬油菜的千粒重。施磷平均增加油菜株高 8~27cm，增加一级有效分枝数 0.3~2.9 个/株，增加单株角果数 97~195 个。从试验结果可以看出，冬油菜千粒重有随着磷肥用量增加而增加的趋势。在本研究条件下，冬油菜千粒重以磷肥（P_2O_5）用量为 135kg/hm^2 处理最高，平均为 3.94g，平均比不施磷处理增加了 0.32g。

二、磷肥用量对成熟期冬油菜磷含量和磷素累积量的影响

从表 7-2 可以看出，油菜籽粒、角壳、茎的磷含量主要受磷肥用量的影响，各部位的磷含量基本上随着磷肥用量的增加而呈增加趋势，说明施磷促进了冬油菜对磷素的吸收。

表 7-2　磷肥用量对冬油菜磷含量的影响

磷肥（P_2O_5）用量（kg/hm^2）	样本数	籽粒磷含量（%）			角壳磷含量（%）			茎磷含量（%）		
		变幅	平均	相对值	变幅	平均	相对值	变幅	平均	相对值
0	14	0.341~0.820	0.498	100.0	0.025~0.094	0.047	100.0	0.032~0.325	0.050	100.0
37.5	9	0.354~0.802	0.533	107.0	0.033~0.115	0.052	111.1	0.028~0.119	0.063	126.4
45	5	0.454~0.725	0.613	123.0	0.039~0.177	0.096	203.4	0.026~0.061	0.048	95.2
75	9	0.386~0.822	0.555	111.4	0.033~0.121	0.049	103.3	0.024~0.135	0.071	141.6
90	5	0.549~0.834	0.664	133.3	0.032~0.128	0.086	183.8	0.028~0.069	0.047	94.8
112.5	9	0.481~0.857	0.613	123.1	0.031~0.144	0.053	112.8	0.029~0.123	0.086	171.1
135	5	0.629~0.854	0.708	142.2	0.038~0.152	0.099	209.8	0.033~0.071	0.065	130.4

冬油菜各部位的磷素累积和分配明显受磷肥用量的影响（表 7-3）。在氮钾肥基础上增施磷肥，随着磷肥用量的增加，冬油菜对磷素的吸收明显增加，与不施磷相比，施磷籽粒、角壳和茎的磷素累积量分别增加了 0.18~1.18 倍、0.14~2.24 倍和 0.28~1.92 倍。在各施肥处理中，磷素在籽粒中的分配比例以不施磷处理最高，达 82.5%，以施磷（P_2O_5）135kg/hm^2 处理最低，平均为 77.0%，约有 2/3 处理的磷素在籽粒中的分配比例为 78%~82%。结果表明，合理的磷肥施用对保障冬油菜植株磷素吸收有重要作用。

表 7-3 磷肥用量对冬油菜磷素（P_2O_5）累积和分配的影响

磷肥（P_2O_5）用量（kg/hm²）	样本数	籽粒磷素累积量（kg/hm²）		角壳磷素累积量（kg/hm²）		茎磷素累积量（kg/hm²）		总磷素累积量（kg/hm²）		磷素分配比例（%）		
		变幅	平均	变幅	平均	变幅	平均	变幅	平均	籽粒	角壳	茎
0	14	5.9～49.4	21.7	0.6～3.8	2.1	1.2～5.4	2.5	8.0～35.5	26.3	82.5	8.0	9.5
37.5	9	9.3～59.7	25.7	0.8～6.1	2.4	1.6～6.9	3.2	12.1～67.5	31.3	82.1	7.7	10.2
45	5	23.5～45.5	37.3	1.5～13.4	5.5	3.0～11.2	5.3	28.7～69.9	48.1	77.6	11.4	11.0
75	9	18.2～64.1	29.7	1.3～6.3	2.5	2.3～6.5	4.0	22.2～75.1	36.2	82.0	7.0	11.0
90	5	34.6～54.3	43.4	1.4～10.1	6.2	2.8～6.4	4.6	40.4～69.6	54.2	80.1	11.4	8.5
112.5	9	23.7～64.9	32.8	1.4～9.6	3.2	2.8～10.1	5.1	29.6～77.9	41.1	79.8	7.8	12.4
135	5	39.4～59.5	47.3	1.8～15.2	6.8	4.8～12.8	7.3	48.9～85.5	61.4	77.0	11.1	11.9

第二节 磷 肥 形 态

目前，国内关于不同磷肥形态对冬油菜生长和产量影响的研究报道较少，国际上有研究（表 7-4）显示，随着磷酸二胺（APF）用量的增加，冬油菜产量、角果数和营养器官磷含量增加，但对株高、生殖器官磷含量和含油量等的影响较小。解磷菌的使用增加了油菜株高、生物量、角果数、产量和籽粒磷含量，且以播种期和越冬期两次施用效果最佳。

表 7-4 不同形态磷肥对冬油菜产量、磷含量和籽粒品质的影响（Madani et al.，2012）

处理	株高（cm）	生物量（×10³kg/hm²）	角果数（个/株）	含油量（%）	产量（10³kg/hm²）	营养器官磷含量（%）	生殖器官磷含量（%）	籽粒磷含量（%）
APF0 PSB0	83.00	7.15	55.08	48.08	2.60	0.21e	0.52e	0.54d
APF0 PSB1	85.43	10.12	84.43	49.07	5.15	0.23d	0.55d	0.61c
APF0 PSB2	97.23	9.61	102.56	49.23	7.21	0.25c	0.62bc	0.66ab
APF0 PSB3	98.77	10.66	124.26	49.33	10.77	0.22d	0.68b	0.66ab
APF1 PSB0	73.67	7.80	51.92	48.20	2.83	0.25c	0.55d	0.60c
APF1 PSB1	84.80	9.52	70.74	49.48	4.70	0.31b	0.58c	0.65bc
APF1 PSB2	89.90	8.33	92.08	49.07	7.32	0.33ab	0.63bc	0.66ab
APF1 PSB3	95.23	10.18	92.76	49.54	9.77	0.35a	0.69b	0.66ab
APF2 PSB0	76.43	7.40	79.87	48.79	3.63	0.23d	0.70b	0.62c
APF2 PSB1	85.43	10.36	91.98	48.56	5.12	0.28bc	0.73ab	0.66ab
APF2 PSB2	90.57	11.27	91.81	49.17	6.55	0.31b	0.78a	0.69a
APF2 PSB3	98.00	13.36	130.33	49.67	9.15	0.36a	0.78a	0.68a

注：APF0、APF1 和 APF2 分别表示磷酸二胺用量为 0kg/hm²、125kg/hm² 和 250kg/hm²。PSB0、PSB1、PSB2 和 PSB3 分别表示不添加解磷菌、只在播种期添加解磷菌[10^8CFU/（100g·hm²）]、只在越冬期添加解磷菌[10^8CFU/（100g·hm²）]和同时在播种期与越冬期添加解磷菌[10^8CFU/（100g·hm²）]。同一列数据后不含有相同小写字母表示同一性状不同处理间差异显著（$P<0.05$）。

第八章 高产高效冬油菜钾素调控

第一节 钾 肥 用 量

一、钾肥用量对冬油菜产量的影响

钾肥效果试验结果（表 8-1）表明，施用适量钾肥能明显提高冬油菜产量。与磷肥效果试验类似，在 7 种钾肥用量设计试验中，以设计 I 和设计 II 试验的钾肥增产效果最明显，在施钾（K_2O）0～120kg/hm^2 时，随着钾肥用量的增加，产量逐渐提高，设计 I 的 11 个试验中钾肥（K_2O）用量为 90kg/hm^2 比不施钾处理平均增产 429kg/hm^2，施用 90kg/hm^2 钾肥（K_2O）比施用 45kg/hm^2 平均增产 150kg/hm^2；设计 II 的 21 个试验中钾肥（K_2O）用量为 60kg/hm^2 比不施钾处理平均增产 267kg/hm^2，钾肥（K_2O）用量为 120kg/hm^2 比施钾（K_2O）60kg/hm^2 平均增产 96kg/hm^2；而当钾肥（K_2O）用量分别为 135kg/hm^2 和 180kg/hm^2 时，

表 8-1 钾肥用量对冬油菜产量的影响

钾肥（K_2O）用量（kg/hm^2）	油菜产量（kg/hm^2）						
	设计 I（n=11）	设计 II（n=21）	设计III（n=6）	设计IV（n=5）	设计 V（n=3）	设计VI（n=1）	设计VII（n=1）
0	2007±852	2045±518	2759±301	1928±359	2159±1231	2451	2301
30	—	—	2954±394	—	—	—	—
45	2286±800	—	—	—	—	2551	—
60	—	2312±466	2998±457	—	—	—	—
67.5	—	—	—	2132±398	—	2601	—
90	2436±805	—	2881±394	2177±423	2248±1261	2576	—
120	—	2408±443	—	—	2230±1239	—	—
135	2388±811	—	—	2139±430	—	—	—
150	—	—	—	—	2209±1249	—	—
180	—	2395±488	—	—	—	—	2626
240	—	—	—	—	—	—	2701
300	—	—	—	—	—	—	2751

注：在湖北省不同试验点（如黄梅县、武穴市、大冶市、浠水县、麻城市、黄陂区、孝昌县、天门市、沙洋县、枝江市、仙桃市、洪湖市、赤壁市等）共设置 48 个田间试验，根据各试验点的实际情况，采用 7 套钾肥施用方案，每套方案均包含 4 个钾肥梯度

两种设计各有 63.6% 的试验有平产或减产趋势出现。设计Ⅲ、设计Ⅳ和设计Ⅴ的产量结果表明，与不施钾相比，施钾能提高冬油菜产量，但 3 个钾肥用量水平间产量差异不大。设计Ⅵ和设计Ⅶ的产量变化趋势与设计Ⅲ基本相同。

综合分析 48 个试验的冬油菜施钾效果发现，钾肥用量对冬油菜产量有一定的影响，但作用较小。当钾肥（K_2O）用量小于 45kg/hm^2 时，冬油菜产量随钾肥用量的增加有一定程度的增加，而当钾肥（K_2O）用量高于 45kg/hm^2 后，增加钾肥用量增产效果不明显，各施钾处理的冬油菜产量基本相同。在产量构成上，施钾在一定程度上提高了冬油菜株高、一级有效分枝数和单株角果数，但冬油菜的千粒重略有降低。

二、钾肥用量对成熟期冬油菜钾含量和钾素累积量的影响

试验结果（表 8-2）表明，冬油菜籽粒、角壳和茎的钾含量同样受钾肥用量的影响。冬油菜角壳和茎的钾含量随着钾肥用量的增加而增加，施钾（K_2O）180kg/hm^2 处理的角壳钾含量比不施钾处理增加了 45.1%，茎钾含量增加了 58.8%；施钾在一定程度上促进了籽粒对钾素的吸收，但施钾以后籽粒钾含量增幅仅为 2.0%～6.2%，说明籽粒钾含量相对稳定，受钾肥用量的影响相对较小。

表 8-2　钾肥用量对冬油菜钾含量的影响

钾肥（K_2O）用量（kg/hm^2）	样本数	籽粒钾含量（%）			角壳钾含量（%）			茎钾含量（%）		
		变幅	平均	相对值	变幅	平均	相对值	变幅	平均	相对值
0	13	0.635～0.998	0.753	100.0	0.068～3.089	1.465	100.0	0.839～3.142	1.713	100.0
60	13	0.613～0.924	0.768	102.0	0.491～3.517	1.733	118.3	0.784～4.394	2.153	125.7
120	13	0.660～1.153	0.800	106.2	1.304～4.094	1.933	132.0	0.986～4.150	2.641	154.1
180	13	0.658～1.022	0.791	105.0	0.904～4.025	2.125	145.1	0.938～4.528	2.721	158.8

施用钾肥明显促进冬油菜对钾素的吸收（表 8-3），与不施钾处理相比，施钾使冬油菜籽粒、角壳和茎的钾素累积量分别增加了 0.13～0.14 倍、0.19～0.45 倍和 0.49～1.06 倍。可见，施钾主要促进了角壳和茎对钾素的吸收，而对籽粒钾素累积

表 8-3　氮磷钾肥用量对油菜钾素（K_2O）累积和分配的影响

钾肥（K_2O）用量（kg/hm^2）	样本数	籽粒钾素累积量（kg/hm^2）		角壳钾素累积量（kg/hm^2）		茎钾素累积量（kg/hm^2）		总钾素累积量（kg/hm^2）		钾素分配比例（%）		
		变幅	平均	变幅	平均	变幅	平均	变幅	平均	籽粒	角壳	茎
0	13	9.8～38.0	20.0	1.3～206.8	51.4	18.8～115.2	58.6	46.4～350.3	130.0	15.4	39.5	45.1
60	13	14.5～38.1	22.7	10.5～206.2	63.5	46.8～205.6	87.1	91.0～362.1	173.3	13.1	36.6	50.3
120	13	15.2～32.4	22.8	28.4～205.2	61.3	42.1～178.1	98.1	101.7～365.6	182.2	12.5	33.6	53.9
180	13	15.4～30.9	22.6	24.5～238.0	74.5	51.9～274.5	121.0	111.1～419.2	218.1	10.3	34.2	55.5

的影响较小。从钾素在各部位的分配比例来看，冬油菜吸收的钾素主要分配在茎，所占比例达 45.1%～55.5%；其次是角壳，占比 33.6%～39.5%；籽粒的分配比例最小，只占 10.3%～15.4%。这说明钾素在籽粒中的分配比例较为稳定，受肥料的影响作用相对较小。

第二节　钾肥施用方法

一、钾肥施用方式

（一）钾肥施用方式对冬油菜生物量的影响

施钾能够明显提高冬油菜生物量（表 8-4），不同的施钾方式对冬油菜生物量的影响不同。钾肥表混施处理（K混）的油菜各部位生物量均最高，表混施+喷施磷酸二氢钾处理（K混+叶）的角壳和籽粒产量仅次于 K混 处理，二者之间差异不显著。与对照处理相比，两个处理分别提高冬油菜产量 269kg/hm² 和 258kg/hm²，增产率分别为 10.2%和 9.8%。4 种施钾方式的油菜总生物量大小顺序为 K混＞K混+叶＞K表＞K穴。

表 8-4　钾肥施用方式对冬油菜生物量的影响

处理	总生物量（kg/hm²）	茎（kg/hm²）	角壳（kg/hm²）	籽粒（kg/hm²）	籽粒增产量（kg/hm²）	籽粒增产率（%）
CK	7192c	2870c	1688b	2634d		
K混	8311a	3564a	1844a	2903a	269	10.2
K表	7836b	3400ab	1693b	2743cd	109	4.1
K穴	7578bc	3068bc	1740b	2770bc	136	5.2
K混+叶	7961ab	3295ab	1774ab	2892ab	258	9.8

注：K混为钾肥表混施处理；K表为钾肥表面撒施处理；K穴为钾肥穴施处理；K混+叶为表混施+喷施磷酸二氢钾处理，下同。同列不含有相同小写字母表示不同处理间差异显著（P＜0.05）

在产量构成上，4 种钾肥施用方式对冬油菜产量构成因素的影响各不相同（表 8-5）。与对照处理相比，4 种钾肥施用方式均能够显著提高油菜单株角果数，

表 8-5　钾肥施用方式对冬油菜产量构成因素的影响

处理	单株角果数（个）	每角粒数（粒）	千粒重（g）
CK	466b	23b	2.89b
K混	532a	24ab	2.94b
K表	532a	24ab	3.13a
K穴	522a	24ab	2.93b
K混+叶	531a	25a	2.84b

注：同列不含有相同小写字母表示不同处理间差异显著（P＜0.05）

其中 K$_混$和 K$_表$处理最高，其次为 K$_{混+叶}$处理和 K$_穴$处理。K$_{混+叶}$处理的油菜每角粒数显著高于对照处理，而其他 3 种处理与对照处理相比无显著差异。K$_表$处理的千粒重显著高于其他处理，其他 3 种施用方式处理与对照处理则无显著差异。

（二）钾肥施用方式对冬油菜钾素吸收利用的影响

不同钾肥施用方式对冬油菜各部位的钾素累积量影响不同，冬油菜茎、角壳和总累积量均以 K$_混$处理最高，分别比对照处理增加 47.3%、21.0%和 31.6%，其次为 K$_{混+叶}$处理和 K$_表$处理（表 8-6）。油菜籽粒钾素累积量以 K$_{混+叶}$处理最高，其次为 K$_穴$和 K$_混$处理，三者之间差异不显著。4 种钾肥施用方式相比，K$_穴$处理的钾素累积量相对较低，但其总钾素累积量显著高于不施钾处理。4 种钾肥施用方式的钾肥表观利用率也存在明显差异，以 K$_混$处理最高，其次为 K$_{混+叶}$处理和 K$_表$处理，K$_混$处理显著高于这两个处理，分别高 12.0%和 19.8%。K$_穴$处理的钾肥表观利用率最低，较 K$_混$处理低 42.0%。由此可见，合适的钾肥施用方式能够显著提高钾肥表观利用率。

表 8-6 钾肥施用方式对冬油菜钾素吸收利用的影响

处理	钾素（K$_2$O）累积量（kg/hm^2）				钾肥表观利用率（%）
	茎	角壳	籽粒	总计	
CK	53.7c	52.4b	30.1b	136.2d	—
K$_混$	79.1a	63.4a	36.7a	179.2a	86.5a
K$_表$	70.9b	61.7a	34.6ab	167.2b	66.7b
K$_穴$	61.2c	55.0b	37.4a	153.6c	44.5c
K$_{混+叶}$	70.3b	60.5a	40.7a	171.5ab	74.5b

注：同列不含有相同小写字母表示不同处理间差异显著（$P < 0.05$）

二、钾肥施用次数

（一）钾肥施用次数对冬油菜产量的影响

由表 8-7 可知，钾肥分 2 次施用（K$_{2次施}$）时冬油菜产量最高，为 3110kg/hm^2，其次为全部作基肥施用（K$_{1次施}$）。与对照处理相比，K$_{2次施}$增产 476kg/hm^2，增产率为 18.1%。钾肥分 3 次施用（K$_{3次施}$）时籽粒产量低于 1 次施用和分 2 次施用处理，但与对照处理差异不显著。各处理总生物量的变化趋势与籽粒产量趋势相同，表现为 K$_{2次施}$＞K$_{1次施}$＞K$_{3次施}$，3 个处理间差异不显著，但均显著高于不施钾处理。

钾肥施用次数对冬油菜产量构成因素的影响各不相同（表 8-8）。钾肥施用次数对冬油菜单株角果数的影响最大，其中 K$_{3次施}$处理的单株角果数最多，其次

表 8-7　钾肥施用次数对冬油菜生物量的影响

处理	总生物量（kg/hm²）	茎（kg/hm²）	角壳（kg/hm²）	籽粒（kg/hm²）	籽粒增产量（kg/hm²）	籽粒增产率（%）
CK	7192b	2870b	1688b	2634c		
K$_{1次施}$	8311a	3564a	1844a	2903b	269	10.2
K$_{2次施}$	8551a	3645a	1796a	3110a	476	18.1
K$_{3次施}$	8002a	3577a	1693b	2732c	98	3.7

注：同列不同小写字母表示不同处理间差异显著（$P<0.05$）

表 8-8　钾肥施用次数对冬油菜产量构成因素的影响

处理	单株角果数（个）	每角粒数（粒）	千粒重（g）
CK	466b	23b	2.89a
K$_{1次施}$	532a	24ab	2.94a
K$_{2次施}$	531a	26a	2.88a
K$_{3次施}$	546a	24ab	2.95a

注：同列不含有相同小写字母表示不同处理间差异显著（$P<0.05$）

为 K$_{1次施}$ 和 K$_{2次施}$处理，但三者之间差异不显著。钾肥施用次数对油菜千粒重的影响最小，各处理间千粒重差异不显著。K$_{2次施}$处理的每角粒数最多，显著高于不施钾处理，但与 K$_{1次施}$ 和 K$_{3次施}$处理间差异不显著。

（二）钾肥施用次数对冬油菜钾素吸收利用的影响

钾肥施用次数对冬油菜钾素累积量和钾肥表观利用率的影响各不相同。茎钾素累积量以 K$_{1次施}$ 处理最高，其次为 K$_{3次施}$ 和 K$_{2次施}$ 处理，但 3 个处理间差异不显著（表 8-9）。角壳钾素累积量、籽粒钾素累积量、总钾素累积量和钾肥表观利用率均以 K$_{2次施}$ 处理最高，其次为 K$_{1次施}$ 和 K$_{3次施}$ 处理，三者之间差异不显著，其中 K$_{3次施}$ 处理的角壳和籽粒钾素累积量与对照处理之间差异不显著。说明适当的钾肥分次施用可提高冬油菜对钾素的吸收利用，但过多的施用次数反而降低钾肥表观利用率。

表 8-9　钾肥施用次数对冬油菜钾素吸收利用的影响

处理	钾素（K$_2$O）累积量（kg/hm²）				钾肥表观利用率（%）
	茎	角壳	籽粒	总计	
CK	53.7b	52.4b	30.1b	136.2b	—
K$_{1次施}$	79.1a	63.4a	36.7a	179.2a	86.5a
K$_{2次施}$	73.1a	69.2a	37.9a	180.2a	88.8a
K$_{3次施}$	78.3a	61.2ab	32.0ab	171.5a	74.5a

注：同列不含有相同小写字母表示不同处理间差异显著（$P<0.05$）

第三节　钾 肥 形 态

一、不同形态钾肥对冬油菜产量的影响

试验结果表明（表 8-10），各含钾物料的施用均能显著增加油菜产量，与对照相比增产量为 313~753kg/hm^2，增产率为 14.5%~34.9%。另外，角壳和茎生物量分别平均增加 732kg/hm^2 和 1133kg/hm^2。不同含钾物料对冬油菜产量的影响不同，枸溶钾处理的油菜各部位生物量均最高，其次是稻草灰和氯化钾处理，3 个处理油菜产量分别较对照处理显著增加 34.9%、31.4% 和 25.8%。与其他含钾物料处理相比，硅钙钾和稻草处理各部位生物量相对较低，但均显著高于对照处理，与对照处理相比其增产率分别为 19.0% 和 14.5%。

表 8-10　不同含钾物料对冬油菜生物量的影响

处理	总生物量(kg/hm^2)	茎（kg/hm^2）	角壳（kg/hm^2）	籽粒（kg/hm^2）	籽粒增产量（kg/hm^2）	籽粒增产率（%）
CK	5761c	2602c	1004c	2155d		
稻草	7239b	3284b	1485b	2468c	313	14.5
稻草灰	8597a	3937a	1828a	2832a	677	31.4
硅钙钾	7732b	3636ab	1531b	2565bc	410	19.0
枸溶钾	8846a	3975a	1964a	2908a	753	34.9
氯化钾	8425a	3845a	1870a	2710ab	555	25.8

注：同列不含有相同小写字母表示不同处理间差异显著（$P < 0.05$）

与对照处理相比，含钾物料的施入能够显著提高直播冬油菜单株角果数和每角粒数，稻草、枸溶钾和氯化钾处理的冬油菜植株密度显著高于对照处理，而稻草灰和硅钙钾处理与对照处理无显著性差异，各处理间千粒重差异不显著（表 8-11）。枸溶钾的植株密度、单株角果数和千粒重均略高于其他处理，氯化钾和硅钙钾处理的每角粒数则略高。

表 8-11　不同含钾物料对冬油菜产量构成因素的影响

处理	植株密度（×10^{4}株/hm^2）	单株角果数（个）	每角粒数（粒）	千粒重（g）
CK	24.2c	157d	23b	3.02a
稻草	28.3ab	196c	24a	3.18a
稻草灰	25.8bc	238b	24a	3.13a
硅钙钾	25.6bc	264ab	25a	3.14a
枸溶钾	29.9a	268a	24a	3.26a
氯化钾	28.3ab	249ab	25a	3.09a

注：同列不含有相同小写字母表示不同处理间差异显著（$P < 0.05$）

二、不同形态钾肥对冬油菜钾素吸收利用的影响

含钾物料的施入能够显著提高冬油菜各部位钾含量及钾素累积量（表 8-12），且不同含钾物料对其的影响不同。茎和角壳的钾含量以稻草灰处理最高，籽粒则以氯化钾处理最高。冬油菜茎钾素累积量以稻草灰最高，比对照增加了 165.9%，其次是枸溶钾和氯化钾，但三者之间差异不显著；冬油菜角壳、籽粒及总钾素累积量均以枸溶钾处理最高，较对照处理分别增加了 187.7%、66.0% 和 143.2%，其次是稻草灰和氯化钾处理，三者之间没有显著差异。5 种含钾物料相比，稻草和硅钙钾处理的冬油菜钾素累积量相对较低，但仍显著高于对照处理。

表 8-12　不同含钾物料对冬油菜钾素吸收利用的影响

处理	钾含量（%）			钾素（K_2O）累积量（kg/hm^2）				钾肥表观利用率（%）
	茎	角壳	籽粒	茎	角壳	籽粒	总计	
对照	0.85c	1.89c	0.74c	26.7c	22.7c	19.1c	68.5c	—
稻草	1.29b	2.26b	0.81bc	51.0b	40.4b	24.0b	115.4b	39.1b
稻草灰	1.50a	2.81a	0.91ab	71.0a	61.7a	31.1a	163.8a	79.4a
硅钙钾	1.26b	2.29b	0.84abc	54.7b	42.0b	25.9b	122.6b	45.1b
枸溶钾	1.46a	2.77a	0.91ab	69.6a	65.3a	31.7a	166.6a	81.7a
氯化钾	1.48a	2.67a	0.95a	68.2a	59.9a	30.8a	158.9a	75.3a

注：同列不含有相同小写字母表示不同处理间差异显著（$P<0.05$）

在相同钾肥用量下，不同含钾物料钾肥表观利用率存在显著差异，枸溶钾的表观利用率最高，为 81.7%，较稻草灰、氯化钾处理分别高出 2.9% 和 8.5%，但三者之间差异不显著，其次是硅钙钾和稻草处理。研究结果表明，5 种含钾物料均能提高冬油菜钾肥表观利用率，且枸溶钾和稻草灰效果与传统水溶性氯化钾一样。

第四节　秸秆还田条件下冬油菜钾素调控技术

一、秸秆还田条件下钾肥施用对冬油菜产量的影响

施钾有利于冬油菜地上部干物质的累积，且相同施钾量条件下秸秆还田处理高于无秸秆还田处理（表 8-13），说明秸秆还田能够显著促进冬油菜地上部干物质的累积。施钾（K_2O）量在 0～120kg/hm^2，冬油菜地上部各部位干物质量随施钾量的增加而增加，当施钾（K_2O）量为 120kg/hm^2 时，无秸秆还田和秸秆还田的干物质总量均最高，分别为 10 528kg/hm^2 和 10 439kg/hm^2，比相应的不施钾处理分别增加了 53.4% 和 28.0%。对于油菜产量而言，其增产趋势与干物质总量变化趋

势基本一致,施钾（K_2O）120kg/hm² 时无秸秆还田和秸秆还田的油菜产量均最高,分别为 3153kg/hm² 和 3285kg/hm²。同时,秸秆还田能够明显提高油菜产量,除施钾 180kg/hm² 处理外,秸秆还田各处理冬油菜产量均高于无秸秆还田,增产量为 76～307kg/hm²,增幅为 3.0%～15.0%。

表 8-13　秸秆还田条件下不同钾肥用量对冬油菜地上部干物质累积的影响

处理		干物质总量（kg/hm²）	茎（kg/hm²）	角壳（kg/hm²）	籽粒（kg/hm²）	增产量（kg/hm²）	籽粒增产率（%）
无秸秆还田	K_0	6 864d	3 157d	1 657c	2 050d		
	K_{30}	8 183c	3 667cd	1 981b	2 535c	485	23.66
	K_{60}	8 735bc	3 871bc	2 127ab	2 737bc	687	33.51
	K_{120}	10 528a	5 111a	2 264a	3 153a	1 103	53.80
	K_{180}	9 062b	4 275b	1 951b	2 836b	786	38.34
秸秆还田	K_0	8 158d	3 977b	1 824d	2 357c		
	K_{30}	8 667cd	4 127b	1 929cd	2 611bc	254	10.78
	K_{60}	9 408bc	4 408ab	2 123bc	2 877b	520	22.06
	K_{120}	10 439a	4 776b	2 378ab	3 285a	928	39.37
	K_{180}	10 002ab	4 745a	2 456a	2 801b	444	18.84

注:K_0、K_{30}、K_{60}、K_{120}、K_{180} 分别表示钾肥（K_2O）用量为 0kg/hm²、30kg/hm²、60kg/hm²、120kg/hm² 和 180kg/hm²;同列不含有相同小写字母表示相同秸秆还田条件下不同钾肥处理间差异显著（$P<0.05$）

各产量构成因素随着施钾量的增加有升高的趋势（表 8-14）,植株密度和单株角果数在钾肥（K_2O）用量为 180kg/hm² 时达到最大,而每角粒数和千粒重则在

表 8-14　秸秆还田条件下不同钾肥用量对冬油菜产量构成因素的影响

处理		植株密度（×10⁴株/hm²）	单株角果数（个）	每角粒数（粒）	千粒重（g）
无秸秆还田	K_0	24.5c	162c	22b	2.97a
	K_{30}	25.5bc	170c	24ab	3.19a
	K_{60}	25.7bc	188b	25a	3.19a
	K_{120}	26.4ab	197ab	25a	3.26a
	K_{180}	27.9a	207a	24a	3.15a
秸秆还田	K_0	25.7b	173c	24a	3.00b
	K_{30}	25.7b	180bc	24a	3.20a
	K_{60}	26.0b	197b	25a	3.22a
	K_{120}	26.9ab	219a	26a	3.21a
	K_{180}	27.7a	229a	25a	3.04b

注:K_0、K_{30}、K_{60}、K_{120}、K_{180} 分别表示钾肥（K_2O）用量为 0kg/hm²、30kg/hm²、60kg/hm²、120kg/hm² 和 180kg/hm²;同列不含有相同小写字母表示相同秸秆还田条件下不同钾肥处理间差异显著（$P<0.05$）

钾肥（K_2O）用量为 120kg/hm^2 时达到最大，过多施用则导致每角粒数和千粒重有下降的趋势，因此在实际生产中应适当控制钾肥的施用。另外，与无秸秆还田处理相比，秸秆还田各处理的植株密度、单株角果数和每角粒数均较高，对于千粒重而言，施钾（K_2O）量在 0～60kg/hm^2 时秸秆还田处理高于无秸秆还田处理，而施钾（K_2O）量为 120kg/hm^2 和 180kg/hm^2 时则无秸秆还田处理略高于秸秆还田处理，说明秸秆还田可改善冬油菜的产量构成因素，且可适当减少钾肥的施用以提高肥料利用率。

二、秸秆还田条件下钾肥施用对冬油菜钾素吸收利用的影响

钾肥的施用可不同程度地促进冬油菜各部位对钾素的吸收和累积（表 8-15）。随着钾肥用量的增加，冬油菜对钾素的吸收和累积也相应增加。秸秆还田各部位钾含量和钾素累积量均高于无秸秆还田，与无秸秆还田各施钾处理相比，秸秆还田的冬油菜茎、角壳和籽粒钾含量增幅分别为 4.5%～29.9%、2.0%～19.5% 和 0%～16.1%，秸秆还田的冬油菜茎、角壳、籽粒钾素累积量和总钾素累积量的增幅为 15.7%～43.6%、3.9%～32.2%、11.8%～21.0% 和 18.5%～30.1%。秸秆还田可明显促进油菜各部位对钾素的吸收和累积。无论秸秆还田与否，K_{180} 处理总钾素累积量均最高。

表 8-15 秸秆还田条件下不同钾肥用量对冬油菜钾含量、钾素累积量和钾肥利用率的影响

处理		钾含量（%）			钾素（K_2O）累积量（kg/hm^2）				钾肥偏生产力（kg/kg）	钾肥表观利用率（%）
		茎	角壳	籽粒	茎	角壳	籽粒	总计		
无秸秆还田	K_0	1.89b	2.15a	0.84b	71.6d	42.6c	20.8c	135.0e		
	K_{30}	1.78b	2.19a	0.89b	78.3cd	52.0bc	27.1bc	157.4d	84.5a	74.3a
	K_{60}	1.89b	2.32a	0.94ab	87.4c	59.3ab	30.9ab	177.6c	45.6b	70.9a
	K_{120}	1.94b	2.36a	0.93ab	119.2b	64.2a	35.2a	218.6b	26.3c	68.9a
	K_{180}	2.69a	2.44a	1.09a	137.9b	57.2ab	37.0a	232.1a	15.8d	53.9b
秸秆还田	K_0	2.00d	2.57a	0.84b	95.5d	56.3b	23.8b	175.6e		
	K_{30}	2.27c	2.47a	0.97ab	112.4c	57.3b	30.3ab	200.0d	87.0a	81.2a
	K_{60}	2.27c	2.42a	1.05ab	120.2c	61.6ab	36.5ab	218.3c	48.0b	71.3ab
	K_{120}	2.52b	2.52a	1.08ab	144.6b	71.8a	42.6a	259.0b	27.4c	69.5b
	K_{180}	2.81a	2.49a	1.25a	159.5a	73.4a	42.2a	275.1a	15.6d	55.3c

注：K_0、K_{30}、K_{60}、K_{120}、K_{180} 分别表示钾肥（K_2O）用量为 0kg/hm^2、30kg/hm^2、60kg/hm^2、120kg/hm^2 和 180kg/hm^2；同列不含有相同小写字母表示相同秸秆还田条件下不同钾肥处理间差异显著（$P<0.05$）

随着施钾量的增加，钾肥偏生产力、表观利用率呈递减趋势，且差异显著。钾肥偏生产力反映了冬油菜吸收钾肥和土壤钾素后所产生的边际效应。秸秆还田时，钾肥（K_2O）用量在 30～120kg/hm^2 的钾肥偏生产力分别为 87.0kg/kg、48.0kg/kg、

27.4kg/kg，与无秸秆还田相应的处理相比均较高，分别提高 2.5kg/kg、2.4kg/kg、1.1kg/kg。当施钾（K_2O）量为 180kg/hm² 时，秸秆还田的钾肥偏生产力与无秸秆还田基本相当。钾肥表观利用率也表现出相同趋势，说明当钾肥用量较低或适中时秸秆还田可提高钾肥表观利用率，而钾肥用量较高时则对钾肥表观利用率无影响。

三、秸秆还田条件下冬油菜适宜的钾肥用量

拟合钾肥用量与冬油菜产量间的一元二次肥料效应方程，根据方程可以求解试验的推荐施肥量（表 8-16），在本试验条件下，无秸秆还田时钾肥（K_2O）最高施用量和最佳经济施用量分别为 121.9kg/hm² 和 114.2kg/hm²，而秸秆还田条件下钾肥（K_2O）最高施用量和最佳经济施用量分别为 113.0kg/hm² 和 105.1kg/hm²，与无秸秆还田相比分别降低了 7.3%和 8.0%。秸秆还田条件下的钾肥最高施用量和最佳经济施用量对应的理论产量分别为 3156kg/hm² 和 3152kg/hm²，较无秸秆还田高。综合结果表明，秸秆还田可以在减少钾肥投入的同时提高冬油菜产量。

表 8-16　冬油菜钾肥效应方程及相应的施钾量

处理	肥效效应方程	相关系数（r）	钾肥（K_2O）推荐用量（kg/hm²）		理论产量（kg/hm²）	
			$X_{最高}$	$X_{最佳}$	$Y_{最高}$	$Y_{最佳}$
无秸秆还田	$Y=-0.0704X^2+17.165X+2045.4$	0.9904**	121.9	114.2	3092	3088
秸秆还田	$Y=-0.0684X^2+15.465X+2282.2$	0.9585**	113.0	105.1	3156	3152

**表示肥效效应方程统计检验达 0.01 显著水平

第九章　高产高效冬油菜硼素调控

第一节　硼　肥　用　量

一、硼肥用量对冬油菜产量的影响

　　各地区施硼均可显著增加直播冬油菜产量（图9-1），不施硼条件下，直播冬油菜产量为139~1550kg/hm²，平均为923kg/hm²，显著低于施硼处理。施用硼肥9.0kg/hm²时，冬油菜的增产效果最佳，与不施硼相比增产1021kg/hm²，增产率达110.6%，继续增加硼肥用量，产量无显著增加。整体而言，土壤硼含量越低的试验点施硼效果越好，其中崇仁和进贤两个点增产效果最明显，增产率达800%以上。通过对各试验点进行一元二次方程拟合，可以看出各试验点表现出相似的变化趋势，最佳硼肥用量在9.0kg/hm²左右。成熟期地上部生物量对施硼的响应趋势与产量基本一致，各处理非籽粒部分生物量随施硼量的增加呈现增加的趋势，但增加幅度小于籽粒产量，原因是施硼显著增加了冬油菜的收获指数，收获指数在施硼肥9.0kg/hm²时最高，达29.9%，显著高于不施硼的17.5%，说明施硼对冬油菜的营养生长和生殖生长均起到促进作用，其中对生殖生长的促进作用更加显著，因此，施硼有利于获得较高的地上部干重和收获指数，从而获得较高的产量。施硼肥9.0kg/hm²时，冬油菜产值最高，平均为9575元/hm²，与不施硼相比，每公顷增收4938元。由此可见，直播冬油菜对缺硼十分敏感，施硼增产增收效果显著。

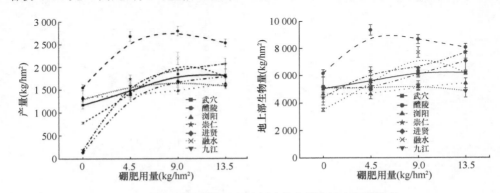

图 9-1　不同硼肥用量下直播冬油菜产量和地上部生物量

　　直播冬油菜产量构成因素结果（表9-1）表明，各试验点施硼均增加了直播冬油菜的收获密度、单株角果数和每角粒数，但对千粒重的影响不明显（部分试验表现出下降的趋势）。硼缺乏极大地降低了直播冬油菜的收获密度，不施硼处理的收获密度仅有硼肥用量 9.0kg/hm² 处理的 54.9%～65.7%；与硼肥用量 9.0kg/hm² 相比，硼肥用量为 13.5kg/hm² 时收获密度也呈现下降趋势。施硼后单株角果数增加效果最显著，与不施硼相比，硼肥用量 9.0kg/hm² 单株角果数增加 72.3%～457.8%，当硼肥用量超过 9.0kg/hm² 后增加效果不显著。缺硼导致每角粒数显著减少，但硼肥用量超过 4.5kg/hm² 后增加不显著。

表 9-1 不同硼肥用量下直播冬油菜产量构成因素

地点	硼肥用量（kg/hm²）	收获密度（株/m²）	单株角果数（个）	每角粒数（粒）	千粒重（g）
江西进贤	0	41.0b	17.3c	12.7b	4.10a
	4.5	56.9a	85.0b	21.1a	4.04a
	9.0	62.4a	96.5ab	23.2a	3.46b
	13.5	58.9a	105.0a	20.0a	3.68b
湖南醴陵	0	37.0c	78.8c	16.8b	3.68a
	4.5	44.0b	152.0b	18.8ab	3.55a
	9.0	57.0a	169.0a	22.7a	3.66a
	13.5	48.0b	166.9a	22.2a	3.52a
湖北武穴	0	30.6c	85.3c	19.5b	4.38b
	4.5	41.7b	132.7b	20.6ab	4.14ab
	9.0	55.7a	147.0a	21.7a	4.27a
	13.5	43.2b	153.7a	22.3a	4.18a

注：同列不含有相同小写字母表示同一地点不同硼肥用量间差异显著（$P < 0.05$）

二、硼肥用量对冬油菜硼含量和硼素累积量的影响

施硼显著增加冬油菜成熟期各部位的硼含量和硼素累积量（图 9-2），各部位硼含量由高到低依次为角壳＞茎＞籽粒，硼素累积量由高到低依次为茎＞角壳＞籽粒。在硼肥用量不高于 13.5kg/hm² 时，各部位的硼含量和硼素累积量均随施硼量的增加而增加。角壳硼含量和硼素累积量在硼肥用量为 9.0kg/hm² 时达到最佳水平，继续增加施硼量，硼含量和硼素累积量增加效果不显著；茎和籽粒中的硼含量和硼素累积量在施硼肥 4.5kg/hm² 时达到平台，继续增加施硼量，植株硼含量和硼素累积量不再显著增加。施硼后，茎和角壳中的硼含量与不施硼相比最高可增加 110.5%和 224.6%，籽粒中的硼含量与不施硼相比最高增加 45.3%，施硼后角壳和茎中硼含量的增加幅度远大于籽粒。

不同地点硼肥表观利用率表现出很大的差异，整体而言，硼肥表观利用率会随着施硼量的增加而降低，硼肥用量为 4.5kg/hm² 时，硼肥表观利用率平均为

12.2%，硼肥用量为 13.5kg/hm² 时，硼肥表观利用率为 7.4%。硼肥用量为 9.0kg/hm² 时，冬油菜产量达到最佳水平，此时硼肥表观利用率为 9.4%。

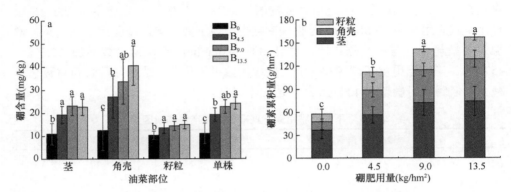

图 9-2　不同硼肥用量对冬油菜各部位硼含量和硼素累积量的影响

B₀、B₄.₅、B₉.₀、B₁₃.₅ 分别表示硼肥用量为 0kg/hm²、4.5kg/hm²、9.0kg/hm² 和 13.5kg/hm²。a 图各组柱子上方不含有相同小写字母表示同一部位不同硼肥用量间差异显著（$P<0.05$）；b 图不同小写字母表示不同硼肥用量间差异显著（$P<0.05$）

第二节　硼肥形态

安徽广德试验点第一季油菜品种为双高品种'浙平一号'。施硼处理较不施硼处理油菜产量有所增加，其中 B 和 EB 处理增产达到了显著水平，而 CB 处理增产不显著。油菜籽粒含油量和总硫苷含量没有显著变化。油菜收获后，施硼各处理的土壤有效硼含量较不施硼处理有所提高，为 0.28～0.45mg/kg，处于缺硼水平（表9-2）。湖北荆州试验点油菜品种为双低品种'华油杂 12 号'。施硼处理油菜产量没有提高，CB 处理籽粒含油量略低于其他处理，EB 处理总硫苷含量显著低于其他处理。各施硼肥处理，油菜收获后土壤有效硼含量均大于 0.5mg/kg，其中 CB 处理超过 1.0mg/kg。不施硼处理（−B）土壤有效硼含量处于较低水平（表 9-2）。

表 9-2　不同硼肥处理，安徽广德和湖北荆州第一季油菜产量、品质性状及收获后土壤有效硼含量

处理	产量（kg/hm²）		籽粒含油量（%）		籽粒总硫苷含量（μmol/g）		土壤有效硼含量（mg/kg）	
	广德	荆州	广德	荆州	广德	荆州	广德	荆州
−B	2412.62b	2382.86a	37.91a	43.0a	155.91a	28.8a	0.16b	0.47b
B	2629.30a	2339.50a	37.46a	43.3a	163.58a	30.1a	0.28ab	0.52b
EB	2708.47a	2321.16a	37.23a	43.6a	156.19a	15.2b	0.33ab	0.55b
CB	2583.46ab	2312.82a	37.91a	42.1a	156.39a	30.3a	0.45a	1.14a

注：−B、B、EB 和 CB 分别为不施硼肥、施用 6.0kg/hm² 硼砂（含硼 11.3%）、施用 8.7kg/hm² Etibor-48（含硼 15.0%）和施用 9.9kg/hm² Colemanite（含硼 10.5%）。同列不含有相同小写字母表示处理间差异显著（$P<0.05$）。

数据来源于马欣等（2011）

第十章　栽培措施与养分互作

第一节　种植方式与养分互作

一、氮、磷、钾对直播和移栽冬油菜产量的影响

（一）大范围研究

大范围研究结果表明，种植方式和施肥显著影响长江中下游地区冬油菜的产量，但两者并无显著交互作用（图 10-1）。在不施肥条件下，长江中下游地区直播冬油菜产量为 50～1681kg/hm²，平均为 771kg/hm²，而移栽冬油菜产量为 159～2430kg/hm²，平均为 1052kg/hm²。相比 CK 处理，所有施肥处理直播和移栽冬油菜的产量均显著提高。直播冬油菜 NPK 处理平均产量为 2114kg/hm²（697～3133kg/hm²），–N 处理为 998kg/hm²（28～2167kg/hm²），–P 处理为 1459kg/hm²（130～2682kg/hm²），–K 处理为 1857kg/hm²（601～3003kg/hm²）。移栽冬油菜 NPK 处理平均产量为 2321kg/hm²（444～3816kg/hm²），–N 处理为 1224kg/hm²

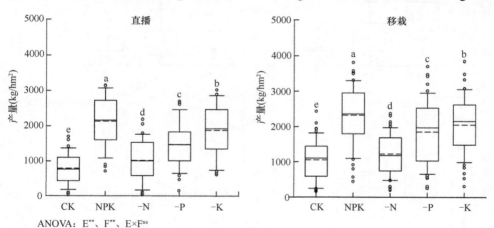

ANOVA：E**、F**、E×F^{ns}

直播和移栽间LSD检验：CK**、NPK^{ns}、–N^{ns}、–P*、–K^{ns}

图 10-1　氮磷钾肥施用对直播冬油菜（n=38）和移栽冬油菜（n=56）产量的影响

E：种植方式；F：施肥处理；CK：不施肥处理；NPK：推荐用量处理，N、P_2O_5 和 K_2O 用量分别为 180kg/hm²、90kg/hm²、120kg/hm²；–N、–P、–K 分别表示不施氮、不施磷和不施钾处理（其他肥料用量与推荐用量保持一致）；各小图中不同小写字母表示同一种植方式下不同处理间差异显著（$P<0.05$）；*表示差异显著（$P<0.05$），**表示差异极显著（$P<0.01$），ns 表示差异不显著

（203～2368kg/hm^2），–P 处理为 1852kg/hm^2（256～3707kg/hm^2），–K 处理为 2052kg/hm^2（310～3849kg/hm^2）。两种种植方式下，各施肥处理中均以 NPK 处理产量最高，其次为–K 和–P 处理，–N 处理则显著偏低。

直播种植方式下，所有处理的冬油菜产量均低于移栽种植方式，其中 CK 和–P 处理的产量差异达到显著水平。两种种植方式之间冬油菜产量差在 NPK 处理平均为 207kg/hm^2，CK、–N、–P 和–K 处理分别平均为 281kg/hm^2、226kg/hm^2、393kg/hm^2 和 195kg/hm^2。相应地，直播冬油菜各处理的产量比移栽冬油菜分别低 8.9%、26.7%、18.5%、21.2%和 9.5%。可见，氮磷钾配施条件下直播冬油菜与移栽冬油菜的产量差较小，而不施肥和养分缺乏条件下则明显较高，尤其是缺氮和缺磷条件。

（二）氮磷钾养分缺乏的减产效应

直播和移栽种植方式下，缺氮处理冬油菜的减产量均为最高，其次为缺磷和缺钾处理（图 10-2）。相比 NPK 处理，直播冬油菜–N 处理平均减产 1115kg/hm^2

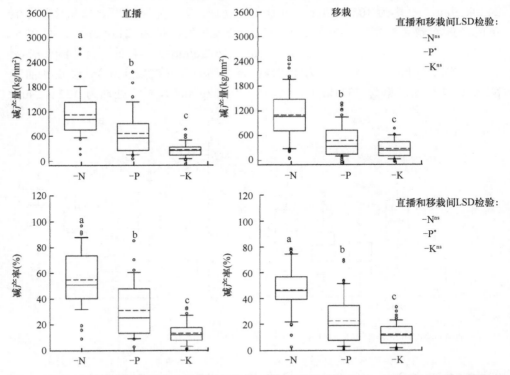

图 10-2　氮、磷、钾缺乏条件下直播冬油菜（n=38）和移栽冬油菜（n=56）的减产量与减产率
–N、–P、–K 分别表示不施氮、不施磷和不施钾处理；各小图中不同小写字母表示同一种植方式下不同处理间差异显著（P<0.05）；*表示差异显著（P<0.05），ns 表示差异不显著

（153～2720kg/hm²），–P 处理平均减产 655kg/hm²（50～2150kg/hm²），–K 处理平均减产 257kg/hm²(–80～755kg/hm²)。移栽冬油菜各缺素处理分别减产 1097kg/hm²（50～2335kg/hm²）、469kg/hm²(–75～1376kg/hm²)和 269kg/hm²(–33～767kg/hm²)。直播冬油菜的减产率在缺氮条件下平均为 52.8%，缺磷条件下平均为 24.9%，缺钾条件下平均为 17.6%。移栽冬油菜在各缺素条件下减产率平均分别为 47.3%、38.4%和 14.5%。直播种植冬油菜由于养分缺乏而导致产量下降的绝对值及相对降幅均高于移栽冬油菜。缺磷条件下直播和移栽冬油菜产量的绝对减少量和相对降幅差异达到显著水平；缺氮条件下，直播冬油菜产量的绝对减少量与移栽冬油菜无显著区别，但其相对降幅则显著较高；缺钾条件下，两种种植方式冬油菜的减产量和减产率均无显著差异。

直播和移栽冬油菜在各缺素条件下减产量和减产率的分布频率分别如图 10-3 和图 10-4 所示。直播和移栽冬油菜缺氮减产量主要分布在 500～1500kg/hm²，分别占试验总数的 76.3%和 60.7%，而减产率主要分布在 30%～70%，分别占 65.8% 和 71.4%。两种种植方式冬油菜缺氮减产量低于 500kg/hm² 的试验点分别占 5.3% 和 17.9%，减产率低于 30%的试验点分别占 7.9%和 16.1%。直播冬油菜有 7.9%的试验点缺氮时减产超过 90%，而移栽冬油菜最高减产为 78.8%。缺磷条件下，直播冬油菜减产量主要分布于 150～850kg/hm²，占试验总数的 71.1%，减产率主要分布于 10%～50%，占 63.2%；移栽冬油菜减产量主要分布于 500kg/hm² 以下，占 60.7%，减产率则主要分布于 30%以下，占 67.9%。缺钾条件下直播和移栽冬油菜减产量超过 50kg/hm² 的试验点分别占试验总数的 92.1%和 87.5%，其中 42.1%的直播冬油菜试验减产量分布于 200～350kg/hm²，而移栽冬油菜有 35.7%的试验点减产量在 50～200kg/hm²。从减产率来看，直播和移栽冬油菜分别有 81.6%和 82.1% 的试验减产率低于 21%，其中直播冬油菜减产率在 7%～14%的试验点占总数的 39.5%，而移栽冬油菜有 30.4%的试验点减产率低于 7%。结果表明，相比移栽冬油菜，缺素条件下直播冬油菜出现大幅减产的试验点的比例更高。

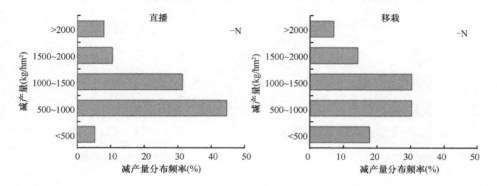

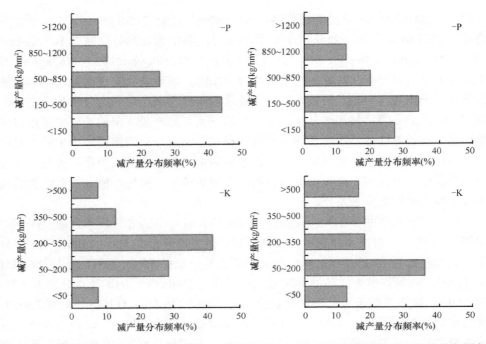

图 10-3　直播冬油菜（n=38）和移栽冬油菜（n=56）在氮、磷、钾缺乏时减产量的分布频率
-N、-P、-K 分别表示不施氮、不施磷和不施钾处理

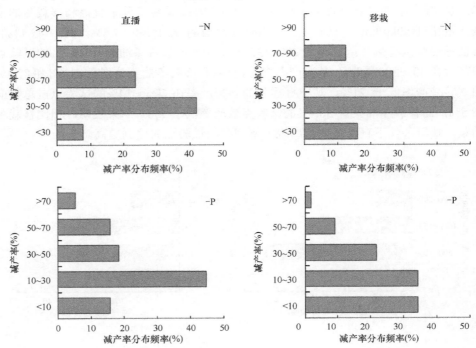

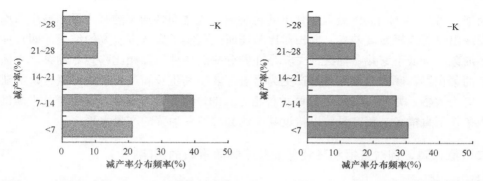

图 10-4　直播冬油菜（n=38）和移栽冬油菜（n=56）在氮、磷、钾缺乏时减产率的分布频率
−N、−P、−K 分别表示不施氮、不施磷和不施钾处理

（三）同田对比验证研究

　　2011～2012 年同田对比验证研究结果表明，各处理直播冬油菜产量均低于移栽冬油菜（表 10-1）。除 NPK 处理外，各处理两种种植方式之间冬油菜的产量均表现出显著或极显著差异。两种种植方式下均以 NPK 处理的冬油菜产量最高，其他依次为−K、−P、−N 和 CK 处理。相比 NPK 处理，各缺素条件下直播和移栽冬油菜产量均显著减少。直播和移栽冬油菜−N 和−P 处理的减产量和减产率显著高于−K 处理，而直播冬油菜−N 处理的减产量和减产率还要显著高于−P

表 10-1　氮磷钾肥施用对直播和移栽冬油菜产量的影响（湖北蕲春，2011～2012 年）

种植方式	施肥处理	产量（kg/hm²）	相比 NPK 处理减产量(kg/hm²)	相比 NPK 处理减产率（%）
直播	CK	54±12d††	—	—
	NPK	2049±73a	—	—
	−N	64±11d††	1985±70a††	96.9±0.5a††
	−P	448±48c†	1601±77b†	78.1±2.3b†
	−K	1354±55b†	695±94c	33.9±3.6c
移栽	CK	427±50d	—	—
	NPK	2081±30a	—	—
	−N	616±35c	1465±49a	70.4±1.8a
	−P	716±41c	1365±28a	65.6±1.7a
	−K	1745±90b	336±117b	16.1±5.3b
方差分析				
E		**	—	—
F		**	—	—
E × F		**	—	—

　　注：E 为种植方式；F 为施肥处理；CK 为不施肥处理；NPK 为推荐用量处理，氮肥、磷肥（P₂O₅）和钾肥（K₂O）用量分别为 180kg/hm²、90kg/hm²、120kg/hm²；−N、−P、−K 分别表示不施氮、不施磷和不施钾处理（其他肥料用量与推荐用量保持一致）。同一种植方式下，平均值后的不同小写字母表示处理间差异显著（$P<0.05$）；同一处理中，平均值后的上角符号表示两种种植方式之间的差异显著性，†表示差异显著（$P<0.05$），††表示差异极显著（$P<0.01$）；**表示差异极显著（$P<0.01$）

处理。另外，–N 和–P 处理条件下两种种植方式之间冬油菜的减产量和减产率均表现出显著或极显著差异。同田对比验证研究证实了大范围研究的结果，即直播冬油菜产量低于移栽冬油菜，尤其是在养分缺乏条件下。相比移栽冬油菜，直播冬油菜在氮、磷养分缺乏时减产更为显著，表明其生长和产量形成对氮、磷的缺乏更为敏感。另外，NPK 处理两种种植方式的产量差异不显著，说明养分平衡供应条件下直播冬油菜产量可以接近甚至达到移栽冬油菜的产量水平。

二、氮、磷、钾对直播和移栽冬油菜干物质累积的影响

（一）氮、磷、钾对直播和移栽冬油菜成熟期干物质累积和分配的影响

大范围研究结果表明，种植方式和施肥处理显著影响长江中下游地区冬油菜成熟期的干物质累积，但两者并无显著的交互作用（图 10-5）。不施肥（CK）处理条件下，长江中下游地区直播冬油菜干物质量为 195～6189kg/hm^2，平均为 2869kg/hm^2，而移栽冬油菜干物质量为 661～8295kg/hm^2，平均为 3641kg/hm^2。相比 CK 处理，所有施肥处理直播和移栽冬油菜成熟期的干物质量均显著增加。直播冬油菜 NPK 处理的平均干物质量为 7299kg/hm^2（2538～12 216kg/hm^2），–N 处理为 3622kg/hm^2（105～7112kg/hm^2），–P 处理为 5262kg/hm^2（481～10 762kg/hm^2），–K 处理为 6414kg/hm^2（2205～11 550kg/hm^2）。移栽冬油菜 NPK 处理平均干物质量为 7956kg/hm^2（1625～15 749kg/hm^2），–N 处理为 4350kg/hm^2

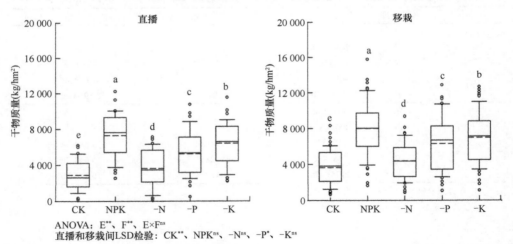

ANOVA：E**、F**、E×F^{ns}
直播和移栽间LSD检验：CK**、NPK^{ns}、–N^{ns}、–P*、–K^{ns}

图 10-5　氮磷钾肥对直播冬油菜（n=38）和移栽冬油菜（n=56）成熟期干物质量的影响
E 为种植方式；F 为施肥处理；CK 为不施肥处理；NPK 为推荐用量处理，氮肥、磷肥（P$_2$O$_5$）和钾肥（K$_2$O）用量分别为 180kg/hm^2、90kg/hm^2、120kg/hm^2；–N、–P、–K 分别表示不施氮、不施磷和不施钾处理（其他肥料用量与推荐用量保持一致）；各小图中不同小写字母表示同一种植方式下不同处理间差异显著（P<0.05）；*表示差异显著（P<0.05），**表示差异极显著（P<0.01），ns 表示差异不显著

（841～9326kg/hm^2），–P 处理为 6281kg/hm^2（1041～12 866kg/hm^2），–K 处理为 6949kg/hm^2（1078～12 651kg/hm^2）。两种种植方式下，各施肥处理中均以 NPK 处理的干物质量最高，其他依次为–K、–P 和–N 处理。

直播冬油菜在所有处理的成熟期干物质量均低于移栽冬油菜，其中 CK 处理两者的差异达到显著水平。两种种植方式之间，冬油菜成熟期的干物质量在 NPK 处理平均相差 657kg/hm^2，CK、–N、–P 和–K 处理则平均分别相差 722kg/hm^2、728kg/hm^2、1019kg/hm^2 和 535kg/hm^2。相应地，直播冬油菜以上各处理的干物质量比移栽冬油菜分别低 8.3%、21.2%、16.7%、16.2%和 7.7%。结果显示，NPK 配施和不施钾条件下直播冬油菜的干物质量与移栽冬油菜相差最小，而不施肥、缺氮和缺磷条件下则明显偏低。

大范围效果研究结果表明，施肥处理显著影响了长江中下游地区冬油菜成熟期干物质的分配情况（表 10-2）。相比 NPK 处理，CK 和–N 处理显著降低了两种种植方式下冬油菜干物质在籽粒中的分配比例（即收获指数）。对于直播冬油菜，CK 和–N 处理增加了干物质在茎中的分配。对于移栽冬油菜，CK 处理干物质在角壳中的分配比例较高，而–N 处理则显著提高了干物质在茎中的分配比例。缺磷导致直播冬油菜的收获指数显著下降，并显著增加了干物质在角壳中的分配比例，

表 10-2 氮磷钾肥施用对直播和移栽冬油菜成熟期干物质分配的影响

种植方式	施肥处理	干物质分配比例（%）		
		茎	角壳	籽粒
直播（n=38）	CK	49.0±5.4a	24.1±3.7ab	26.9±3.4c†
	NPK	47.7±4.7b	23.3±3.5b	29.0±3.1a
	–N	49.1±5.0a	23.6±3.8b	27.3±3.7c
	–P	47.3±5.0b	24.8±3.6a	27.9±3.2b†
	–K	47.0±5.0b	24.1±3.8ab	28.9±3.2a
移栽（n=56）	CK	47.5±6.6b	23.9±3.7a	28.6±4.4b
	NPK	47.1±5.5bc	23.4±3.7ab	29.5±3.2a
	–N	49.1±6.1a	22.6±3.5b	28.3±4.0b
	–P	46.4±5.6bc	23.9±3.0a	29.7±3.9a
	–K	46.2±5.1c	23.8±3.3a	30.0±3.4a
方差分析	E	ns	ns	**
	F	*	*	**
	E×F	ns	ns	ns

注：E 表示种植方式；F 表示施肥处理；CK，不施肥处理；NPK，推荐用量处理，氮肥、磷肥（P$_2$O$_5$）和钾肥（K$_2$O）用量分别为 180kg/hm^2、90kg/hm^2、120kg/hm^2；–N、–P、–K 分别表示不施氮、不施磷和不施钾处理（其他肥料用量与推荐用量保持一致）；同一列不含有相同小写字母表示同一种植方式下不同处理间差异显著（$P<0.05$）；同一处理中，平均值后的上角符号表示两种种植方式之间的差异显著性，†表示差异显著（$P<0.05$）；*表示差异显著（$P<0.05$），**表示差异极显著（$P<0.01$），ns 表示差异不显著

而移栽冬油菜的干物质分配情况在缺磷条件下无显著变化。缺钾对两种种植方式下冬油菜干物质的分配情况均无显著影响。

种植方式显著影响了冬油菜干物质在籽粒中的分配，但对茎和角壳中的干物质分配比例没有显著影响。直播冬油菜各施肥处理的收获指数相比移栽冬油菜均较低，其中 CK 和–P 处理两者的差异达到了显著水平。施肥和种植方式对冬油菜成熟期干物质的分配未表现出显著的交互影响。

（二）氮、磷、钾对直播和移栽冬油菜生育期干物质累积的影响

氮磷钾因子同田对比验证试验结果显示，直播和移栽冬油菜在生育期内群体和个体的干物质累积存在显著差异（图 10-6）。直播冬油菜的群体干物质累积在苗期（播种后 37～77 天）表现出更快的增长，在越冬中期（播种后 110 天）达到最高。由于 2011～2012 年试验地区的冬季出现了较严重的低温和干旱，直播冬油菜大量叶片

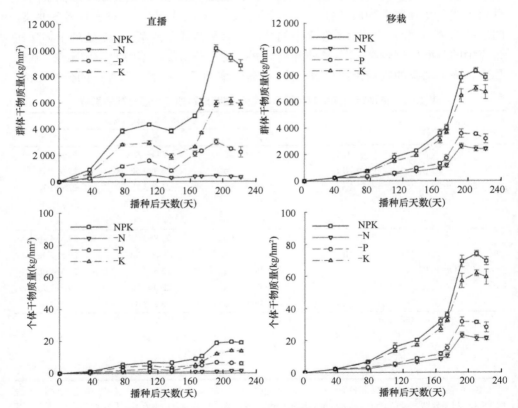

图 10-6 氮磷钾肥对直播和移栽冬油菜生育期群体和个体干物质累积的影响
（湖北蕲春，2011～2012 年）

NPK 为推荐用量处理，氮肥、磷肥（P_2O_5）和钾肥（K_2O）用量分别为 180kg/hm²、90kg/hm²、120kg/hm²；–N、–P、–K 分别表示不施氮、不施磷和不施钾处理（其他肥料用量与推荐用量保持一致）

凋落，部分个体死亡，因而造成其越冬后期群体干物质量的大幅下降。与直播冬油菜不同，移栽冬油菜的群体干物质累积自苗期至越冬期均保持稳定持续增长。自抽薹开始（播种后 166 天），直播和移栽冬油菜的群体干物质累积均呈现爆发式增长，并在花期至角果期（播种后 192~220 天）达到顶峰，但在收获前大幅降低。

施肥显著影响直播和移栽冬油菜生育期内的干物质累积。两种种植方式下，冬油菜在 NPK 处理均表现出最高的干物质累积，其次为–K 和–P 处理，–N 处理则表现最差。相比 NPK 处理，各缺素处理对直播冬油菜干物质累积的负面影响明显高于移栽冬油菜。直播冬油菜越冬期在 NPK、–N、–P 和–K 处理干物质量分别下降 $497kg/hm^2$、$225kg/hm^2$、$761kg/hm^2$ 和 $1043kg/hm^2$，相对降幅分别为 11.5%、44.1%、48.1%和 35.6%，可见养分缺乏显著加重了直播冬油菜在越冬期干物质累积的下降。收获前，直播冬油菜在各施肥处理的干物质累积分别下降 $1313kg/hm^2$、$111kg/hm^2$、$767kg/hm^2$ 和 $244kg/hm^2$，相对降幅分别为 12.9%、25.0%、25.7%和 4.0%；移栽冬油菜在各施肥处理的干物质累积分别下降 $528kg/hm^2$、$217kg/hm^2$、$399kg/hm^2$ 和 $267kg/hm^2$，相对降幅分别为 6.3%、8.3%、11.2%和 3.8%。氮、磷的缺乏加剧了直播和移栽冬油菜在成熟期干物质累积的下降。尽管直播冬油菜的群体干物质累积在生育期内的表现较移栽冬油菜更高，但是其个体干物质累积则明显低于移栽冬油菜。各施肥条件下，直播冬油菜生育期的干物质累积均低于移栽冬油菜。其中，直播冬油菜在 NPK 处理的个体干物质累积仅与移栽冬油菜–N 处理表现接近，而其他缺素处理则相差更大。

三、氮、磷、钾对直播和移栽冬油菜养分吸收、累积与利用的影响

（一）氮、磷、钾对直播和移栽冬油菜成熟期植株养分含量的影响

氮磷钾肥施用显著影响直播和移栽冬油菜成熟期植株各部位的养分含量（表 10-3）。与 NPK 处理相比，CK 和–N 处理直播和移栽冬油菜植株各部位的氮含量均显著下降，–K 处理则均未表现出明显变化。缺磷条件下，直播冬油菜茎的氮含量较 NPK 处理显著提高，移栽冬油菜茎氮含量也显著提高，而角壳和籽粒氮含量增加则不明显。对于植株磷含量，–P 处理两种种植方式冬油菜植株各部位较 NPK 处理均显著降低，–N 处理则表现出明显增加（移栽冬油菜茎除外），而 CK 和–K 处理则无显著差异（直播冬油菜籽粒除外）。缺钾条件下，直播冬油菜植株各部位的钾含量均显著降低。而移栽冬油菜在缺钾条件只有茎和角壳的钾含量显著下降，籽粒则无明显变化。除移栽冬油菜的茎外，CK 处理两种种植方式下冬油菜植株各部位的钾含量均显著低于 NPK 处理。缺钾显著降低了直播和移栽冬油菜角壳的钾含量，而缺磷则显著降低了直播和移栽冬油菜籽粒的钾含量，另外移栽冬油菜茎的钾含量在–K 处理也有显著下降。

表10-3 氮磷钾肥对直播和移栽冬油菜成熟期植株养分含量的影响

种植方式	施肥处理	氮含量 (%)			磷含量 (%)			钾含量 (%)		
		茎	角壳	籽粒	茎	角壳	籽粒	茎	角壳	籽粒
直播 (n=38)	CK	0.43±0.25c	0.60±0.29b	3.25±0.71b	0.06±0.04b	0.13±0.09b	0.69±0.15c	2.11±0.61b	2.57±0.46b	0.76±0.24b†
	NPK	0.50±0.20b†	0.77±0.31a	3.66±0.59a	0.07±0.05b	0.15±0.09b	0.76±0.12b††	2.49±0.55a	2.89±0.45a	0.83±0.18a††
	-N	0.36±0.13d	0.53±0.24c	3.09±0.59c	0.08±0.05a	0.17±0.08a†	0.80±0.09a††	2.39±0.55a	2.72±0.49c	0.82±0.24a††
	-P	0.55±0.25a†	0.79±0.35a	3.70±0.66a	0.05±0.03c	0.10±0.08c	0.64±0.16d†	2.33±0.53a	2.75±0.46a	0.78±0.22b††
	-K	0.51±0.18ab	0.75±0.30a	3.63±0.62a	0.07±0.04b	0.14±0.09b	0.76±0.12b††	1.83±0.71c	2.53±0.58b	0.77±0.16b††
移栽 (n=56)	CK	0.45±0.19c	0.56±0.25b	3.27±0.52b	0.06±0.05b	0.15±0.10b	0.66±0.12b	2.24±0.60b	2.77±0.57b	0.65±0.14bc
	NPK	0.57±0.24b	0.73±0.28a	3.61±0.49a	0.07±0.05ab	0.15±0.08b	0.67±0.09b	2.31±0.59ab	2.96±0.48a	0.69±0.13a
	-N	0.40±0.15d	0.51±0.22b	3.16±0.49c	0.07±0.04a	0.21±0.10a	0.74±0.11a	2.44±0.54b	2.82±0.54b	0.69±0.14a
	-P	0.63±0.24a	0.78±0.33a	3.65±0.50a	0.05±0.03c	0.10±0.07c	0.57±0.13c	2.23±0.58b	2.96±0.54a	0.64±0.16c
	-K	0.56±0.24b	0.75±0.33a	3.60±0.54a	0.06±0.03b	0.14±0.07b	0.68±0.07b	1.75±0.72c	2.62±0.49c	0.67±0.13ab
方差分析										
E		*	ns	ns	ns	*	**	ns	ns	**
F		**	**	**	**	**	**	**	**	*
E×F		ns	ns	ns	ns	ns	ns	ns	ns	ns
E×F		ns	ns	ns	ns	ns	ns	ns	ns	ns

注: E 为种植方式; F 为施肥处理; CK 为不施肥处理; NPK 为推荐用量处理, 氮肥、磷肥 (P_2O_5) 和钾肥 (K_2O) 用量分别为180kg/hm², 90kg/hm², 120kg/hm²; -N, -P、-K 分别表示不施氮, 不施磷和不施钾处理 (其他肥料用量与推荐用量保持一致)。同一种植方式下, 平均值后不含有相同处理间差异显著 (P<0.05); 同一处理中, 平均值后的上角符号表示两种种植方式之间的差异显著性, †表示差异显著 (P<0.05), ††表示差异极显著 (P<0.01)。*表示差异显著 (P<0.05), **表示差异极显著 (P<0.01), ns 表示差异不显著

　　两种种植方式之间，冬油菜植株各部位的养分含量也存在差异。直播冬油菜的茎氮含量普遍低于移栽冬油菜，其中 NPK 和–P 产量显著偏低。总体上看，直播冬油菜角壳的磷含量与移栽冬油菜接近，而籽粒磷含量则略高于移栽冬油菜。另外，直播冬油菜籽粒钾含量在各施肥处理均显著或极显著高于移栽冬油菜。方差分析结果显示，施肥和种植方式对冬油菜植株不同部位的氮、磷、钾养分含量均无显著的交互作用。

（二）氮、磷、钾对直播和移栽冬油菜成熟期养分累积和养分收获指数的影响

　　大范围效果研究结果表明，施肥和种植方式显著影响冬油菜成熟期的氮素（N）、磷素（P）、钾素（K）累积量，但两者的交互影响则均不显著（图 10-7）。两种种植方式下，冬油菜成熟期植株的养分累积量均以 NPK 处理最高。直播冬油菜在 NPK 处理的氮素、磷素（P）、钾素（K）累积量平均分别为 108.1kg/hm^2（29.4～184.0kg/hm^2）、20.3kg/hm^2（7.7～37.4kg/hm^2）和 153.9kg/hm^2（36.9～240.4kg/hm^2）。而移栽冬油菜在 NPK 处理的各养分累积量则平均分别为 119.3kg/hm^2（22.4～275.8kg/hm^2）、20.9kg/hm^2（4.5～47.9kg/hm^2）和 158.0kg/hm^2（34.0～349.5kg/hm^2）。

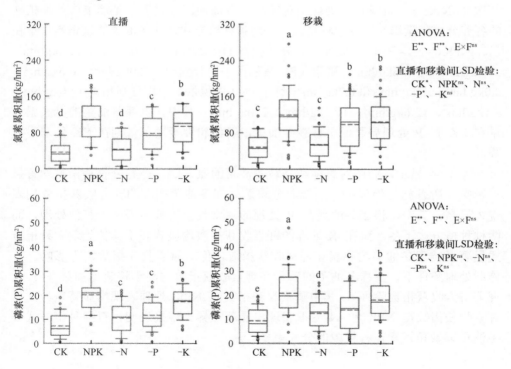

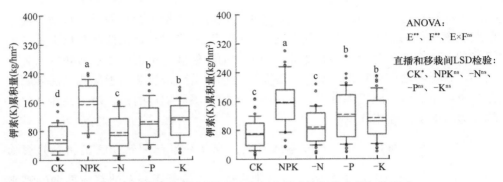

图 10-7　氮磷钾肥对直播和移栽冬油菜成熟期养分累积的影响

E 为种植方式；F 为施肥处理；CK 为不施肥处理；NPK 为推荐用量处理，氮肥、磷肥（P_2O_5）和钾肥（K_2O）用量分别为 180kg/hm²、90kg/hm²、120kg/hm²；–N、–P、–K 分别表示不施氮、不施磷和不施钾处理（其他肥料用量与推荐用量保持一致）；各小图中不同小写字母表示同一种植方式下不同处理间差异显著（$P<0.05$）；*表示差异显著（$P<0.05$），**表示差异极显著（$P<0.01$），ns 表示差异不显著

相比 NPK 处理，不施肥和缺素处理直播和移栽冬油菜的养分累积量显著降低。对于氮素累积量，直播和移栽冬油菜在 CK 和–N 处理均为最低，其次为–P 处理和–K 处理。两种种植方式冬油菜的磷素和钾素累积量均以 CK 处理最低，其次为–N 处理，–P 和–K 处理相对较高。直播种植方式下，冬油菜成熟期植株的各养分累积量均低于移栽种植方式。两种种植方式之间冬油菜的氮素累积量在 CK、NPK、–N、–P 和–K 处理平均分别相差 11.5kg/hm²、11.2kg/hm²、11.0kg/hm²、21.0kg/hm² 和 10.6kg/hm²，磷素（P）累积量平均分别相差 2.0kg/hm²、0.6kg/hm²、2.0kg/hm²、2.2kg/hm² 和 0.7kg/hm²，钾素（K）累积量则平均分别相差 14.0kg/hm²、4.1kg/hm²、12.6kg/hm²、17.5kg/hm²、2.4kg/hm²。其中，直播冬油菜的氮素累积量在 CK 和–P 处理显著低于移栽冬油菜，磷素和钾素累积量则在 CK 处理显著降低。

表 10-4 显示，施肥对直播和移栽冬油菜的氮、磷、钾养分收获指数均有显著影响。所有施肥处理中，某一养分缺乏处理冬油菜相应的养分收获指数均表现为最高。其中，移栽冬油菜在–P 处理的磷素收获指数显著高于其他处理，而两种种植方式下冬油菜在–K 处理的钾素收获指数均显著高于其他处理。种植方式显著影响了冬油菜的磷素和钾素收获指数，但对氮素收获指数则无影响。各施肥处理条件下，直播冬油菜的磷素和钾素收获指数均高于移栽冬油菜（–P 处理下磷素收获指数除外），其中磷素收获指数在 NPK 处理表现出显著差异，而钾素收获指数在 NPK 和–N 处理表现出显著差异。结果表明，直播种植方式下冬油菜磷素和钾素在籽粒中的分配更多。

表 10-4 氮磷钾肥对直播和移栽冬油菜成熟期植株养分收获指数的影响

种植方式	施肥处理	养分收获指数（%）		
		N	P	K
直播（n=38）	CK	72.0±6.8b	77.1±11.0b	11.0±2.0b[†]
	NPK	72.3±6.2ab	78.0±9.3ab[†]	11.5±2.0b[†]
	–N	73.9±6.3a	74.3±9.9c	10.9±2.2b[†]
	–P	70.1±7.3c	79.9±9.1a	10.9±2.2b
	–K	71.9±5.7b	78.2±9.0ab	13.8±3.9a
移栽（n=56）	CK	73.2±8.0ab	75.8±11.4bc	9.9±2.1b
	NPK	71.5±7.5b	75.4±9.5c	10.4±2.2b
	–N	74.5±7.0a	72.2±9.8d	9.7±2.3b
	–P	69.8±9.0c	79.9±7.8a	9.8±2.3b
	–K	71.6±7.7b	77.5±8.3b	13.1±4.2a
方差分析				
	E	ns	*	**
	F	**	**	**
	E×F	ns	ns	ns

注：E 为种植方式；F 为施肥处理；CK 为不施肥处理；NPK 为推荐用量处理，氮肥、磷肥（P_2O_5）和钾肥（K_2O）用量分别为 180kg/hm², 90kg/hm², 120kg/hm²；–N、–P、–K 分别表示不施氮、不施磷和不施钾处理（其他肥料用量与推荐用量保持一致。同一种植方式下，平均值后不含有相同小写字母表示不同处理间差异显著（$P<0.05$）；同一处理中，平均值后的上角符号表示两种种植方式之间的差异显著性，†表示差异显著（$P<0.05$）。*表示差异显著（$P<0.05$），**表示差异极显著（$P<0.01$），ns 表示差异不显著

（三）氮、磷、钾对直播和移栽冬油菜生育期养分含量的影响

同田对比验证试验显示，两种种植方式下冬油菜生育期内植株氮、磷、钾的养分含量均呈逐渐下降趋势（图 10-8）。整个生育期内，直播和移栽冬油菜苗期和花期的养分含量下降幅度相对较大。NPK 处理直播冬油菜植株的初始氮、磷、钾含量（播种后 37 天）高于移栽冬油菜，但是其苗期的生长非常迅速，稀释效应导致各养分含量均显著下降。因此，直播冬油菜在整个前期的氮、磷、钾含量均低于移栽冬油菜。花期之后，两种种植方式冬油菜氮、磷、钾含量的差异逐渐减小。施肥显著影响直播和移栽冬油菜生育期植株的氮、磷、钾含量。养分缺乏处理的冬油菜植株相应的养分含量显著低于其他处理，而且另两个缺素处理的此养分含量还略高于 NPK 处理。缺素条件下，直播冬油菜前期的植株养分含量较移栽冬油菜明显偏低，尤其是氮素和磷素。结果表明，养分缺乏条件下直播冬油菜的植株营养状况所受到的影响比移栽冬油菜更为强烈。

（四）氮、磷、钾对直播和移栽冬油菜生育期养分累积量的影响

同田对比验证试验显示，不同施肥处理显著影响直播和移栽冬油菜生育期内氮素（N）、磷素（P）、钾素（K）的累积量（图 10-9）。从出苗期到越冬期，直播冬油菜

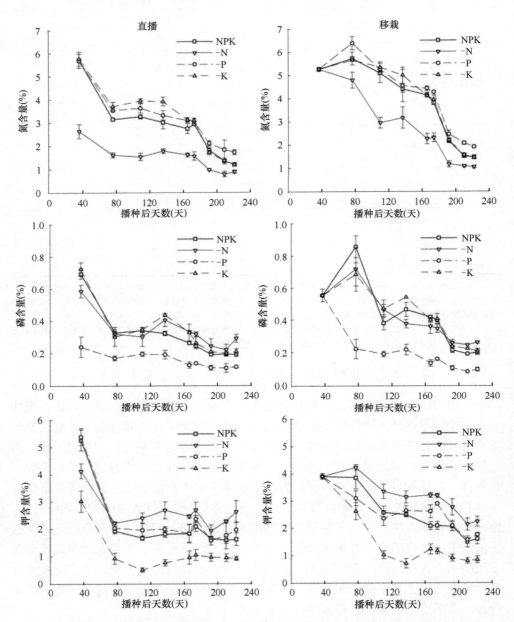

图 10-8　氮磷钾肥对直播和移栽冬油菜生育期养分含量的影响（湖北蕲春，2011～2012 年）

NPK 为推荐用量处理，氮肥、磷肥（P_2O_5）和钾肥（K_2O）用量分别为 180kg/hm²、90kg/hm²、120kg/hm²；–N、–P、–K 分别表示不施氮、不施磷和不施钾处理（其他肥料用量与推荐用量保持一致）

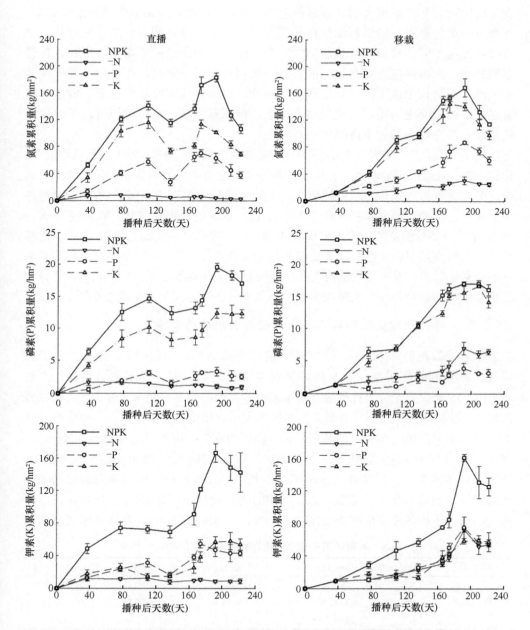

图 10-9　氮磷钾肥对直播和移栽冬油菜生育期养分累积量的影响（湖北蕲春，2011～2012 年）

NPK 为推荐用量处理，氮肥、磷肥（P_2O_5）和钾肥（K_2O）用量分别为 180kg/hm²、90kg/hm²、120kg/hm²；-N、-P、-K 分别表示不施氮、不施磷和不施钾处理（其他肥料用量与推荐用量保持一致）

表现出比移栽冬油菜更大的养分累积速率，而后在越冬期下降。相比钾素累积量，直播冬油菜的氮素、磷素累积量在前期的增长更快，越冬期的下降也更显著。与直播冬油菜不同，移栽冬油菜前期的氮素、磷素、钾素累积量均稳步增加。自蕾薹期开始，两种种植方式冬油菜的各养分累积量均显著提高，在花期至角果期达到顶峰，而后均出现下降。相比移栽冬油菜，直播冬油菜收获前氮素、磷素、钾素累积量的下降更为明显。而相对于氮素、钾素累积量，两种种植方式冬油菜的磷素累积量在收获期的下降幅度相对较小。

整个生育期内，NPK 处理直播和移栽冬油菜的氮素、磷素、钾素累积量均最高。相比 NPK 处理，各缺素处理直播和移栽冬油菜生育期内的养分累积量均较低。其中，冬油菜氮素累积量在两种种植方式下的高低顺序均为–K＞–P＞–N。在直播种植方式下，冬油菜磷素累积量高低顺序为–K＞–P＞–N，但在移栽时则表现为–K＞–N＞–P。直播冬油菜的钾素累积量在–P 和–K 处理接近，且均高于–N 处理，而移栽冬油菜的钾素累积量在各缺素处理之间无显著差异。另外，直播冬油菜在缺素条件下氮素、磷素、钾素累积量的下降程度明显高于移栽冬油菜。结果表明，养分缺乏阻碍了冬油菜对各养分的吸收累积，而且直播种植方式下其负面影响更为明显。

（五）氮、磷、钾对直播和移栽冬油菜肥料利用率的影响

通过计算氮磷钾因子试验大范围研究中冬油菜的农学利用率、偏生产力、肥料贡献率和回收利用率，对直播和移栽冬油菜的氮、磷、钾肥利用率进行比较（表 10-5）。结果显示，两种种植方式冬油菜各养分的农学利用率、偏生产力均以磷素最高，肥料贡献率均以氮素最高，而回收利用率则均以钾素最高。当前生产条件下，长江中下游地区直播冬油菜氮、磷、钾肥的农学利用率平均分别为 6.2kg/kg、16.7kg/kg 和 2.6kg/kg，移栽冬油菜则平均分别为 6.1kg/kg、12.0kg/kg 和 2.7kg/kg。相比移栽冬油菜，直播冬油菜的磷肥农学利用率显著较高，说明施用磷肥的增产效果较好。当前直播冬油菜氮、磷、钾肥的肥料贡献率平均分别为 55.0%、31.0% 和 13.4%，移栽冬油菜则平均分别为 47.1%、22.8% 和 12.4%。直播冬油菜较高的

表 10-5　氮磷钾因子试验直播和移栽冬油菜的肥料利用率

种植方式	肥料	农学利用率（kg/kg）	偏生产力（kg/kg）	肥料贡献率(%)	回收利用率（%）
直播（n=38）	N	6.2±3.1b	11.7±4.0c	55.0±22.0a*	36.2±14.6b
	P	16.7±12.9a*	53.8±18.4a	31.0±20.8b*	21.8±12.2c
	K	2.6±1.7c	21.1±7.2b	13.4±8.6c	42.9±20.7a
移栽（n=56）	N	6.1±3.1b	12.9±4.5c	47.1±17.1a	36.3±17.4b
	P	12.0±9.6a	59.1±20.7a	22.8±18.4b	18.0±14.4c
	K	2.7±2.0c	23.2±8.1b	12.4±8.4c	45.0±30.1a

注：同一种植方式下，平均值后的不同小写字母表示处理间差异显著（P＜0.05）；同一处理中，平均值后的符号表示两种种植方式之间的差异显著性，*表示差异显著（P＜0.05）

氮肥和磷肥贡献率说明氮肥、磷肥在直播冬油菜生产中的作用更为重要。直播冬油菜氮、磷、钾肥的偏生产力平均分别为 11.7kg/kg、53.8kg/kg 和 21.1kg/kg，移栽冬油菜则平均分别为 12.9kg/kg、59.1kg/kg 和 23.2kg/kg。直播和移栽冬油菜的氮肥回收利用率平均分别为 36.2%和 36.3%，磷肥回收利用率平均分别为 21.8%和 18.0%，钾肥回收利用率平均分别为 42.9%和 45.0%。比较发现，两种种植方式下冬油菜氮、磷、钾肥的偏生产力和回收利用率均无显著差异。

表 10-6 显示，施肥显著影响直播和移栽冬油菜的氮、磷、钾养分内部效率。NPK 处理直播冬油菜的氮、磷、钾养分内部效率平均分别为 20.4kg/kg、106.2kg/kg 和 14.3kg/kg，而移栽冬油菜平均分别为 20.3kg/kg、114.3kg/kg 和 15.3kg/kg。作物的百千克籽粒养分需求量与养分内部效率是相互对应的。NPK 处理直播冬油菜百千克籽粒的氮、磷、钾养分需求量平均分别为 5.15kg、1.01kg 和 7.35kg，而移栽冬油菜平均分别为 5.15kg、0.91kg 和 6.87kg。某养分缺乏条件下，直播和移栽冬油菜相应的养分内部效率均显著高于其他处理。对应地，其生产百千克籽粒对此养分的需求量也显著偏低。另外发现–P 处理直播和移栽冬油菜的氮素养分内部效率最低，其次为 NPK 和–K 处理，而–N 处理下磷素和钾素的养分内部效率最低。

表 10-6　氮磷钾肥施用对直播和移栽冬油菜养分内部效率和百千克籽粒养分需求量的影响

种植方式	施肥处理	养分内部效率（kg/kg）			百千克籽粒养分需求量（kg）		
		N	P	K	N	P	K
直播（n=38）	CK	23.4±6.2b	119.5±41.5b	15.2±3.8b	4.60±1.34c	0.94±0.33c	7.07±2.13b
	NPK	20.4±4.7c	106.2±25.5c†	14.3±3.1bc†	5.15±1.18b	1.01±0.29b†	7.35±1.69ab†
	–N	25.0±6.0a	95.3±20.0d	13.8±2.9c	4.24±1.05d	1.10±0.28a	7.59±1.82a
	–P	19.9±5.4d	135.7±43.1a†	14.5±3.0bc†	5.40±1.41a	0.82±0.28d†	7.27±1.76ab†
	–K	20.6±4.9c	107.6±26.7c†	18.6±6.6a†	5.13±1.19b	1.00±0.29d†	6.02±2.02c†
移栽（n=56）	CK	23.1±4.9b	120.9±37.1b	15.7±4.8b	4.56±1.09c	0.91±0.27b	6.88±2.04b
	NPK	20.3±4.2c	114.3±22.9b	15.3±3.6b	5.15±1.15b	0.91±0.21b	6.87±1.57b
	–N	24.2±4.6a	99.8±21.5c	14.3±3.1c	4.30±0.95d	1.04±0.21a	7.35±1.83a
	–P	19.6±4.2d	149.8±45.8a	15.8±3.3b	5.36±1.19a	0.73±0.21c	6.61±1.45b
	–K	20.5±4.3c	115.2±19.7b	20.2±8.5a	5.12±1.19b	0.89±0.16b	5.56±1.70c
方差分析							
E		ns	*	*	ns	*	*
F		**	**	**	**	**	**
E×F		ns	ns	ns	ns	ns	ns

注：E 为种植方式；F 为施肥处理；CK 为不施肥处理；NPK 为推荐用量处理，N、P_2O_5 和 K_2O 用量分别为 180kg/hm²、90kg/hm²、120kg/hm²；–N、–P、–K 分别表示不施氮、不施磷和不施钾处理（其他肥料用量与推荐用量保持一致）；同一种植方式下，平均值后不含有相同小写字母表示不同处理间差异显著（$P<0.05$）；同一处理中，平均值后的上角符号表示两种种植方式之间的差异显著性，†表示差异显著（$P<0.05$）；*表示差异显著（$P<0.05$），**表示差异极显著（$P<0.01$），ns 表示差异不显著

这也表明，–P 处理冬油菜生产百千克籽粒的氮素需求量最高，而–N 处理下对磷素和钾素的需求量最高。

相比于移栽冬油菜，直播冬油菜的磷素和钾素养分内部效率显著低于移栽冬油菜，相应地其生产百千克籽粒对磷、钾养分的需求量也更高。两种种植方式之间，冬油菜的氮素养分内部效率及其百千克籽粒养分需求量均无显著差异。结果表明，相同产量水平下直播冬油菜比移栽冬油菜需要更多的磷素和钾素。另外，施肥和种植方式对冬油菜的氮、磷、钾的养分内部效率和百千克籽粒养分需求量均无显著的交互影响。

第二节　冬油菜栽培密度与氮养分互作

一、栽培密度与氮养分互作对直播和移栽冬油菜产量的影响

（一）直播冬油菜

播种量和施氮量对直播冬油菜产量影响显著（表 10-7），在相同播种量下，随着氮肥用量的增加，产量显著提升，但在播种量大于 3.0kg/hm² 时，过高的氮肥投入（240kg/hm²），产量有下降的风险。在不施氮肥时，播种量越大产量越高；但在施用氮肥后（尤其是在高氮肥投入的情况下），随着播种量的加大，产量有所下降。综上所述，增加播种量和增施氮肥能显著提高直播冬油菜产量，两者间存在交互作用。可以看出，播种量增加时，产量总体处于增加的状态，而当氮肥用量增加时产量也呈逐渐上升的趋势，当播种量达到 3.0~4.5kg/hm²，施氮量达到180~240kg/hm² 时增产效果较好，产量达到 1155~1490kg/hm²。当播种量达到7.5kg/hm²，施氮量达到 240kg/hm² 时出现产量下降的现象，这说明播种量和施氮量过高时，产量会有降低的趋势。

表 10-7　不同播种量和施氮量对直播冬油菜产量的影响

播种量 (kg/hm²)	施氮量 (kg/hm²)	产量（kg/hm²）				
		'华双 5 号'	'华油杂 9 号'		'华油杂 62 号'	
		2013~2014 年（武汉市）	2013~2014 年（武汉市）	2014~2015 年（荆门市）	2014~2015 年（武汉市）	2014~2015 年（荆门市）
1.5	0	243d（b）	500d（b）	202e（c）	136e（c）	228e（b）
	60	433c（c）	800c（b）	449d（b）	419d（c）	778d（b）
	120	520b（b）	1097b（b）	840c（c）	885c（b）	1194c（c）
	180	619a（a）	1093b（c）	1006b（c）	1123b（b）	1489b（c）
	240	688a（b）	1258a（b）	1205a（d）	1335a（b）	2150a（b）

续表

播种量 （kg/hm²）	施氮量 （kg/hm²）	产量（kg/hm²）				
		'华双5号'	'华油杂9号'		'华油杂62号'	
		2013～2014年 （武汉市）	2013～2014年 （武汉市）	2014～2015年 （荆门市）	2013～2014年 （武汉市）	2013～2014年 （武汉市）
3.0	0	—	—	263e（bc）	177e（b）	372e（ab）
	60	—	—	530d（b）	576d（b）	1000d（ab）
	120	—	—	1267c（b）	948c（b）	1572c（a）
	180	—	—	1687b（b）	1207b（b）	2250b（b）
	240	—	—	2177a（a）	1423a（a）	2439a（a）
4.5	0	289d（ab）	620d（ab）	388e（ab）	191e（b）	411e（a）
	60	631c（b）	1208c（a）	781d（a）	647d（a）	1055d（a）
	120	1037b（a）	1585b（a）	1556c（a）	939c（a）	1411c（ab）
	180	1228a（b）	1839a（b）	2051b（b）	1188b（b）	1995b（b）
	240	1190a（b）	1926a（a）	2490a（a）	1437a（a）	2394a（a）
7.5	0	333e（a）	665e（a）	433d（a）	312d（a）	397e（a）
	60	741d（a）	1088d（a）	788c（a）	663c（a）	850d（b）
	120	1007c（a）	1682c（a）	1581b（a）	1107b（a）	1400c（a）
	180	1240a（b）	1980a（a）	2070a（a）	1356a（a）	1983b（b）
	240	1108b（a）	1826b（a）	2003a（c）	1430a（a）	2294a（ab）
方差分析						
S		**	**	**	*	**
N		**	**	**	**	**
S×N		**	**	**	ns	ns

注：S 为播种量；N 为施氮量。同一列数据后括号外不同小写字母表示同一播种量不同氮肥用量间差异显著（$P < 0.05$），括号内不含有相同小写字母表示同一处理不同地点间差异显著（$P < 0.05$）。*和**分别表示差异达 0.05 和 0.01 显著水平，ns 表示差异不显著

（二）移栽冬油菜

2012～2013 年油菜季和 2013～2014 年油菜季产量对氮肥用量和栽培密度的响应规律一致（表 10-8）。较高的栽培密度能够增加冬油菜基础产量，两季 D_5N_0 处理产量相比 D_1N_0 处理分别增加了 67.4% 和 48.1%。在方差分析中，施氮处理较高的 F 值表明施氮对冬油菜产量的贡献要大于栽培密度。随着施氮水平的提高，各栽培密度处理产量也有增加的趋势。

表 10-8　栽培密度与氮肥用量对冬油菜产量的影响

氮肥处理	2012~2013 年					2013~2014 年				
	D_1	D_2	D_3	D_4	D_5	D_1	D_2	D_3	D_4	D_5
N_0	954e	1173d	1194d	1395d	1597c	1428d	1710e	1907e	1993d	2115c
N_1	1575d	1962c	2058c	2324c	2660b	1785c	2070d	2400d	2670c	2768b
N_2	2138c	2697b	2756b	2973b	3265ab	2055c	2318c	2685c	3182b	3150a
N_3	2332bc	2830ab	3052ab	3335ab	3482a	2365b	2519c	3030b	3356ab	3218a
N_4	2516ab	3048ab	3227a	3690a	3597a	2603b	2925b	3263ab	3319ab	3293a
N_5	2822a	3262a	3471a	3501a	3423a	2989a	3173a	3355a	3536a	3464a

方差分析	F 值	P 值
N	266.6	<0.001***
D	94.7	<0.001***
Y	5.58	0.02*
N×D	1.5	0.102
N×Y	11.5	<0.001***
D×Y	1.6	0.18
N×D×Y	0.6	0.915

注：D 为栽培密度，其中，①D_1 为 $4.50×10^4$ 株/hm²；②D_2 为 $6.75×10^4$ 株/hm²；③D_3 为 $9.00×10^4$ 株/hm²；④D_4 为 $11.25×10^4$ 株/hm²；⑤D_5 为 $13.50×10^4$ 株/hm²。N 为氮肥用量，分别为 0kg/hm² （N_0）、60kg/hm² （N_1）、120kg/hm² （N_2）、180kg/hm² （N_3）、240kg/hm² （N_4）、300kg/hm² （N_5）；其中，氮肥 60% 作为基肥施用，追肥占总用量的 40%，分别用作越冬肥和蕾薹肥，各占一半用量，施用方法为降雨后撒施。Y 为年份。同一列数据后不含有相同小写字母表示处理间差异显著（$P<0.05$）；*和***分别表示差异达 0.05 和 0.001 显著水平

二、栽培密度与氮养分互作对冬油菜干物质累积的影响

（一）直播油菜

播种量和施氮量对直播冬油菜地上部干物质累积量影响显著（表 10-9），在相同播种量下，随着施氮量的增加，干物质累积量显著提升。在不施氮肥时，播种量越大干物质累积量越多；但在施用氮肥后（尤其是在高氮肥投入的情况下），当播种量为 7.5kg/hm² 时，干物质累积量有所下降。综上所述，增加播种量和施氮量有助于群体干物质累积量的提升，播种量在 3.0~4.5kg/hm²、施氮量在 180~240kg/hm² 时群体干物质累积量较大，同时当栽培密度较大时施氮处理的群体地上部干物质累积量有下降的趋势。

（二）移栽油菜

2013~2014 年油菜季栽培密度和氮肥用量对冬油菜个体和群体干物质累积量的影响如图 10-10 所示。在同一栽培密度下，冬油菜生育期内个体干物质累积量和

表 10-9　收获期不同播种量和施氮量对直播冬油菜群体地上部干物质累积量的影响

播种量 （kg/hm²）	施氮量 （kg/hm²）	干物质累积量（kg/hm²）				
		'华双 5 号'	'华油杂 9 号'		'华油杂 62 号'	
		2013～2014 年 （武汉市）	2013～2014 年 （武汉市）	2014～2015 年 （荆门市）	2014～2015 年 （武汉市）	2014～2015 年 （荆门市）
1.5	0	825e（b）	2092c（a）	772e（b）	430e（b）	919e（b）
	60	1556d（c）	2911b（b）	1548d（b）	1325d（c）	2840d（b）
	120	2006c（b）	3554a（b）	2573c（c）	2671c（b）	4290c（c）
	180	2514b（c）	3699a（b）	3162b（b）	3724b（b）	5445b（c）
	240	2740a（c）	4055a（c）	3878a（d）	4418a（a）	8097a（b）
3.0	0	—	—	845e（b）	632e（ab）	1404d（ab）
	60	—	—	1711d（b）	1903d（a）	3431c（c）
	120	—	—	4049c（c）	2786c（c）	5335b（a）
	180	—	—	5781b（b）	3567b（b）	8392a（a）
	240	—	—	7259a（b）	4618a（a）	8677a（a）
4.5	0	1213d（a）	2642c（a）	1224e（ab）	820e（a）	1660e（a）
	60	2380c（a）	4417b（a）	2404d（a）	2276d（a）	4284d（a）
	120	3511b（a）	4921b（a）	4923c（c）	2864c（a）	5251c（c）
	180	4527a（a）	5571a（a）	6830b（b）	3937b（a）	7026b（b）
	240	4683a（a）	6187a（a）	8580a（a）	4995a（a）	8857a（a）
7.5	0	980e（b）	2529d（a）	1392d（a）	861d（a）	1594e（a）
	60	2111d（b）	3852c（a）	2561c（a）	2149c（ab）	3317d（a）
	120	3319c（a）	5346b（a）	4616b（b）	3590b（a）	5380c（a）
	180	4161b（b）	6026a（a）	6470a（a）	4401a（a）	7512b（b）
	240	4408a（b）	5432ab（b）	6333a（c）	4708a（ab）	9093a（a）
方差分析						
S		**	**	**	**	**
N		**	**	**	**	**
S×N		**	ns	**	ns	ns

注：S 为播种量；N 为施氮量。同一列数据后括号外不同小写字母表示同一播种量不同氮肥用量间差异显著（$P<0.05$），括号内不含有相同字母表示同一处理不同地点间差异显著（$P<0.05$）。** 表示差异达 0.01 显著水平，ns 表示差异不显著

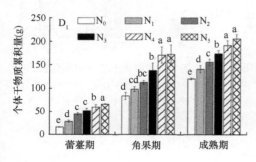

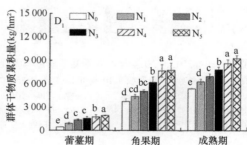

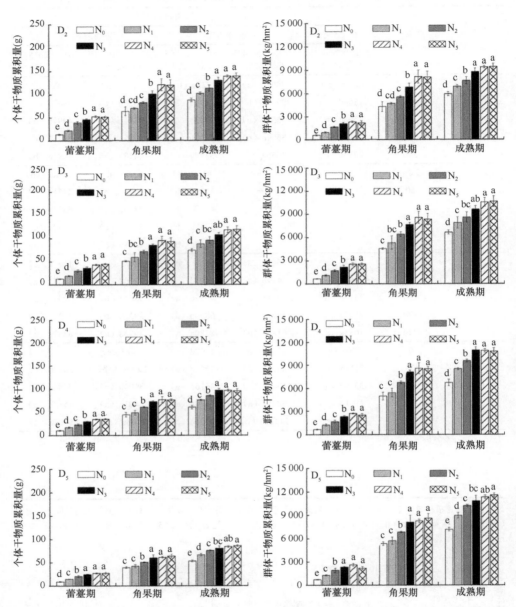

图 10-10　2013～2014 年油菜季栽培密度与氮肥用量对冬油菜个体和群体干物质累积量的影响

D 表示栽培密度，分别为 $4.50×10^4$ 株/hm² （D_1）、$6.75×10^4$ 株/hm² （D_2）、$9.00×10^4$ 株/hm² （D_3）、$11.25×10^4$ 株/hm²（D_4）、$13.50×10^4$ 株/hm² （D_5）。N 表示氮肥用量，分别为 0kg/hm² （N_0）、60kg/hm² （N_1）、120kg/hm² （N_2）、180kg/hm² （N_3）、240kg/hm² （N_4）、300kg/hm² （N_5）；其中，氮肥 60% 作为基肥施用，追肥占总用量的 40%，分别用作越冬肥和蕾薹肥，各占一半用量。各小图同一生育期不含有相同小写字母表示处理间差异显著（$P<0.05$）

群体干物质累积量表现出逐渐增加的趋势。随着栽培密度的增加，冬油菜个体干物质累积量是逐渐降低的。施氮显著提高了个体干物质累积量并且抵消了栽培密度增加造成干物质累积量的下降。然而，不同栽培密度条件下施氮对个体干物质累积量的影响有所不同，在低栽培密度条件下，N_4 和 N_5 处理干物质累积量最大，而在高栽培密度条件下，N_3、N_4 和 N_5 处理干物质累积量之间并无显著差异。虽然高栽培密度下冬油菜个体干物质累积量较少，但是群体干物质累积量随着栽培密度增加而增加。提高栽培密度是冬油菜获得较高干物质累积量和产量的基础。

三、栽培密度与氮养分互作对冬油菜氮素吸收的影响

（一）直播冬油菜

播种量和施氮量对直播冬油菜群体地上部氮素累积量影响显著（表 10-10），在相同播种量下，随着施氮量的增加，植株地上部氮素累积量显著提升。而当施氮量相同时，随着播种量的增加，冬油菜群体地上部氮素累积量也呈增加趋势。由此可见，增加播种量和增施氮肥均能显著提高直播冬油菜地上部氮素累积量，两者间存在交互作用。当播种量为 $4.5kg/hm^2$ 或 $7.5kg/hm^2$，施氮量为 $240kg/hm^2$ 时，地上部氮素累积量最大。

表 10-10　收获期不同播种量和施氮量对直播冬油菜群体地上部氮素累积量的影响

| 播种量 (kg/hm²) | 施氮量 (kg/hm²) | 氮素累积量（kg/hm²） | | | | |
| | | '华双 5 号' | '华油杂 9 号' | | '华油杂 62 号' | |
		2013～2014 年（武汉市）	2013～2014 年（武汉市）	2014～2015 年（荆门市）	2014～2015 年（武汉市）	2014～2015 年（荆门市）
1.5	0	9.1d（ab）	19.1d（b）	7.7d（b）	4.8e（b）	9.4e（ab）
	60	20.0c（b）	31.1c（b）	17.6c（c）	18.8d（b）	31.1d（b）
	120	32.6b（c）	47.2b（b）	36.7b（b）	34.0c（b）	47.0c（b）
	180	39.8a（c）	56.0a（b）	50.8a（b）	43.5b（c）	65.0b（c）
	240	40.3a（b）	62.6a（b）	59.4a（c）	56.7a（b）	82.6a（b）
3.0	0	—	—	10.1e（ab）	6.9e（ab）	15.0e（ab）
	60	—	—	23.4d（bc）	22.2d（ab）	41.3d（a）
	120	—	—	55.8c（a）	36.9c（a）	66.6c（a）
	180	—	—	76.7b（a）	48.3b（bc）	90.4b（a）
	240	—	—	95.9a（b）	60.2a（b）	102.8a（a）
4.5	0	13.7d（a）	27.7e（a）	16.4e（a）	9.9e（ab）	18.4e（a）
	60	36.0c（a）	50.4d（a）	32.1d（a）	25.8d（a）	45.1d（a）
	120	49.0b（a）	69.9c（a）	63.2c（a）	34.9c（a）	68.2c（a）
	180	66.3a（a）	86.2b（a）	84.4b（a）	51.4b（b）	88.2b（b）
	240	67.5a（a）	104.8a（a）	105.6a（a）	67.7a（a）	106.8a（a）

续表

播种量 (kg/hm²)	施氮量 (kg/hm²)	氮素累积量（kg/hm²）				
		'华双 5 号'	'华油杂 9 号'		'华油杂 62 号'	
		2013~2014 年 （武汉市）	2013~2014 年 （武汉市）	2014~2015 年 （荆门市）	2014~2015 年 （武汉市）	2014~2015 年 （荆门市）
	0	8.8e（b）	22.9e（ab）	14e（ab）	11.2d（a）	16.7e（a）
	60	20.2d（b）	46.1d（a）	28.7d（ab）	25.9c（a）	42.8d（a）
7.5	120	43.8c（b）	67.1c（a）	61.2c（a）	45.0b（a）	63.1c（a）
	180	60.4b（b）	87.2b（a）	83.2b（a）	65.7a（a）	83.8b（b）
	240	68.9a（a）	105.4a（a）	103.8a（a）	67.9a（a）	104.5a（a）
方差分析						
S		**	**	**	**	**
N		**	**	**	**	**
S×N		**	**	**	ns	ns

注：S 为播种量；N 为施氮量。同一列数据后括号外不同小写字母表示同一播种量不同氮肥用量间差异显著（$P<0.05$），括号内不含有相同字母表示同一处理不同地点间差异显著（$P<0.05$）。**表示差异达 0.01 显著水平，ns 表示差异不显著

（二）移栽冬油菜

栽培密度与施氮量显著影响移栽冬油菜成熟期氮素累积量（表 10-11）。增加栽培密度增加了冬油菜氮素累积量，在相同施氮量下，与 D_1 处理相比，2012~2013 年和 2013~2014 年 D_2、D_3、D_4 和 D_5 处理氮素累积量分别平均增加了 11.6%、13.7%、22.9%、29.8%和 13.2%、27.5%、32.8%、33.2%。在同一栽培密度下，随着施氮量的增加，冬油菜成熟期氮素累积量增加，两年结果表现一致。相比较而言，施氮量对移栽冬油菜氮素累积量的影响更大。

表 10-11　栽培密度与施氮量对冬油菜成熟期氮素累积量的影响

施氮量 (kg/hm²)	氮素累积量（kg/hm²）									
	2012~2013 年					2013~2014 年				
	D_1	D_2	D_3	D_4	D_5	D_1	D_2	D_3	D_4	D_5
0	34.6e	39.2e	39.2e	44.1e	49.9e	53.7f	65.6e	77.9e	81.7d	81.1d
60	60.2d	66.2d	68.9d	74.1d	82.1c	81.0e	94.8d	107.7d	112.1c	110.7c
120	85.4c	92.4c	95.0c	99.6c	106.6bc	101.9d	115.6c	130.1c	137.9b	139.1b
180	105.0b	114.1b	117.1b	126.7b	134.2ab	122.2c	138.6b	156.2b	164.0a	164.1a
240	117.6ab	135.9a	139.3a	153.7a	149.1a	139.0b	151.5a	161.7ab	166.5a	166.5a
300	131.7a	150.0a	149.3a	156.6a	156.6a	148.5a	155.1a	171.2a	173.5a	180.0a

注：D 为栽培密度，其中，D_1 为 $4.50×10^4$ 株/hm²；D_2 为 $6.75×10^4$ 株/hm²；D_3 为 $9.00×10^4$ 株/hm²；D_4 为 $11.25×10^4$ 株/hm²；D_5 为 $13.50×10^4$ 株/hm²。同列不含有相同小写字母表示相同栽培密度不同施氮之间差异显著（$P<0.05$）

四、不同氮用量与栽培密度下目标产量群体构建及相应的氮肥推荐用量

（一）直播油菜

直播油菜产量与总角果数、总干物质量及氮素累积量呈显著的线性关系（图 10-11），说明直播冬油菜要实现高产的目标必须以充足的群体角果密度、充足的碳库及氮素供给为基础。通过线性方程可知，当直播冬油菜目标产量为 1000～1500kg/hm² 时，需要 3100 万～5373 万个/hm² 的总角果数，同时，总干物质量及氮素累积量应分别达到 3391～5115kg/hm² 和 45.4～72.1kg/hm²。当目标产量为 1500～2000kg/hm² 时，总角果数上升到 5373 万～7646 万个/hm²，总干物质量和氮素累积量则分别上升到 5115～6839kg/hm² 和 72.1～98.8kg/hm²。当目标产量达到 2000～2500kg/hm² 时，则需要 7646 万～9918 万个/hm² 总角果数，并分别以 6839～8563kg/hm² 的总干物质量和 98.8～125.5kg/hm² 的氮素累积量作为支撑。

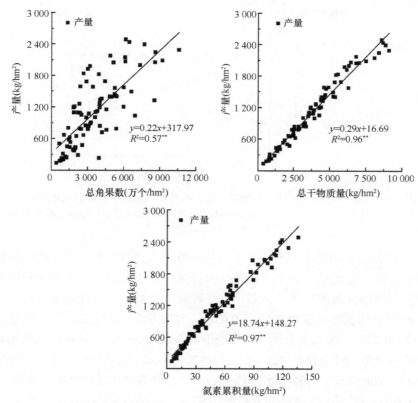

图 10-11　产量与总角果数、总干物质量及氮素累积量的关系（$n=90$）

**表示相关性达 0.01 显著水平

由图 10-12 可知，不同施氮条件下，单株氮肥用量与总角果数、总干物质量和氮素累积量呈显著的幂函数关系，在相同施氮量下，随着单株氮用量的增加，总角果数、总干物质量和氮素累积量均降低，而单株氮肥用量一致时，随着施氮量的增加，各项群体指标均有所增加。通过不同施氮条件下的幂函数可计算出对应的单株氮肥用量，从而得出不同施氮水平下对应的收获密度。

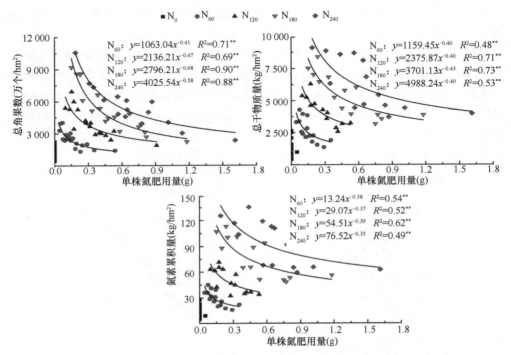

图 10-12　单株氮肥用量与总角果数、总干物质量、氮素累积量的关系（$n=5$）

N_0、N_{60}、N_{120}、N_{180}、N_{240} 分别表示氮肥用量为 0kg/hm²、60kg/hm²、120kg/hm²、180kg/hm² 和 240kg/hm²，
**表示相关性达 0.01 显著水平

表 10-12 所示的是不同产量水平和施氮量下，总角果数、总干物质量和氮素累积量的单株氮肥用量。每个产量水平应同时满足 3 个指标的个体氮素需求，综合考虑三者的单株氮肥用量可得到，当产量水平为 1000~1500kg/hm² 时，若施氮 60kg/hm² 则单株氮肥用量为 0.024~0.039g，施氮量为 120kg/hm² 则单株氮肥用量为 0.147~0.299g，施氮量分别为 180kg/hm² 和 240kg/hm²，则单株氮肥用量分别为 0.488~0.859g 和 1.184~1.569g。在 1500~2000kg/hm² 产量水平下，施氮量为 60kg/hm²、120kg/hm²、180kg/hm² 和 240kg/hm² 处理的单株氮肥用量分别为 0.012g、0.071~0.086g、0.240~0.383g 和 0.454~0.939g。在 2000~2500kg/hm² 产量水平下，各施氮量下的单株氮肥用量分别为 0g、0g、0.155~0.218g 和 0.259~0.331g，其中

N_{60} 和 N_{120} 时总角果数、总干物质量和氮素累积量在 2000～2500kg/hm^2 产量水平上无交集，这意味着在这一产量水平下 N_{60} 和 N_{120} 没有同时满足总角果数、总干物质量和氮素累积量的单株氮肥用量。

表 10-12　不同产量水平和施氮量下直播冬油菜总角果数、总干物质量及氮素累积量的单株氮肥用量（$n=90$）

方程	施氮量（kg/hm^2）	单株氮肥用量（g）		
		产量 1000～1500kg/hm^2	产量 1500～2000kg/hm^2	产量 2000～2500kg/hm^2
总角果数-单株氮肥用量	60	0.019～0.073	0.008～0.019	0.004～0.008
	120	0.141～0.453	0.066～0.141	0.038～0.066
	180	0.383～0.859	0.228～0.383	0.155～0.228
	240	0.608～1.569	0.331～0.608	0.211～0.331
总干物质量-单株氮肥用量	60	0.024～0.068	0.012～0.024	0.007～0.012
	120	0.147～0.411	0.071～0.147	0.041～0.071
	180	0.471～1.226	0.240～0.471	0.142～0.240
	240	0.939～2.625	0.454～0.939	0.259～0.454
氮素累积量-单株氮肥用量	60	0.012～0.039	0.005～0.012	0.003～0.005
	120	0.086～0.299	0.037～0.086	0.019～0.037
	180	0.488～1.594	0.218～0.488	0.118～0.218
	240	1.184～4.43	0.482～1.184	0.243～0.482

已知各施氮量条件下的单株氮肥用量则可以计算理论的收获密度（单株氮肥用量=施氮量/收获密度）。去除不合理的收获密度后（本研究中＞130 万株/hm^2），在 1000～1500kg/hm^2 产量水平下，N_{120}、N_{180} 和 N_{240} 的收获密度分别为 40.1 万～85.1 万株/hm^2、21.0 万～36.9 万株/hm^2、15.3 万～20.3 万株/hm^2；在 1500～2000kg/hm^2 产量水平下，N_{180} 和 N_{240} 的收获密度分别为 47.0 万～75.0 万株/hm^2 和 25.6 万～52.9 万株/hm^2；在 2000～2500kg/hm^2 产量水平下，N_{180} 和 N_{240} 的收获密度分别为 82.6 万～116.1 万株/hm^2 和 72.5 万～92.7 万株/hm^2。

收获密度受播种量的影响很大，综合考虑收获密度与播种量的关系可确定播种量的大小。可以发现当施氮量为 60kg/hm^2 和 120kg/hm^2 时各个产量水平下的收获密度均远远超出了试验的正常水平，故不予考虑。当目标产量为 1000～1500kg/hm^2 时，若施氮量在 120kg/hm^2、180kg/hm^2 和 240kg/hm^2 水平，则播种量为 4.5～7.5kg/hm^2（N_{120}）和 1.5kg/hm^2（N_{180} 和 N_{240}）；当产量水平达 1500～2000kg/hm^2 时，若施氮 180kg/hm^2 和 240kg/hm^2，则播种量应为 3.0～4.5kg/hm^2；若产量水平达 2000～2500kg/hm^2，在施氮 180kg/hm^2 和 240kg/hm^2 时的播种量应达到 4.5～7.5kg/hm^2。

（二）移栽冬油菜

移栽冬油菜的栽培密度、氮肥用量和产量之间存在显著的相关关系（图 10-13）。栽培密度和氮肥用量对冬油菜产量的影响呈单峰曲线关系，即随着栽培密度和氮肥用量的增加，产量是逐渐上升的，而增幅是下降的。当栽培密度和氮肥用量超过一定数量时，产量不会继续增加甚至有可能下降。栽培密度和氮肥用量呈负相关关系，两者对产量的影响具有相互抑制的作用，增加栽培密度时氮肥投入不宜过高。

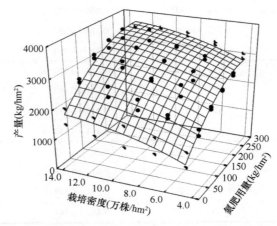

图 10-13 栽培密度、氮肥用量和产量之间的关系

目标产量为 3000kg/hm² 条件下栽培密度和氮肥用量的优化组合见表 10-13，栽培密度是实现高产的先决条件，当栽培密度为 6.0 万株/hm² 时，无法达到目标

表 10-13 目标产量 3000kg/hm² 条件下栽培密度和氮肥用量的优化组合

栽培密度（万株/hm²）	最佳施氮量（kg/hm²）	变幅*（%）
6.0	—	—
7.0	220.5	34.7
8.0	186.5	13.9
9.0	163.7	0.0
10.0	146.9	−10.3
11.0	134.3	−18.0
12.0	124.9	−23.7

*移栽冬油菜常规栽培密度为 9.0 万株/hm²，变幅是指相比于常规栽培密度下不同栽培密度推荐氮肥用量增加或降低的变化幅度

产量，随着栽培密度增加，最佳施氮量逐渐降低。该区域移栽冬油菜农民常规栽培密度是 9.0 万株/hm²，如果栽培密度可以增加到 10.0 万～12.0 万株/hm²，最佳施氮量可降低 10.3%～23.7%，相反，当栽培密度降低到 7.0 万～8.0 万株/hm² 时，增加 13.9%～34.7%的氮肥供应可以获得目标产量。

第三节 品种与氮养分互作

一、氮肥用量对'中油杂 12 号'及其亲本产量、氮素累积量与氮肥利用率的影响

（一）氮肥用量对'中油杂 12 号'及其亲本产量的影响

研究结果表明，在一定氮肥用量范围内，'中油杂 12 号'及其亲本的产量随氮肥用量的增加而显著增加（图 10-14）。氮肥用量对'中油杂 12 号'三年产量的影响有所不同，分别在施氮量达到 180kg/hm²、270kg/hm² 和 240kg/hm² 后产量不再显著增加，产量分别比不施氮处理增加了 160.2%、186.5% 和 197.9%。对于其亲本而言，三年均是施氮量达到 180kg/hm² 后产量不再显著增加，父本该处理分

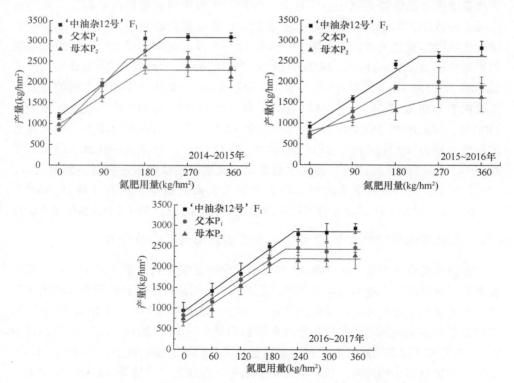

图 10-14 氮肥用量对'中油杂 12 号'及其亲本产量的影响

别比不施氮处理的产量增加了 225.2%、173.2%和 168.9%，母本该处理分别比不施氮处理的产量增加了 142.0%、72.1%和 182.6%。

三年试验结果均表现为相同氮肥用量条件下‘中油杂 12 号’的产量显著高于其亲本。采用线性加平台的模型对产量和氮肥用量进行相关性分析，三年试验‘中油杂 12 号’的平台产量分别是 3091kg/hm^2、2617kg/hm^2 和 2857kg/hm^2，所需的最低氮肥用量分别为 222.9kg/hm^2、228.4kg/hm^2 和 230.7kg/hm^2。‘中油杂 12 号’达到其亲本的平台期产量时，相较于其父本和母本平均节省了 21.7kg/hm^2 和 90.9kg/hm^2 的氮肥用量。

（二）氮肥用量对‘中油杂 12 号’及其亲本各部位氮素累积量的影响

试验结果表明，‘中油杂 12 号’及其亲本的氮素吸收规律对氮肥的响应特性较为一致（图 10-15）。在各生育期内‘中油杂 12 号’及其亲本各部位氮素累积量随氮肥用量的增加而显著增加，‘中油杂 12 号’及其亲本的总氮素累积量在整个生育期内均持续增加。不同氮肥用量下，‘中油杂 12 号’各部位的氮素累积量均显著高于其亲本。冬油菜进入蕾薹期后，生殖器官的氮素累积量迅速增加，从花期到角果期生殖器官氮素累积速率最大，叶片、茎和根的氮素累积量则均呈先增加后减小的规律，其中，叶片和根的氮素累积量在蕾薹期达到最大值，茎氮素累积量则在花期达到最大值。蕾薹期‘中油杂 12 号’及其父本和母本叶片的最大氮素累积量分别为 68.2kg/hm^2、39.2kg/hm^2 和 58.7kg/hm^2，分别比不施氮处理增加了 282.8%、261.0%和 420.8%；蕾薹期‘中油杂 12 号’及其父本和母本根的最大氮素累积量分别为 13.3kg/hm^2、14.9kg/hm^2 和 8.5kg/hm^2，分别比不施氮处理增加了 280.1%、368.3%和 463.4%；花期‘中油杂 12 号’及其父本和母本茎的最大氮素累积量分别为 49.1kg/hm^2、35.0kg/hm^2 和 33.3kg/hm^2，分别比不施氮处理增加了 282.7%、170.3%和 201.9%。油菜生殖器官的氮素累积量在成熟期时达到最大值，‘中油杂 12 号’及其父本和母本角果的最大氮素累积量分别为 143.1kg/hm^2、105.8kg/hm^2 和 113.4kg/hm^2，分别比不施氮处理增加了 311.7%、248.4%和 426.6%。

（三）氮肥用量对‘中油杂 12 号’及其亲本氮肥利用率的影响

氮肥用量显著影响‘中油杂 12 号’及其亲本的氮肥利用率（表 10-14）。氮肥表观利用率反映了作物对施用氮肥的回收效率，不同品种油菜的氮肥表观利用率均随施氮量增加呈现先升高后降低的趋势（2015～2016 年除外）。‘中油杂 12 号’的氮肥农学利用率随施氮量的增加呈现先增加后减小的趋势，2014～2015 年和 2015～2016 年父本和母本的氮肥农学利用率随氮肥用量的增加逐渐减小，2016～2017 年则呈先增加后减小的趋势，相同氮肥用量水平下表现为‘中油杂 12 号’＞父本＞母本，说明施用相同量氮肥‘中油杂 12 号’相较于亲本能增加更多的产量。

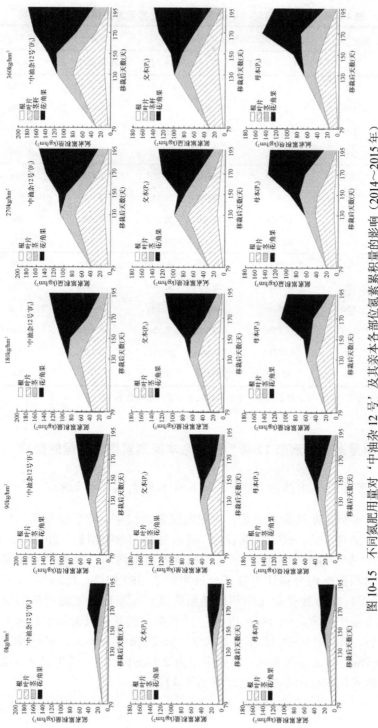

图 10-15　不同氮肥用量对'中油杂 12 号'及其亲本各部位氮素累积量的影响（2014～2015 年）

表 10-14　氮肥用量对'中油杂 12 号'及其亲本氮肥利用率的影响

年份	氮肥用量 (kg/hm²)	氮肥表观利用率（%）			氮肥农学利用率（kg/kg）		
		'中油杂 12 号'（F₁）	父本（P₁）	母本（P₂）	'中油杂 12 号'（F₁）	父本（P₁）	母本（P₂）
2014～2015	90	35.82c	41.25b	30.04ab	8.58b	11.96a	7.40a
	180	48.85a	45.80a	32.41a	10.49a	10.62a	7.72a
	270	41.91b	35.63c	35.06a	7.14c	6.44b	5.21b
	360	37.6bc	29.23d	24.12b	5.35d	4.10c	3.21c
2015～2016	90	11.49b	9.87b	18.28a	7.47ab	6.68a	4.36a
	180	33.48a	29.66a	26.51a	8.38a	6.60a	3.05a
	270	29.95a	31.00a	20.21a	6.30bc	4.89a	3.15a
	360	34.62a	29.33a	24.99a	5.30c	3.31a	2.41a
2016～2017	60	61.98a	36.40b	38.98ab	7.87ab	5.53b	3.66e
	120	47.34bc	39.31b	31.74b	7.41ab	7.17ab	6.59b
	180	55.53ab	48.83a	41.15a	8.63a	7.71a	7.44a
	240	49.95bc	39.78b	37.02ab	7.74ab	6.81ab	5.92c
	300	43.35bc	37.80b	35.20ab	6.32bc	5.19bc	4.79d
	360	38.98c	33.04b	30.57b	5.56c	4.58c	4.29de

注：同列不含有相同小写字母表示同一年份不同氮肥用量间差异显著（$P<0.05$）

二、氮肥用量对'中油杂 12 号'及其亲本氮素累积和转运的影响

（一）氮肥用量对'中油杂 12 号'及其亲本氮素累积的影响

　　施氮量对初花期氮素累积量、成熟期氮素累积量、花后氮素累积量均产生了显著影响（表 10-15）。试验结果表明，随着氮肥用量的增加，2014～2016 年'中油杂 12 号'初花期和成熟期的氮素累积量均显著增加，两年中初花期和成熟期最大氮素累积量平均分别比不施氮处理增加了 387.9%和 425.8%；除了 2014～2015 年母本，其余处理初花期和成熟期的氮素累积量随氮肥用量的变化规律与'中油杂 12 号'一致。'中油杂 12 号'及其亲本的花后氮素累积量随氮肥用量的增加而增加，除 2014～2015 年父本和 2015～2016 年母本外，其他均在氮肥用量大于 270kg/hm² 后无显著变化，氮肥用量为 270kg/hm² 时，两年间'中油杂 12 号'平均花后氮素累积量比不施氮处理增加了 471.1%。

表 10-15 氮肥用量对'中油杂 12 号'及其亲本氮素累积量的影响

年份	氮肥用量 (kg/hm²)	'中油杂 12 号' (F_1) 氮素累积量 (kg/hm²)				父本 (P_1) 氮素累积量 (kg/hm²)				母本 (P_2) 氮素累积量 (kg/hm²)			
		初花期	成熟期	花后	花后累积量所占比例 (%)	初花期	成熟期	花后	花后累积量所占比例 (%)	初花期	成熟期	花后	花后累积量所占比例 (%)
2014~2015	0	31.0Ae	41.6Ae	10.6Ac	25.6Ac	26.4Be	32.4Ce	6.0Bc	18.6Bb	29.9ABd	36.9Bd	7.0Bd	18.9Bb
	90	58.2Ad	77.5Ad	19.3Bc	24.9Cc	46.0Bd	71.9Ad	26.0Ab	36.1Aa	47.0Bc	67.0Bc	20.1Bc	29.8Ba
	180	105.5Ac	139.9Ac	34.4Bb	24.5Bc	77.0Bc	124.4Bc	47.4Aa	38.1Aa	65.9Cb	102.8Cb	37.0Bb	35.9Aa
	270	112.6Ab	167.2Ab	54.6Aa	32.6Aa	91.7Bb	140.9Bb	49.2Ba	34.7Aa	93.9Ba	141.7Ba	47.8Ba	33.6Aa
	360	135.3Aa	193.9Aa	58.7Aa	30.2Bb	106.5Ba	153.6Ba	47.1Ba	30.6Ba	89.4Ca	137.6Ca	48.2Ba	35.0Aa
2015~2016	0	25.7Ae	32.4Ae	6.7Ac	20.6Ba	17.9Ce	25.2Be	7.3Ac	28.9Aa	20.4Be	23.3Be	2.9Bc	12.4Cb
	90	49.5Ad	60.8Ad	11.3Ab	18.8Ba	32.0Bd	45.5Bd	13.5Ac	29.6Aa	43.9ABd	50.4Bd	6.5Bc	13.0Cb
	180	98.5Ac	121.4Ac	22.8Bb	18.9Ba	77.5Bc	108.3Bc	30.7Ab	28.4Aa	80.5Bc	96.5Cc	16.0Cb	16.5Bab
	270	121.6Ab	165.9Ab	44.2Aa	26.7Ba	98.0Bb	141.5Bb	43.5Aa	30.8Aa	87.8Cb	109.9Cb	22.1Bb	20.1Cab
	360	141.3Aa	195.3Aa	53.9Aa	27.5Ba	114.6Ba	166.5Ba	51.9Aa	31.0Aa	100.5Ca	131.8Ca	31.3Ba	23.6Ca

注: 同一行同一指标不含有相同大写字母字母表示同一年份不同品种间差异显著（$P<0.05$）；同列不含有相同小写字母字母表示同一年份不同氮肥用量间差异显著（$P<0.05$）

在施氮量相同的条件下，两年间'中油杂 12 号'各阶段的氮素累积量均显著高于其亲本。2014～2015 年花后氮素累积量无明显的种间差异，但是其所占成熟期氮素累积量的比例差异显著，不施氮处理'中油杂 12 号'的花后氮素累积量所占比例大于其亲本，施用氮肥后，其亲本花后氮素累积量所占比例大于'中油杂12 号'；2015～2016 年花后氮素累积量表现为'中油杂 12 号'和父本无显著差异，显著高于母本，花后氮素累积量所占比例则表现为父本＞'中油杂 12 号'＞母本。

（二）氮肥用量对'中油杂 12 号'及其亲本各部位氮素转运的影响

随着氮肥用量的增加，'中油杂 12 号'及其亲本初花期和成熟期各部位的氮素累积量均显著增加，生育期落叶带走的氮素累积量也显著增加（表 10-16）。在不同施氮水平下，'中油杂 12 号'在初花期和成熟期各部位的氮素累积量均显著高于其亲本，'中油杂 12 号'与父本整个生育期落叶带走的氮素累积量无显著差异，显著高于母本。'中油杂 12 号'氮肥用量为 90kg/hm^2、180kg/hm^2、270kg/hm^2、360kg/hm^2 的处理与不施氮肥相比，初花期叶片氮素累积量平均增加了 92.2%、351.9%、537.0%和 618.2%，成熟期叶片平均增加了 117.9%、482.1%、803.6%和 1035.7%，初花期茎分别增加了 84.1%、236.8%、241.9%和 328.7%，成熟期茎分别增加了 142.3%、378.9%、542.3%和 763.4%，初花期根分别增加了 185.3%、373.5%、461.8%和 667.6%，成熟期根分别增加了 130.4%、260.9%、291.3%和 339.1%。

不同氮肥用量下冬油菜花后各部位的氮素转运量和转运率均差异显著。增施氮肥能显著提高冬油菜叶片氮素转运量，而叶片氮素转运率则随着氮肥用量的增加而显著下降。2014～2015 年'中油杂 12 号'及其亲本茎的花后氮素转运量随着氮肥用量的增加均表现为先增加后减小的趋势，2015～2016 年'中油杂 12 号'及其母本茎的花后氮素转运量在一定的氮肥用量范围内随氮肥用量的增加而呈增加趋势，当氮肥用量达到 180kg/hm^2 和 270kg/hm^2 后不再显著增加，父本茎的花后氮素转运量则随氮肥用量的增加显著增加；'中油杂 12 号'及其亲本的茎花后氮素转运率的变化规律与叶片相同，均随着氮肥用量的增加呈减小趋势。两年间'中油杂 12 号'根的花后氮素转运量和转运率均随氮肥用量的增加显著增加，两年间其亲本根的花后氮素转运量在一定氮肥用量下均随氮肥用量的增加而显著增加，花后氮素转运率对氮肥用量的响应规律则不尽相同。

在相同氮肥用量下，'中油杂 12 号'的叶片氮素转运量和茎氮素转运量均显著高于其亲本，根的氮素转运量则表现为'中油杂 12 号'显著高于其母本，与父本无显著性差异，叶片和根的氮素转运率表现为'中油杂 12 号'显著高于其父本和母本，茎的氮素转运率则表现为'中油杂 12 号'显著高于其母本，与父本无显著性差异。

表10-16 氮肥用量对'中油杂12号'及其亲本氮素转运的影响

年份	品种	氮肥用量(kg/hm²)	叶片 氮素累积量(kg/hm²) 初花期	成熟期	氮素转运量(kg/hm²)	氮素转运率(%)	茎 氮素累积量(kg/hm²) 初花期	成熟期	氮素转运量(kg/hm²)	氮素转运率(%)	根 氮素累积量(kg/hm²) 初花期	成熟期	氮素转运量(kg/hm²)	氮素转运率(%)
2014~2015	'中油杂12号'(F₁)	0	10.4Ae	1.5Ae	8.9Ae	85.4Aa	12.8Ad	3.8Ae	9.0Ac	70.5Aa	1.9Ae	1.6Ae	0.4Ae	19.1Be
		90	17.8Ad	3.1Ad	14.8Ad	82.6Ab	24.0Ac	8.5Ad	15.5Ab	64.6Ab	4.8Ad	3.6Ac	1.2Ad	24.7Bd
		180	36.0Ac	7.7Ac	28.3Ac	78.6Ac	42.4Ab	15.3Ac	27.0Aa	63.7Ab	8.1Ac	5.7Ab	2.4Bc	29.2Bc
		270	48.0Ab	10.4Ab	37.6Ab	78.3Ac	38.6Ab	20.8Ab	17.7Ab	45.9Bc	10.1Ab	5.0Aa	5.1Bb	50.1Bb
		360	54.8Aa	13.8Aa	40.9Aa	74.7Ad	49.1Aa	30.8Aa	18.3Ab	37.1Ad	13.5Aa	6.2Aa	7.3Aa	54.0Ba
	父本(P₁)	0	7.1Bd	1.7Ae	5.5Cc	76.0Ba	11.0Ad	3.0Ae	8.1Ac	72.9Aa	1.7Ae	1.2Ae	0.5Ad	27.2Ab
		90	14.2Bc	3.3Ad	10.9Bb	76.8Ba	19.8Bc	6.8Bd	12.9Bb	65.5Ab	2.8Bd	2.0Bd	0.9Ad	30.8Ab
		180	30.9Bb	8.6Ac	22.3Ba	72.1Bb	25.0Bb	9.7Bc	15.4Ba	61.4Bb	9.4Bc	3.8Bc	5.6Bc	59.8Aa
		270	33.4Bb	10.4Ab	23.0Ba	68.7Cb	33.3Ba	15.7Bb	17.6Aa	52.9Ac	11.9Ab	4.8Bb	7.1Ab	59.5Aa
		360	37.8Ba	13.2Aa	24.6Ba	65.0Bc	32.8Ba	21.4Ba	11.4Bb	34.9Bd	14.2Aa	5.6Aa	8.5Aa	60.2Aa
	母本(P₂)	0	8.4Bd	1.1Ae	7.3Be	86.5Aa	12.9Ad	4.1Ad	8.8Ab	68.1Aa	1.7Ae	1.3Ae	0.5Ac	27.1Ab
		90	14.7Bc	3.0Ad	11.7Bd	79.6Bb	19.5Bc	8.2Ac	11.3Bab	57.7Bb	3.5Bd	2.5Bd	1.0Ac	27.9Ab
		180	21.9Cb	6.0Bc	16.0Cc	72.8Bc	24.4Bb	11.2Bb	13.3Ca	54.1Bb	5.9Bc	4.0Bb	1.9Bb	31.7Bb
		270	32.7Ba	8.9Bb	23.8Bb	72.8Bc	35.0Ab	23.3Aa	11.7Ca	33.3Cc	8.5Ba	3.6Cc	4.9Ba	57.1Aa
		360	32.0Ca	11.6Ba	20.4Ca	63.6Bd	34.1Ba	22.9Ba	11.2Bab	32.8Bc	6.7Bb	4.7Ba	2.0Cb	30.0Cb

续表

年份	品种	氮肥用量 (kg/hm²)	叶片 氮素累积量 (kg/hm²) 初花期	成熟期	氮素转运量 (kg/hm²)	氮素转运率 (%)	茎 氮素累积量 (kg/hm²) 初花期	成熟期	氮素转运量 (kg/hm²)	氮素转运率 (%)	根 氮素累积量 (kg/hm²) 初花期	成熟期	氮素转运量 (kg/hm²)	氮素转运率 (%)
2015~2016	'中油杂12号' (F₁)	0	5.0Ac	1.3Ad	3.6Ac	73.2Aa	13.0Ad	3.3Ae	9.7Ab	74.5Aa	1.5Ab	0.7Ac	0.7Bd	49.1Bb
		90	11.8Ac	3.0Ad	8.9Ac	74.7Aa	23.5Ab	8.7Ad	14.8Ab	62.6Aab	4.9Ac	1.7Abc	3.2Ac	64.6ABab
		180	33.6Ab	8.6Ac	25.0Ab	74.4Aa	44.5Ab	18.7Ac	25.8Aa	57.3Abc	8.0Ab	2.6Ab	5.5Ab	68.0Ba
		270	50.1Aa	14.9Ab	35.2Aa	70.2Aab	49.6Ab	24.8Ab	24.8Aa	49.4Bbc	9.0Ab	4.0Aa	5.0Abc	54.7Bab
		360	55.8Aa	18.0Aa	37.8Aa	67.5Ab	61.5Ab	30.5Aa	31.0Aa	50.5Ac	12.6Aa	3.9ABab	8.7Aa	69.2Aa
	父本 (P₁)	0	4.9Ac	1.4Ad	3.5Ac	71.8Aa	6.6Ce	2.3Bd	4.3Cc	64.6Ba	1.5Ab	0.6Ac	0.9ABb	60.3Aa
		90	8.4Bc	2.5Ad	5.9Bc	69.5Bab	13.1Cd	6.5Bc	6.5Cc	48.1Cb	2.5Cb	0.9Bc	1.6Cb	60.3Ba
		180	30.7Bb	9.7Ac	21.0Bb	68.2Bb	27.0Cc	14.88Bb	12.2Cb	45.3Bb	8.0Ab	1.9Bb	6.1Aa	76.2Aa
		270	41.6Ba	13.3Ab	28.3Ba	68.0Bb	34.3Cb	22.0Ab	12.3Bb	36.0Cb	8.7Ab	2.4Bb	6.3Aa	72.7Aa
		360	48.7Ba	15.6Ba	33.1Ba	68.0Ab	42.2Ca	25.2Ba	16.9Ca	40.3Bb	9.6Ba	3.6Ba	6.0Ba	61.9Ba
	母本 (P₂)	0	3.5Bb	0.9Bc	2.7Bb	75.5Aa	9.6Bc	2.7Be	6.9Bc	71.7Aa	1.7Ad	0.7Ac	1.1Ab	61.5ABab
		90	10.6Ab	2.5Ac	8.1Ab	75.7Aa	16.6Bd	7.3ABd	9.3Bc	56.0Bb	3.6Bc	1.1Bc	2.5Bab	68.6Aa
		180	29.3Ba	6.8Bb	22.5Ba	76.4Aa	33.4Bc	14.7Bc	18.7Bb	56.1Ab	5.6Bb	2.5Ab	3.1Ba	52.2Cab
		270	31.8Ca	10.1Ba	21.7Ca	68.1Bb	42.3Bb	18.8Cb	23.6Aa	55.6Ab	5.9Bab	2.4Bb	3.4Ba	58.6Bab
		360	35.6Ca	10.7Ca	24.9Ca	69.7Ab	47.7Ba	26.2Ba	21.5Ba	43.9Bb	7.5Ca	4.4Ba	3.1Ba	41.7Cb

注：同列同一指标不含有相同大写字母表示同一年份不同品种间差异显著（P<0.05）；同一行不含有相同小写字母表示同一年份不同氮肥用量间差异显著（P<0.05）

（三）氮肥用量对'中油杂12号'及其亲本成熟期角果氮素来源的影响

油菜角果中的氮素主要由叶片、茎和根系中氮素转运以及花后根系从土壤中吸收而来。由图 10-16 可知，2014～2015 年，不同氮肥用量下叶片中氮素转运量对角果氮的贡献差异不显著，随着氮肥用量的增加，'中油杂 12 号'及其父本和母本茎的氮素贡献率显著减小，分别为 14.6%～31.3%、12.5%～40.4%和 13.3%～37.4%，根的氮素贡献率则显著增加，分别为 1.3%～5.8%、1.7%～9.3%和 2.0%～5.5%，花后吸收比例显著增加，分别为 36.8%～47.4%、30.1%～52.3%和 29.5%～58.0%。2015～2016 年研究结果表明，随着氮肥用量的增加，'中油杂 12 号'及其父本和母本叶片的氮素贡献率显著增加，分别为 17.6%～32.3%、21.4%～31.3 和 19.8%～37.2%，茎的氮素贡献率显著减小，分别为 22.6%～46.5%、13.6%～26.8%和 26.5%～50.9%，'中油杂 12 号'根的氮素贡献率随氮肥用量的增加呈先增加后减小的趋势，为 3.6%～8.4%，母本根氮素贡献率则随氮肥用量的增加而显著降低，为 3.9%～9.5%，'中油杂 12 号'及其母本的花后氮素吸收比例均随氮肥用量的增加而显著增加，分别为 29.1%～41.0%和 21.4%～38.6%，随氮肥用量的增加，父本根的氮素贡献率和花后氮素吸收比例无明显变化。

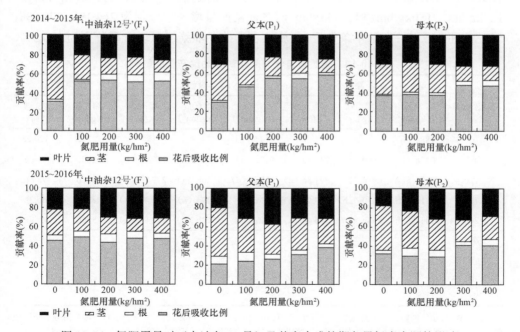

图 10-16　氮肥用量对'中油杂 12 号'及其亲本成熟期角果氮素来源的影响

不同品种间角果氮素各来源所占比例也有所差异，2014～2015 年，'中油杂12 号'的叶片氮素贡献率和茎氮素贡献率显著高于其亲本，根氮素贡献率表现为父本显著高于'中油杂 12 号'及其母本，花后吸收比例表现为'中油杂 12 号'显著低于其亲本。2015～2016 年，'中油杂 12 号'及其亲本间的叶片氮素贡献率和根氮素贡献率无显著差异，茎氮素贡献率表现为'中油杂 12 号'与母本间无显著差异，显著高于其父本，'中油杂 12 号'及其亲本的花后氮素吸收比例则表现为母本＞'中油杂 12 号'＞父本，具有显著差异。

第四节　草害防控与养分互作

一、氮肥用量对冬油菜与杂草竞争的影响

（一）施氮量与化学除草对冬油菜产量的影响

氮肥施用和化学除草措施均可显著影响冬油菜产量，且二者对冬油菜产量的影响具有显著的交互作用（表 10-17）。无论是否进行化学除草，冬油菜产量均呈现随着施氮量的增加先升高后降低的趋势，均在施氮量为 180kg/hm² 时产量最高，各处理间差异显著。在不除草条件下，与不施氮相比，施氮量为 60kg/hm²、120kg/hm²、180kg/hm² 和 240kg/hm² 时冬油菜产量增产率分别为 244.1%、371.8%、547.9%和 456.4%；在除草条件下，各施氮水平的冬油菜产量增产率分别为 120.3%、

表 10-17　施氮量与化学除草对冬油菜产量的影响

施氮量 (kg/hm²)	不除草			除草			除草措施	
	产量 (kg/hm²)	增产量 (kg/hm²)	增产率 (%)	产量 (kg/hm²)	增产量 (kg/hm²)	增产率 (%)	增产量 (kg/hm²)	增产率 (%)
0	188e（b）			414d（a）			226c	120.2a
60	647d（b）	459d（a）	244.1d（a）	912c（a）	498c（a）	120.3c（b）	265c	41.0c
120	887c（c）	699c（b）	371.8c（a）	1540b（a）	1126b（a）	272.0b（a）	653b	73.6b
180	1218a（b）	1030a（b）	547.9a（a）	2026a（a）	1612a（a）	389.4a（b）	808a	66.3b
240	1046b（b）	858b（b）	456.4b（a）	1626b（a）	1212b（a）	292.8ab（b）	580b	55.4bc
方差分析								
W				**				
N				**				
W×N				**				

注：W 为除草措施；N 为施氮量。**表示 $P<0.01$。括号外不含有相同小写字母表示同一除草措施下不同施氮量间差异显著（$P<0.05$），括号内不同小写字母表示同一施氮量下不同除草措施间差异显著（$P<0.05$）

272.0%、389.4%和292.8%。结果表明,不除草时施氮提高冬油菜产量的绝对值低于除草处理,而增产率高于除草处理。

同一施氮水平时,除草处理的冬油菜产量明显高于不除草处理,与不除草各处理相比,施氮量为 0kg/hm²、60kg/hm²、120kg/hm²、180kg/hm² 和 240kg/hm² 的各处理增幅分别为 120.2%、41.0%、73.6%、66.3%和55.4%,结果显示不施氮处理在不除草时产量的损失最大。

(二)施氮量与化学除草对油菜和杂草生物量的影响

在油菜的不同生育期,油菜生物量随施氮量的增加呈现先升高后下降的趋势,不同施氮处理差异显著(表 10-18)。杂草生物量也随施氮量的增加呈现先升高后降低的趋势,但增幅与油菜相比更为平缓。

表 10-18　施氮量与化学除草对油菜和杂草生物量的影响

除草措施	施氮量 (kg/hm²)	油菜生物量 (kg/hm²)			杂草生物量 (kg/hm²)			总生物量		
		花期	角果期	成熟期	花期	角果期	成熟期	花期	角果期	成熟期
不除草	0	326e(b)	634e(b)	551e(b)	357e(a)	746e(a)	901e(a)	683e(a)	1380e(b)	1452e(a)
	60	902d(b)	2047d(b)	1853d(b)	748d(a)	1384d(a)	1521d(a)	1650d(a)	3431d(a)	3374d(a)
	120	1387c(b)	2814c(b)	2687c(b)	1129c(a)	2083c(a)	2239c(a)	2516c(a)	4897c(a)	4926c(a)
	180	1824a(b)	3602a(b)	3301a(b)	1487a(a)	2617a(a)	2704a(a)	3311a(a)	6219a(a)	6005a(a)
	240	1621b(b)	3316b(b)	2983b(b)	1302b(a)	2337b(a)	2471b(a)	2923b(a)	5653b(a)	5454b(a)
除草	0	608e(a)	1231e(a)	1110e(a)	174b(b)	435b(b)	459c(b)	782d(a)	1666e(a)	1569e(a)
	60	1460d(a)	2903d(a)	2775d(a)	245b(b)	513ab(b)	687b(b)	1705c(a)	3416d(a)	3462d(a)
	120	2314c(a)	4362c(a)	4173c(a)	339a(a)	563a(a)	738ab(b)	2653b(a)	4925c(a)	4911c(a)
	180	2688a(a)	5624a(a)	5531a(a)	405a(a)	581a(a)	794a(a)	3093a(a)	6205a(a)	6325a(a)
	240	2477b(a)	4785b(a)	4643b(a)	367a(b)	544ab(a)	744ab(a)	2844b(a)	5329b(b)	5387b(a)
方差分析										
W		**	**	**	**	**	**	ns	ns	ns
N		**	**	**	**	**	**	**	**	**
W×N		**	**	**	**	**	**	ns	**	**

注:括号外不含有相同小写字母表示同一除草措施下不同施氮量间差异显著($P<0.05$),括号内不同小写字母表示同一施氮量下不同除草措施间差异显著($P<0.05$)。W 为除草措施;N 为施氮量。**表示在 0.01 水平上差异显著,ns 表示差异不显著

随着生育期的推进,油菜生物量先上升后下降,杂草的生物量持续上升;在不同生育期,杂草对油菜生物量的竞争不同。在施氮量 180kg/hm² 时,不除草处理中,杂草在花期、角果期和成熟期分别占到总生物量的 44.9%、42.1%和 45.0%;

在除草处理中，杂草在花期、角果期和成熟期分别占到总生物量的 13.1%、9.4% 和 12.6%。同一时期，同一施氮水平，除草后油菜生物量显著高于不除草处理，且杂草生物量与不除草相比明显减少，油菜生物量占总生物量的比例也显著增加（25.3%~32.8%）。结果表明，合理的施氮量和化学除草可以大幅减少杂草与油菜产生的生物量竞争。

（三）施氮量与化学除草对油菜和杂草氮含量的影响

在油菜的不同生育期，油菜与杂草的氮含量均随施氮量的增加而升高，在施氮量为 240kg/hm^2 时达到最大值（表 10-19）。随氮肥用量的增加，油菜氮含量的增幅大于杂草，说明油菜对于氮素的响应敏感度比杂草高。

表 10-19　施氮量与化学除草对油菜和杂草氮含量的影响

除草措施	施氮量（kg/hm^2）	油菜氮含量（%）						杂草氮含量（%）		
		花期	角果期	成熟期				花期	角果期	成熟期
				茎	角壳	籽粒	整株			
不除草	0	1.34d（a）	1.25d（b）	0.25c（a）	0.46c（a）	2.61b（b）	1.12c（b）	2.13d（a）	1.92c（b）	1.10d（a）
	60	1.68c（a）	1.52c（b）	0.33b（b）	0.60bc（a）	3.24a（a）	1.43b（b）	2.47c（b）	2.30b（a）	1.22c（b）
	120	1.76b（b）	1.58b（b）	0.35b（b）	0.62ab（b）	3.27a（a）	1.40b（b）	2.54b（b）	2.36ab（a）	1.29b（b）
	180	1.80ab（a）	1.62b（b）	0.37ab（b）	0.63ab（b）	3.28a（a）	1.53a（a）	2.61a（b）	2.38a（a）	1.33ab（b）
	240	1.85a（b）	1.70a（b）	0.40a（b）	0.65a（b）	3.30a（a）	1.49a（b）	2.67a（b）	2.43a（a）	1.38a（b）
除草	0	1.42d（a）	1.32c（a）	0.26d（a）	0.51c（a）	2.66c（a）	1.23c（a）	2.15d（a）	2.08b（a）	1.15c（a）
	60	1.77c（a）	1.64b（a）	0.40c（a）	0.66b（a）	3.28b（a）	1.43b（a）	2.58c（a）	2.35ab（a）	1.35b（a）
	120	1.80bc（a）	1.67b（a）	0.42bc（a）	0.68ab（a）	3.30b（a）	1.56a（a）	2.65bc（a）	2.40a（a）	1.39ab（a）
	180	1.88ab（a）	1.80a（a）	0.44b（a）	0.70ab（a）	3.32ab（a）	1.58a（a）	2.71ab（a）	2.44a（a）	1.41ab（a）
	240	1.90a（a）	1.85a（a）	0.48a（a）	0.73a（a）	3.35a（a）	1.57a（a）	2.78a（a）	2.49a（a）	1.50a（a）
方差分析										
W		**	**			**		**	ns	**
N		**	**			**		**	**	**
W×N		ns	ns			ns		ns	ns	ns

注：括号外不含有相同小写字母表示同一除草措施下不同施氮量间差异显著（P<0.05），括号内不同小写字母表示同一施氮量下不同除草措施间差异显著（P<0.05）。W 为除草措施；N 为施氮量。**表示在 0.01 水平上差异显著，ns 表示差异不显著

随着生育期的推进，油菜与杂草的含氮量显著降低；在不除草处理中，油菜与杂草的含氮量比值随生育期的推进先下降再上升，成熟期比值最高；除草处理中，油菜与杂草的含氮量比值随生育期的推进而上升，成熟期比值最高。在施氮量 180kg/hm^2 时，不除草处理中，油菜与杂草的含氮量比值在花期、角果期和成熟期分别为 0.69、0.68 和 1.15；除草处理中，油菜与杂草的含氮量比值在花期、角果期和成熟期分别为 0.69、0.74 和 1.12。结果表明，杂草在花期与油菜的氮素竞争最强，随着生育期推进，杂草对油菜的氮素竞争逐渐减小。同一时期，同一

施氮水平，除草之后油菜与杂草的氮含量均高于不除草处理。化学除草可以提高油菜与杂草的氮含量。

（四）施氮量与化学除草对油菜和杂草氮素累积量的影响

不同生育期油菜和杂草地上部氮素累积量随氮肥用量增加先升高后降低，在施氮量为180kg/hm^{2}时达到最大值，氮肥处理间差异显著（表10-20）。不论除草与否，随着生育期的推进，油菜与杂草的氮素累积量均先升高后降低；在不同生育期，杂草对油菜氮素所产生的竞争不同。在施氮量为180kg/hm^{2}时，不除草处理中，油菜与杂草的氮素累积量比值在花期、角果期和成熟期分别为0.85、0.92和1.40；在除草处理中，油菜与杂草的氮素累积量比值在花期、角果期和成熟期分别为4.59、7.13和7.79。结果表明，杂草在花期与油菜的氮素竞争最强，随着生育期推进，杂草对油菜的氮素竞争逐渐减小。

除草之后油菜的氮素累积量显著高于同一时期相同氮肥用量下的不除草各处理，与不除草处理相比，除草处理中杂草的氮素累积量显著减少，油菜所占氮素累积总量的比例比不除草各处理增加22.3%～39.4%。结果表明，合理的施氮量和化学除草可以在很大程度上提高油菜氮素累积量，减少杂草与油菜之间的氮素竞争。

（五）施氮量与化学除草对油菜和杂草氮肥利用率的影响

从表10-21得出，随氮肥用量的增加，氮肥利用率逐渐下降；在不同生育期，油菜的氮肥利用率先上升再下降，在生物量最大的角果期氮肥利用率最高。化学除草可以显著提高油菜各时期的氮肥利用率。在施氮量为180kg/hm^{2}时，不除草处理中，花期、角果期和成熟期的油菜氮肥利用率分别为15.8%、28.0%和24.5%，分别占总氮肥利用率的47.6%、50.5%和62.8%；在除草处理中，花期、角果期和成熟期的油菜氮肥利用率分别为23.3%、47.2%和40.9%，分别占总氮肥利用率的85.3%、94.2%和92.5%。

二、磷肥用量对冬油菜与杂草竞争的影响

（一）施磷量与化学除草对冬油菜产量的影响

磷肥施用和化学除草措施均可显著影响油菜产量，且两者的交互作用对油菜产量有显著影响（表10-22）。随着磷肥用量的增加，油菜产量表现出先升高后略有降低的趋势，在施磷量为90kg/hm^{2}时产量最高。不除草处理中，与不施磷对照比，施磷（P$_2$O$_5$）量为45kg/hm^2、90kg/hm^{2}和135kg/hm^{2}处理的油菜产量增产率分别为315.2%、497.1%和443.1%；除草处理中，各施磷水平的油菜产量增产率分别为408.1%、613.4%和556.3%。结果表明，除草时施磷提高

表10-20 施氮量与化学除草对油菜和杂草的氮素积累量的影响

除草措施	施氮量 (kg/hm²)	油菜氮素累积量 (kg/hm²)						杂草氮素累积量 (kg/hm²)			总和 (kg/hm²)		
		花期	角果期	成熟期 茎	成熟期 角壳	成熟期 籽粒	成熟期 整株	花期	角果期	成熟期	花期	角果期	成熟期
不除草	0	4.4d (a)	7.9d (b)	0.5d (b)	0.8d (b)	4.9e (b)	6.2e (b)	7.6e (a)	14.3e (a)	9.9e (a)	12.0e (a)	22.2e (a)	16.1e (b)
	60	15.2c (b)	31.1c (b)	2.0c (b)	3.6c (b)	21.0d (b)	26.6d (b)	18.5d (a)	31.8d (a)	18.6d (a)	33.7d (a)	62.9d (a)	45.2d (a)
	120	24.4b (b)	44.5b (b)	3.1b (b)	5.7b (b)	28.7c (b)	37.5c (b)	28.7c (a)	49.6c (a)	28.9c (a)	53.1c (a)	94.1c (a)	66.4c (a)
	180	32.8a (b)	58.4a (b)	4.0a (b)	6.4a (b)	40.0a (b)	50.4a (b)	38.8a (a)	63.6a (a)	36.0a (a)	71.6a (a)	122.0a (a)	86.4a (b)
	240	30.0a (b)	56.4a (b)	3.9a (b)	6.2ab(b)	34.5b (b)	44.6b (b)	34.8b (a)	57.7b (a)	34.1b (a)	64.8b (a)	114.1b (a)	78.7b (a)
除草	0	8.6c (a)	16.3c (a)	0.9d (a)	1.8e (a)	11.0d (a)	13.7e (a)	3.7c (b)	9.1b (b)	5.3c (b)	12.3e (a)	25.4e (a)	19.0e (a)
	60	25.8d (a)	47.6d (a)	3.9c (a)	5.9d (a)	29.9c (a)	39.7d (a)	6.3b (b)	12.1ab (b)	9.3b (b)	32.1d (b)	59.7d (b)	49.0d (a)
	120	41.7c (a)	72.9c (a)	5.7b (a)	8.7c (a)	50.8b (a)	65.2c (a)	9.0a (b)	13.5a (b)	10.3ab (b)	50.7c (a)	86.4c (b)	75.5c (c)
	180	50.5a (a)	101.2a (a)	7.5a (a)	12.6a(a)	67.3a (a)	87.4a (a)	11.0a (b)	14.2a (b)	11.2a (b)	61.5a (b)	115.4a (b)	98.6a (a)
	240	47.1b (a)	88.5b (a)	7.5a (a)	10.7b(a)	54.5b (a)	72.7b (a)	10.8a (b)	13.6a (b)	11.2a (b)	57.9b (b)	102.1b (b)	83.9b (a)
方差分析													
W		**	**	**	**	**	**	**	**	**	**	**	**
N		**	**	**	**	**	**	**	**	**	**	**	**
W×N		**	**	**	**	**	**	**	**	**	*	**	**

注：W 为除草措施；N 为施氮量。括号外不含有相同小写字母表示同一除草措施下不同施氮量间差异显著（P<0.05），括号内不同小写字母表示同一施氮量下不同除草措施间差异显著（P<0.05）。*和**分别表示在0.05和0.01水平上差异显著

表 10-21　施氮量与化学除草对油菜氮肥利用率的影响

除草措施	施氮量 (kg/hm²)	油菜氮肥利用率（%）			总氮肥利用率（%）		
		花期	角果期	成熟期	花期	角果期	成熟期
不除草	0						
	60	18.0a（b）	38.7a（b）	34.0a（b）	36.1a（a）	67.8a（a）	48.4a（a）
	120	16.7a（b）	30.5b（b）	26.1b（b）	34.3a（a）	59.8b（b）	42.0b（a）
	180	15.8a（b）	28.0b（b）	24.5b（b）	33.2a（a）	55.4b（b）	39.0b（b）
	240	10.7b（b）	20.2c（b）	16.0c（b）	22.0b（a）	38.3c（b）	26.1c（b）
除草	0						
	60	28.7a（a）	52.3a（a）	43.4a（a）	33.0a（a）	57.3a（a）	50.0a（a）
	120	27.5a（a）	47.2b（a）	43.0a（a）	31.9a（a）	50.9ab（b）	47.1ab（a）
	180	23.3a（a）	47.2b（a）	40.9a（a）	27.3a（a）	50.1b（a）	44.2b（a）
	240	16.0b（a）	30.1c（a）	24.6b（a）	18.9b（b）	32.0c（b）	27.0c（a）
方差分析							
W		**	**	**	**	**	**
N		**	**	**	**	**	**
W×N		ns	**	*	ns	ns	ns

注：W 为除草措施；N 为施氮量。括号外不含有相同小写字母表示同一除草措施下不同施氮量间差异显著（$P<0.05$），括号内不同小写字母表示同一施氮量下不同除草措施间差异显著（$P<0.05$）。*表示在 0.05 水平上差异显著，**表示在 0.01 水平上差异显著，ns 表示差异不显著

表 10-22　施磷量与化学除草对油菜产量的影响

施磷（P₂O₅）量（kg/hm²）	不除草			除草			除草措施	
	产量 (kg/hm²)	增产量 (kg/hm²)	增产率 (%)	产量 (kg/hm²)	增产量 (kg/hm²)	增产率 (%)	增产量 (kg/hm²)	增产率 (%)
0	204c（b）			284d（a）			80b	39.2a
45	847b（b）	643b（b）	315.2a（a）	1443c（a）	1159b（a）	408.1b（a）	596a	70.4a
90	1218a（b）	1014a（b）	497.1a（b）	2026a（a）	1742a（a）	613.4a（a）	808a	66.3a
135	1108a（b）	904a（b）	443.1ab（a）	1864b（a）	1580a（a）	556.3ab（a）	756a	68.2a
方差分析								
W				**				
P				**				
W×P				**				

注：W 为除草措施；P 为施磷量。括号外不含有相同小写字母表示同一除草措施下不同施磷量间差异显著（$P<0.05$），括号内不同小写字母表示同一施磷量不同除草措施间差异显著（$P<0.05$）。**表示在 0.01 水平上差异显著

油菜产量的绝对值和相对增幅均高于不除草各处理。同一施磷水平下，除草处理的油菜产量明显高于不除草处理，与不除草各处理相比，不施磷与施磷（P_2O_5）

量为 45kg/hm^2、90kg/hm^2 和 135kg/hm^2 处理的增产率分别为 39.2% 与 70.4%、66.3% 和 68.2%。

(二)施磷量与化学除草对油菜和杂草生物量的影响

在油菜的不同生育期,不论是否除草,油菜的生物量均随施磷量的增加显著升高;杂草生物量随施磷量的增加先升高后降低;油菜所占总生物量的比例也随施磷量的增加而增加(表 10-23)。

表 10-23 施磷量与化学除草对油菜和杂草生物量的影响

除草措施	施磷(P$_2$O$_5$)量（kg/hm^2）	油菜生物量（kg/hm^2）			杂草生物量（kg/hm^2）			总生物量（kg/hm^2）		
		花期	角果期	成熟期	花期	角果期	成熟期	花期	角果期	成熟期
不除草	0	231c（b）	744c（b）	638c（b）	370c（a）	855c（a）	1084c（a）	601c（a）	1599c（a）	1722c（a）
	45	1071b（b）	2816b（b）	2547b（b）	1184b（a）	2058b（a）	2315b（a）	2255b（a）	4874b（a）	4862b（a）
	90	1824a（b）	3602a（b）	3302a（b）	1487a（a）	2617a（a）	2704a（a）	3311a（a）	6219a（a）	6006a（a）
	135	1906a（b）	3659a（b）	3349a（b）	1378ab（a）	2486a（a）	2671a（a）	3284a（a）	6145a（a）	6020a（b）
除草	0	376c（a）	1100c（a）	877c（a）	249c（a）	504ab（b）	663ab（b）	625c（a）	1604c（a）	1540c（a）
	45	1628b（a）	4636b（a）	4361b（a）	343b（b）	471b（b）	587b（b）	1971b（a）	5107b（a）	4948b（a）
	90	2688a（a）	5624a（a）	5530a（a）	405a（b）	581a（b）	794a（b）	3093a（a）	6205a（a）	6324a（a）
	135	2703a（a）	5703a（a）	5617a（a）	386ab（b）	534ab（b）	752a（b）	3089a（a）	6237a（a）	6369a（a）
方差分析										
W		**	**	**	**	**	**	**	*	ns
P		**	**	**	**	**	**	**	**	**
W×P		**	**	**	**	**	**	**	ns	ns

注:W 为除草措施;P 为施磷量。括号外不含有相同小写字母表示同一除草措施下施磷量间差异显著（$P<0.05$）,括号内不同小写字母表示同一施磷量不同除草措施间差异显著（$P<0.05$）。** 和 * 分别表示在 0.01 和 0.05 水平差异显著,ns 表示差异不显著

不论除草与否,随生育期推进,油菜生物量均呈先上升后下降的趋势,杂草生物量持续上升;在不同生育期,杂草与油菜的竞争程度不同。在施磷（P$_2$O$_5$）量为 90kg/hm^2 时,不除草处理中,油菜在花期、角果期和成熟期分别占到总生物量的 55.1%、57.9% 和 55.0%;在除草处理中,油菜在花期、角果期和成熟期分别占到总生物量的 86.9%、90.6% 和 87.4%。同一时期,同一施磷水平,除草后油菜生物量显著高于不除草处理 37.5%～71.3%,且杂草生物量与不除草相比明显减少。结果表明,合理的施磷量和化学除草可以大幅减少杂草与油菜的竞争。

(三)施磷量与化学除草对油菜和杂草磷含量的影响

由表 10-24 可知,在油菜的不同生育期,不论除草与否,油菜与杂草的磷含

量整体上均随施磷量的增加而升高，在施磷（P_2O_5）量为 135kg/hm^2 时达到最高。同一时期，同一施磷水平，除草处理的油菜与杂草磷含量均高于不除草处理。

表 10-24　施磷量与化学除草对油菜和杂草磷含量的影响

除草措施	施磷（P_2O_5）量（kg/hm^2）	油菜磷含量（%）						杂草磷含量（%）		
		花期	角果期	成熟期				花期	角果期	成熟期
				茎	角壳	籽粒	整株			
不除草	0	0.24b(a)	0.20d(a)	0.03a(a)	0.05c(a)	0.56c(a)	0.21c(a)	0.28b(a)	0.22b(a)	0.11b(a)
	45	0.31a(a)	0.27c(a)	0.03a(a)	0.08b(a)	0.63b(a)	0.24b(a)	0.33a(a)	0.28a(a)	0.12ab(a)
	90	0.33a(a)	0.30b(b)	0.04a(a)	0.12a(a)	0.66b(b)	0.29a(a)	0.32ab(a)	0.29a(a)	0.15a(a)
	135	0.38a(a)	0.33a(a)	0.05a(a)	0.13a(a)	0.70a(a)	0.29a(b)	0.32ab(a)	0.30a(a)	0.15a(a)
除草	0	0.27b(a)	0.23c(a)	0.04a(a)	0.07c(a)	0.59d(a)	0.23c(a)	0.29a(a)	0.25b(a)	0.13b(a)
	45	0.35a(a)	0.30b(a)	0.04a(a)	0.09b(a)	0.67c(a)	0.26b(a)	0.35a(a)	0.31a(a)	0.14ab(a)
	90	0.36a(a)	0.33ab(a)	0.06a(a)	0.11ab(a)	0.71b(a)	0.31a(a)	0.36a(a)	0.33a(a)	0.17a(a)
	135	0.40a(a)	0.35a(a)	0.06a(a)	0.13a(a)	0.77a(a)	0.32a(a)	0.35a(a)	0.33a(a)	0.17a(a)
方差分析										
W		*	**			**		ns	**	*
P		**	**			**		**	**	**
W×P		ns	ns			ns		ns	ns	ns

注：W 为除草措施；P 为施磷量。括号外不含有相同小写字母表示同一除草措施下不同施磷量间差异显著（$P<0.05$），括号内不同小写字母表示同一施磷量不同除草措施间差异显著（$P<0.05$）。**和*分别表示在 0.01 和 0.05 水平差异显著，ns 表示差异不显著

不论除草与否，随着生育期推进，油菜与杂草的磷含量均明显降低；不除草处理中，油菜与杂草的磷含量比值随生育期推进而上升，成熟期比值最高；除草处理中，油菜与杂草的磷含量比值随生育期推进先下降后上升，成熟期比值最高。在施磷（P_2O_5）量为 90kg/hm^2 时，不除草处理中，油菜与杂草的磷含量比值在花期、角果期和成熟期分别为 1.03、1.03 和 1.93；除草处理中，油菜与杂草的磷含量比值在花期、角果期和成熟期分别为 1.00、1.00 和 1.82。结果表明，油菜对磷的竞争力高于杂草，随着生育期推进，这种竞争力逐渐变强。

但不施磷和施磷（P_2O_5）量为 45kg/hm^2 处理的含磷量数据表明，低磷浓度下，杂草的磷含量比油菜磷含量高。说明杂草的磷临界浓度与油菜相比较低，低磷浓度更适合杂草的生长。

（四）施磷量与化学除草对油菜和杂草磷素累积量的影响

不论是否除草，不同生育期的油菜和杂草地上部磷素累积量整体上均随磷肥用量的增加而呈升高趋势，在施磷（P_2O_5）量为 135kg/hm^2 时达到最大值，各施磷处理间差异显著（表 10-25）。随着生育期的推进，油菜与杂草的磷素累积量均

先升高后降低；在不同生育期，杂草与油菜对磷所产生的竞争不同。在施磷（P_2O_5）量为 90kg/hm² 时，不除草处理中，油菜与杂草的磷素累积量比值在花期、角果期和成熟期分别为 1.27、1.43 和 2.44；在除草处理中，油菜与杂草的磷素累积量比值在花期、角果期和成熟期分别为 6.73、9.66 和 12.81。结果表明，杂草在花期与油菜的磷竞争最强，随着生育期推进，杂草对油菜的磷竞争逐渐减小。

表 10-25　施磷量与化学除草对油菜和杂草磷素累积量的影响

除草措施	施磷（P_2O_5）量（kg/hm²）	油菜磷素累积量（kg/hm²）						杂草磷素累积量（kg/hm²）		
		花期	角果期	成熟期				花期	角果期	成熟期
				茎	角壳	籽粒	整株			
不除草	0	1.3d（b）	3.4d（b）	0.2c（b）	0.2c（b）	2.6c（b）	3.0c（b）	2.4b（a）	4.3c（a）	2.7c（a）
	45	7.6c（b）	17.4c（b）	0.7bc（b）	1.3b（b）	12.2b（b）	14.2b（b）	9.0a（a）	13.2b（a）	6.4b（a）
	90	13.8b（b）	24.8b（b）	1.0ab（b）	2.8a（b）	18.4a（b）	22.2a（b）	10.9a（a）	17.4a（a）	9.1a（a）
	135	16.6a（a）	27.7a（a）	1.5a（b）	2.9a（b）	17.8a（b）	22.2a（b）	10.1a（a）	17.1a（a）	9.4a（a）
除草	0	2.3c（a）	5.8c（a）	0.3c（a）	0.4c（a）	3.8c（a）	4.5c（a）	1.7b（a）	2.9c（a）	2.0c（a）
	45	13.1b（a）	31.9b（a）	1.4b（a）	2.8b（a）	22.1b（a）	26.3b（a）	2.8a（b）	3.3bc（b）	1.9bc（b）
	90	22.2a（a）	42.5a（a）	2.3ab（a）	4.5a（a）	32.9a（a）	39.7a（a）	3.3a（b）	4.4a（b）	3.1a（b）
	135	24.8a（a）	45.7a（a）	2.8a（a）	5.2a（a）	32.9a（a）	40.9a（a）	3.1a（b）	4.0ab（b）	2.9ab（b）
方差分析										
W		**	**	**	**	**	**	**	**	**
P		**	**	**	**	**	**	**	**	**
W×P		**	**	**	**	**	**	**	**	**

注：W 为除草措施；P 为施磷量。括号外不含有相同小写字母表示同一除草措施下不同施磷量间差异显著（$P<0.05$），括号内不同小写字母表示同一施磷量不同除草措施间差异显著（$P<0.05$）。**表示在 0.01 水平差异显著

同一时期，同一施磷水平，除草处理的油菜磷素累积量明显大于不除草处理，杂草磷素累积量小于不除草处理；除草处理中油菜所占磷素总累积量的比例也高出不除草处理 16.1%～36.8%。说明，合理的施磷量和化学除草可以提高油菜磷素累积量、减少杂草与油菜之间的磷竞争。

（五）施磷量与化学除草对油菜和杂草磷肥利用率的影响

由表 10-26 可知，化学除草提高了油菜不同时期的磷肥利用率。随磷肥用量的增加，磷肥利用率逐渐下降；在不同生育期，磷肥利用率先上升后下降，在角果期达最大值。在施磷（P_2O_5）量为 90kg/hm² 时，不除草处理中，花期、角果期和成熟期的油菜磷肥利用率分别为 13.9%、23.7%和 21.3%，分别占到总磷肥利用率的 59.4%、62.0%和 74.7%；在除草处理中，花期、角果期和成熟期的油菜磷肥利用率分别为 22.0%、40.8%和 39.2%，分别占到总磷肥利用率的 92.1%、96.0%和 97.0%。

表 10-26 施磷量与化学除草对油菜磷肥利用率的影响

除草措施	施磷（P$_2$O$_5$）量（kg/hm^2）	油菜磷肥利用率（%）			总磷利用率（%）		
		花期	角果期	成熟期	花期	角果期	成熟期
不除草	0						
	45	14.1a（a）	31.1a（b）	24.9a（a）	28.7a（b）	50.9a（a）	33.2a（b）
	90	13.9a（b）	23.7b（b）	21.3a（b）	23.4b（b）	38.2a（b）	28.5b（b）
	135	11.4a（b）	18.0c（b）	14.1a（b）	17.1c（b）	27.4a（b）	19.1c（b）
除草	0						
	45	23.8a（a）	57.9a（a）	48.4a（a）	26.3a（a）	58.9a（a）	48.2a（a）
	90	22.0a（a）	40.8b（a）	39.2a（a）	23.9b（a）	42.5a（a）	40.4b（a）
	135	16.6a（a）	29.6c（a）	26.9a（a）	17.7c（a）	30.4a（a）	27.6c（a）
方差分析							
W		**	**	**	ns	*	**
P		ns	**	**	**	**	**
W×P		ns	**	**	ns	ns	ns

注：W 为除草措施；P 为施磷量。括号外不同小写字母表示同一除草措施下不同施磷量间差异显著（P<0.05），括号内不同小写字母表示同一施磷量不同除草措施间差异显著（P<0.05）。**和*分别表示在 0.01 和 0.05 水平差异显著，ns 表示差异不显著

三、播种量与氮磷养分交互作用对冬油菜田中杂草优势种群的影响

（一）播种量与氮磷养分交互作用对油菜和杂草生物量的影响

杂草优势种是指某一农田中所有杂草种类中生物量及养分累积量最大的种群。表 10-27 表明，播种量对油菜田中的杂草种类及优势种群无显著影响。除草

表 10-27 播种量与氮磷养分交互作用对油菜和杂草生物量的影响（单位：kg/hm^2）

处理	处理	总生物量	油菜生物量	杂草生物量	天葵生物量	救荒野豌豆生物量	看麦娘生物量	牛繁缕生物量
不除草 D$_0$	N$_0$	923		923	47	634	157	85
	P$_0$	1090		1090	126	373	485	106
	NP	2761		2761	169	461	723	1408
不除草 D$_6$	N$_0$	1381	634	747	51	578	89	29
	P$_0$	1599	744	855	150	273	393	39
	NP	6219	3602	2617	201	412	691	1313
除草 D$_6$	N$_0$	1667	1231	436	93	343		
	P$_0$	1604	1100	504	286	218		
	NP	6204	5624	580	304	276		

注：N$_0$、P$_0$、NP 分别表示不施氮肥、不施磷肥和施用氮磷肥；D$_0$ 和 D$_6$ 分别表示播种量为 0kg/hm^2 和 6kg/hm^2

与否和不同的氮磷钾肥施田措施显著改变了油菜田中不同杂草的生物量及种类，改变了优势种群。

不除草处理中，杂草种类为 4 种，N_0 处理的杂草优势种是救荒野豌豆，其生物量占杂草总生物量的 68.7%～77.4%；P_0 处理的优势杂草是看麦娘，其生物量占杂草总生物量的 44.5%～46.0%；NP 处理的杂草优势种是牛繁缕，其生物量占杂草总生物量的 50.2%～51.0%。除草处理中，只有天葵和救荒野豌豆 2 种杂草生存，N_0 处理的杂草优势种是救荒野豌豆，其生物量占杂草总生物量的 78.7%；P_0 和 NP 处理的优势杂草都是天葵，其生物量分别占杂草总生物量的 56.7%和 52.4%。

（二）播种量与氮磷养分交互作用对不同杂草养分含量的影响

表 10-28 表明，在不施氮时除草可提高救荒野豌豆的氮含量，增加播种量可降低救荒野豌豆的氮含量与磷含量；增加施氮量可提高救荒野豌豆的氮含量、降低磷含量；增加施磷量可提高救荒野豌豆的磷含量、降低氮含量。除草可提高天葵氮含量，降低磷含量；增加播种量可降低天葵的氮含量与磷含量；增加施氮量可提高天葵的氮含量、降低磷含量；增加施磷量可提高天葵的磷含量、降低氮含量。

表 10-28　播种量与氮磷交互作用对不同杂草养分含量的影响　　　（%）

处理	杂草种类	不除草 D_0		不除草 D_6		除草 D_6	
		氮含量	磷含量	氮含量	磷含量	氮含量	磷含量
N_0	天葵	1.93	0.26	1.68	0.22	1.76	0.20
	救荒野豌豆	2.11	0.18	2.05	0.14	2.16	0.16
	看麦娘	1.51	0.22	1.37	0.16		
	牛繁缕	1.58	0.20	1.38	0.16		
P_0	天葵	2.25	0.16	2.23	0.13	2.27	0.11
	救荒野豌豆	2.81	0.10	2.76	0.07	2.70	0.10
	看麦娘	2.25	0.14	2.24	0.11		
	牛繁缕	2.27	0.12	2.24	0.09		
NP	天葵	2.22	0.23	2.20	0.17	2.23	0.15
	救荒野豌豆	3.38	0.15	3.26	0.11	2.66	0.13
	看麦娘	2.24	0.17	2.22	0.13		
	牛繁缕	2.24	0.16	2.21	0.12		

注：N_0、P_0、NP 分别表示不施氮肥、不施磷肥和施用氮磷肥；D_0 和 D_6 分别表示播种量为 0kg/hm^2 和 6kg/hm^2

除草完全抑制了看麦娘与牛繁缕的生长，增加播种量可降低两种杂草的氮含量与磷含量；增加施氮量可提高两种杂草的氮含量、降低磷含量；增加施磷量可提高两种杂草的磷含量、降低氮含量。

（三）播种量与氮磷养分交互作用对不同杂草养分累积量的影响

表 10-29 表明，增加播种量可以降低杂草（除天葵外）的氮磷累积量，增施氮肥可提高杂草的氮素累积量，增施磷肥可提高杂草的磷素累积量和氮素累积量，但都不能改变油菜田中的杂草优势种；化学除草对杂草的种类、氮磷累积量和优势种群都产生显著影响。不除草处理中，杂草有 4 种，N_0 处理的优势杂草是救荒野豌豆，其氮磷累积量分别为 $11.8 \sim 13.3 kg/hm^2$、$1.9 \sim 2.6 kg/hm^2$，均高于其他三种杂草；P_0 处理的优势杂草是看麦娘，它的氮磷累积量分别为 $8.8 \sim 11.0 kg/hm^2$、$1.0 \sim 1.6 kg/hm^2$，均高于其他三种杂草；NP 处理中的优势杂草是牛繁缕，其氮磷累积量分别为 $29.0 \sim 31.4 kg/hm^2$、$3.7 \sim 5.2 kg/hm^2$，均高于其他三种杂草。在除草处理中，杂草有 2 种，N_0 处理的优势杂草是救荒野豌豆，其氮磷累积量分别为 $7.4 kg/hm^2$、$1.3 kg/hm^2$，都高于天葵；P_0 处理的优势杂草是天葵，它的氮磷累积量分别为 $6.5 kg/hm^2$、$0.7 kg/hm^2$，均高于救荒野豌豆；NP 处理中救荒野豌豆的氮素累积量为 $7.3 kg/hm^2$，高于天葵，天葵的磷素累积量为 $1.1 kg/hm^2$，高于救荒野豌豆，以养分累积总量来计，救荒野豌豆为优势种群。

表 10-29 播种量与氮磷交互作用对不同杂草养分累积量的影响（单位：kg/hm^2）

施肥量	杂草种类	不除草 D_0		不除草 D_6		除草 D_6	
		氮素累积量	磷素（P_2O_5）累积量	氮素累积量	磷素（P_2O_5）累积量	氮素累积量	磷素（P_2O_5）累积量
N_0	天葵	0.8	0.3	0.9	0.3	1.6	0.4
	救荒野豌豆	13.3	2.6	11.8	1.9	7.4	1.3
	看麦娘	2.4	0.8	1.2	0.3		
	牛繁缕	1.3	0.4	0.4	0.1		
P_0	天葵	2.7	0.5	3.3	0.4	6.5	0.7
	救荒野豌豆	10.8	0.9	7.6	0.4	5.9	0.5
	看麦娘	11.0	1.6	8.8	1.0		
	牛繁缕	2.3	0.3	0.9	0.1		
NP	天葵	4.1	0.9	4.4	0.8	6.8	1.1
	救荒野豌豆	16.1	1.6	13.5	1.0	7.3	0.9
	看麦娘	16.2	2.8	15.3	2.1		
	牛繁缕	31.4	5.2	29.0	3.7		

注：N_0、P_0、NP 分别表示不施氮肥、不施磷肥和施用氮磷肥；D_0 和 D_6 分别表示播种量为 $0 kg/hm^2$ 和 $6 kg/hm^2$

第十一章　冬油菜施氮效果

第一节　氮肥施用对冬油菜产量的影响及其增产效果

本课题组大量统计数据表明，不同氮肥水平下冬油菜产量及分布如表 11-1 和图 11-1 所示。随着氮肥用量的增加，不同种植区冬油菜产量均值和范围均表现为先增加后降低的趋势，N2 处理冬油菜产量显著高于其他氮肥用量处理，其他依次为 N3、N1 和 N0 处理。

表 11-1　不同种植区氮肥用量对冬油菜产量的影响

区域	样本数	N2 处理氮肥用量（kg/hm²）	产量（kg/hm²）			
			N0	N1	N2	N3
旱旱轮作区	211	161	1565aD	2151aC	2751aA	2571aB
长江上游两季区	455	174	1527aD	2102aC	2623bA	2446bB
长江中下游两季区	616	194	1407bD	2103aC	2647bA	2577aB
三季轮作区	175	166	1528aD	1921bC	2280cA	2104cB
总	1457	180	1482D	2088C	2611A	2478B

注：第一列"总"代表长江流域，本书后同。N0、N1、N2、N3 为 3414 试验中不同氮水平处理，本章下同。不同小写字母表示同一处理不同区域之间差异显著（$P<0.05$），不同大写字母表示同一区域 4 个处理间差异显著（$P<0.05$）

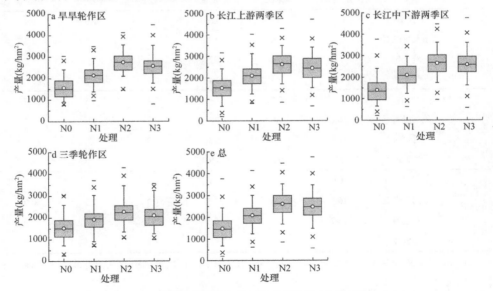

图 11-1　不同氮肥用量条件下各种植区冬油菜产量分布

箱体中的横线和"○"分别代表中值和均值，箱体的上、下边界线代表 75% 和 25% 点位，连接在箱体外的上、下小横线代表 95% 和 5% 点位，"×"代表 99% 和 1% 点位，"−"代表最大值和最小值

N0、N1、N2 和 N3 处理冬油菜产量均值分别为 1482kg/hm²、2088kg/hm²、2611kg/hm² 和 2478kg/hm²。各分区在不同氮肥用量条件下冬油菜产量存在差异。N0 处理条件下,旱旱轮作区、长江上游两季区和三季轮作区产量主要分布在 1100～1800kg/hm²;长江中下游两季区产量最低,主要分布在 900～1700kg/hm²。N1 处理条件下,旱旱轮作区、长江上游和长江中下游两季区产量主要分布在 1700～2400kg/hm²;三季轮作区产量最低,主要分布在 1500～2200kg/hm²,均值为 1921kg/hm²。N2 处理条件下,旱旱轮作区产量最高,均值为 2751kg/hm²,主要分布在 2400～3000kg/hm²;其次为长江中下游和长江上游两季区,主要分布在 2200～3000kg/hm²;三季轮作区产量最低,主要分布在 1900～2500kg/hm²。N3 处理条件下,旱旱轮作区和长江中下游两季区产量较高,主要分布在 2200～2900kg/hm²;三季轮作区产量最低,主要分布在 1600～2300kg/hm²,产量均值为 2104kg/hm²。

不同氮肥用量条件下冬油菜氮肥增产量见表 11-2。不同种植区均表现为 N2 处理氮肥增产量最高,其次为 N3 处理和 N1 处理。N1、N2 和 N3 处理冬油菜氮肥平均增产量分别为 606kg/hm²、1129kg/hm² 和 996kg/hm²。各种植区 N1 处理氮肥增产量均值为 393～696kg/hm²,N2 处理氮肥增产量均值为 752～1240kg/hm²,N3 处理氮肥增产量均值为 576～1170kg/hm²。不同分区中 N1、N2 和 N3 处理均表现为长江中下游两季区冬油菜氮肥增产量最高,三季轮作区最低。

各种植区不同氮肥用量条件下冬油菜氮肥增产率及频率分布如表 11-2 和图 11-2 所示。与氮肥增产量相同,不同种植区冬油菜氮肥增产率均表现为 N2 处理最高,其次为 N3 处理和 N1 处理。N1、N2 和 N3 处理冬油菜氮肥平均增产率分别为 52.0%、95.9% 和 86.3%。N1 处理 4 个种植区冬油菜氮肥增产率均值为 32.6%～63.5%,主要分布在 5%～50%,旱旱轮作区、长江上游两季区、长江中下游两季区和三季轮作区分别有 56.4%、59.0%、48.9% 和 66.3% 的试验氮肥增产率分布在该区域。N2 处理 4 个种植区冬油菜氮肥增产率均值为 62.9%～112.6%,主要分布在 5%～100%,其中各种植区有 35.3%～41.2% 的试验氮肥增产率分布在 50%～100%。N3 处理 4 个种植区冬油菜氮肥增产率均值为 51.3%～107.8%,主要分布在 5%～100%,其中各种植区有 25.7%～57.1% 的试验氮肥增产率分布在 5%～50%。由不同氮肥用量处理氮肥增产率分布可知,N1 处理氮肥增产率分布在较低的范围;N2 和 N3 处理在高氮肥增产率(大于 100%)范围内分布相似,但 N3 处理在 5%～50% 内样本比例较多,同时施氮肥后不增产试验(氮肥增产率小于 5%)比例增加,因此不同种植区 N2 处理条件下冬油菜氮肥增产率最高。

各种植区不同氮肥用量条件下冬油菜氮肥农学利用率表明(表 11-2),随着施氮量的增加,不同种植区氮肥农学利用率整体上逐渐减少。N1、N2 和 N3 处理冬油菜氮肥农学利用率均值分别为 6.8kg/kg、6.5kg/kg 和 3.8kg/kg。4 个种植区 N1 处理冬油菜氮肥农学利用率均值为 4.8～7.3kg/kg,N2 处理氮肥农学利用率均值为

表11-2 各种植区不同氮肥用量条件下冬油菜增产效果

区域		增产量 (kg/hm²)			增产率 (%)			氮肥农学利用率 (kg/kg)		
		N1	N2	N3	N1	N2	N3	N1	N2	N3
旱旱轮作区	均值	586±388c	1186±466a	1006±567b	44.9±37.6c	88.1±53.0a	76.7±58.1b	7.3±4.8a	7.5±3.0a	4.2±2.2b
	变幅	-108~1620	-209~2565	-150~2967	-7.3~174.2	-8.5~262.9	-15.8~345.8	0.0~19.7	0.0~16.7	0.0~11.0
长江上游两季区	均值	575±397c	1096±520a	919±612b	47.2±48.0c	89.6±78.0a	75.2±74.4b	6.8±4.7a	6.6±3.3a	3.7±2.4b
	变幅	-182~2199	-257~2976	-399~3363	-8.9~315.4	-12.6~560.2	-21.9~515.1	0.0~27.8	0.0~19.5	0.0~13.1
长江中下游两季区	均值	696±389c	1240±521a	1170±565b	63.5±51.9b	112.6±82.6a	107.8±84.5a	7.3±3.8a	6.6±2.8b	4.1±2.1c
	变幅	-90~2205	17~2991	-393~2940	-9.0~323.1	0.6~575.1	-14.9~537.9	0.0~20.2	0.1~18.1	0.0~10.6
三季轮作区	均值	393±268c	752±379a	576±434b	32.6±32.1c	62.9±59.0a	51.3±61.8b	4.8±3.3a	4.6±2.5a	2.4±1.7b
	变幅	-82~1413	36~1929	-744~1854	-9.4~170.3	1.8~497.7	-37.2~435.5	0.0~15.7	0.3~14.3	0.0~7.9
总	均值	606±391c	1129±521a	996±597b	52.0±48.0c	95.9±76.6a	86.3±78.0b	6.8±4.3a	6.5±3.0b	3.8±2.3c
	变幅	-182~2205	-257~2991	-744~3363	-9.4~323.1	-12.6~575.1	-37.2~537.9	0.0~27.8	0.0~19.5	0.0~13.1

注: 同行不同小写字母表示同一指标同一区域三个氮肥用量之间差异显著 (P<0.05)

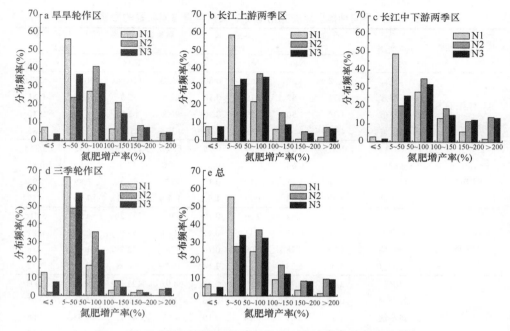

图 11-2　各种植区不同氮肥用量条件下冬油菜增产率分布频率

4.6～7.5kg/kg，N3 处理氮肥农学利用率均值为 2.4～4.2kg/kg。N1、N2 和 N3 处理不同种植区均表现为旱旱轮作区氮肥农学利用率最高，三季轮作区最低。由于农学利用率受肥料用量影响较大，虽然 N3 处理氮肥增产量较高，但单位氮肥的增产效果较差，因此结合氮肥增产量、增产率和农学利用率，N2 处理氮肥增产效果最好。

第二节　氮肥施用对冬油菜养分吸收的影响

一、氮肥施用对冬油菜氮素吸收的影响

不同种植区冬油菜氮素吸收情况见表 11-3，籽粒氮含量显著高于茎氮含量。N0 施肥条件下，不同种植区冬油菜籽粒和茎氮含量均值分别为 2.98%～3.24% 和 0.56%～0.62%，百千克籽粒需氮量为 4.53～4.86kg，氮素累积量为 64.3～75.8kg/hm²。施用氮肥后，油菜籽粒和茎氮含量显著增加，均值分别为 3.38%～3.74% 和 0.70%～0.80%，百千克籽粒需氮量增加至 5.01～5.67kg，氮素累积量为 121.3～156.6kg/hm²。施用氮肥后，旱旱轮作区氮素累积量显著高于水旱轮作区，其次为长江上游两季区、长江中下游两季区，三季轮作区氮素累积量最小。NPK 施肥条件下，旱旱轮作区百千克籽粒需氮量显著高于水旱轮作区，其次为长江上游两季区和三季轮作区，长江中下游两季区百千克籽粒需氮量最小。

表 11-3   不同种植区氮肥施用对冬油菜氮含量与累积量的影响

区域	统计指标	籽粒氮含量 (%)		茎氮含量 (%)		氮素累积量 (kg/hm²)		百千克籽粒需氮量 (kg)	
		N0	NPK	N0	NPK	N0	NPK*	N0	NPK*
旱旱轮作区	均值	2.98	3.38	0.62	0.80	75.8a	156.6a	4.86	5.67a
	标准差	0.74	0.82	0.19	0.18	22.6	32.3	0.56	0.61
	最小值	1.30	1.50	0.27	0.30	26.8	63.7	2.20	2.40
	最大值	4.23	4.37	1.18	1.22	155.4	251.2	5.93	6.85
长江上游 两季区	均值	3.21	3.62	0.57	0.75	68.0b	134.1b	4.53	5.34b
	标准差	0.55	0.64	0.23	0.29	26.0	37.0	0.60	0.80
	最小值	1.28	1.15	0.12	0.12	6.2	33.6	1.85	1.98
	最大值	4.40	4.83	1.72	1.85	141.9	256.0	7.54	8.52
长江中下游 两季区	均值	3.15	3.42	0.59	0.70	64.3c	133.2b	4.55	5.01c
	标准差	0.90	0.97	0.41	0.41	29.4	38.0	0.87	0.81
	最小值	1.26	0.98	0.10	0.10	7.9	32.9	1.71	1.38
	最大值	5.02	5.23	2.11	2.18	194.9	268.6	7.51	7.72
三季轮作区	均值	3.24	3.74	0.56	0.75	68.9ab	121.3c	4.65	5.41b
	标准差	0.60	0.49	0.22	0.26	30.4	38.8	1.06	0.95
	最小值	1.50	2.09	0.14	0.19	11.7	41.7	1.98	2.86
	最大值	4.13	4.58	1.10	1.59	162.8	243.9	6.78	7.24
总	均值	3.18	3.55	0.58	0.73	67.8	135.3	4.59	5.27
	标准差	0.72	0.79	0.31	0.33	27.6	38.1	0.77	0.83
	最小值	1.26	0.98	0.09	0.10	6.2	32.9	1.71	1.38
	最大值	5.02	5.23	2.11	2.18	194.9	268.6	7.54	8.52

注：同列不含有相同小写字母表示同一指标不同区域间差异显著（$P<0.05$）；*表示 N0 与 NPK 处理之间差异显著（$P<0.05$）

由表 11-3 可知，施用氮肥通过增加籽粒、茎产量和氮含量，尤其是籽粒产量来增加冬油菜氮素累积量。对 N0 和 NPK 施肥条件下冬油菜氮素累积量均值进行比较，冬油菜氮素累积量平均增加了 67.5kg/hm²；旱旱轮作区、长江上游两季区、长江中下游两季区和三季轮作区氮素累积量分别增加 80.8kg/hm²、66.1kg/hm²、68.9kg/hm² 和 52.4kg/hm²，增加率分别为 106.6%、97.2%、107.2%和 76.1%，旱旱轮作区施用氮肥增加氮素累积量的效果最好。

二、氮肥施用对冬油菜氮肥利用率的影响

氮肥施用对冬油菜产量的平均贡献率为 42.2%（表 11-4），贡献率主要分布在 30%～60%，有 58.3%的试验样本分布在该范围内（图 11-3a）。不同分区冬油菜氮肥贡献率差异显著，其中长江中下游两季区氮肥贡献率最高，为 47.0%，其次为旱旱轮作区和长江上游两季区，三季轮作区氮肥贡献率最低，为 34.4%。旱旱轮作区、

长江上游两季区和长江中下游两季区氮肥贡献率主要分布在30%～60%（图11-3a），分别占各区域样本总数的68.8%、58.2%和57.5%；三季轮作区氮肥贡献率主要分布在15%～45%，占该区域试验总数的66.5%；同时长江中下游两季区还有25.4%的试验样本氮肥贡献率分布在大于75%的范围内，因此氮肥在长江中下游两季区的增产效果最好。

表11-4　不同种植区冬油菜氮肥利用率

区域	统计指标	氮肥贡献率（%）	氮肥偏生产力（kg/kg）	氮肥农学利用率（kg/kg）	氮肥表观利用率（%）
旱旱轮作区	均值	42.7±14.5b	18.0±4.8a	7.4±2.9a	50.1±18.0a
	变幅	0.0～72.4	7.3～37.4	0.0～16.7	3.8～105.9
长江上游两季区	均值	39.9±17.3c	15.4±4.8b	6.1±3.2c	40.6±18.9b
	变幅	0.0～88.0	3.2～51.2	0.0～19.5	0.0～123.4
长江中下游两季区	均值	47.0±17.0a	14.3±4.4c	6.6±2.8b	35.9±14.1c
	变幅	0.6～88.5	3.4～54.0	0.1～18.1	1.4～88.1
三季轮作区	均值	34.4±16.2d	13.8±4.9c	4.6±2.5d	32.1±15.4d
	变幅	1.7～83.3	5.9～47.7	0.3～14.3	5.7～112.6
总	均值	42.2±17.3	15.2±4.8	6.3±3.0	39.2±17.6
	变幅	0.0～88.5	3.2～54.0	0.0～19.5	0.0～123.4

注：同列不同小写字母表示同一指标不同区域间差异显著（P＜0.05）

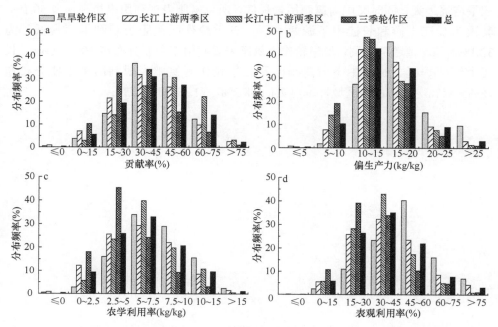

图11-3　不同种植区氮肥贡献率（a）、偏生产力（b）、农学利用率（c）和表观利用率（d）分布频率

氮肥偏生产力表示单位氮肥的作物产量。冬油菜氮肥偏生产力均值为15.2kg/kg（表11-4），主要分布在10~20kg/kg，占试验样本总数的77.2%（图11-3b）。不同分区冬油菜氮肥偏生产力差异显著，受施氮量影响，旱旱轮作区氮肥偏生产力最高，为18.0kg/kg；其次为长江上游和长江中下游两季区；三季轮作区氮肥偏生产力最低，为13.8kg/kg。旱旱轮作区、长江上游两季区、长江中下游两季区和三季轮作区氮肥偏生产力均主要分布在10~20kg/kg，分别占各区域样本总数的73.4%、79.4%、76.7%和74.7%。

氮肥农学利用率表示施用单位氮肥增加的作物产量。冬油菜氮肥农学利用率均值为6.3kg/kg（表11-4），主要分布在2.5~7.5kg/kg，占试验样本总数的58.8%（图11-3c）。不同分区冬油菜氮肥农学利用率差异显著，受施氮量影响，旱旱轮作区氮肥农学利用率最高，为7.4kg/kg；其次为长江中下游和长江上游两季区；三季轮作区氮肥农学利用率最低，为4.6kg/kg。与均值表现相同，旱旱轮作区氮肥农学利用率主要分布在5~10kg/kg，水旱轮作区氮肥农学利用率主要分布在2.5~7.5kg/kg，分别占各区域样本总数的54.8%和69.6%。

氮肥表观利用率表示作物对氮肥中氮素的利用情况。冬油菜氮肥表观利用率均值为39.2%（表11-4），主要分布在15%~45%，占试验样本总数的61.5%（图11-3d）。不同分区冬油菜氮肥表观利用率差异显著，旱旱轮作区在施用氮肥后植株氮素累积量增幅最大，同时又因为氮肥用量最低，所以氮肥表观利用率最高，为50.1%；其次为长江上游和长江中下游两季区；三季轮作区氮肥表观利用率最低，为32.1%。与均值趋势相同，旱旱轮作区氮肥表观利用率主要分布在30%~60%；长江上游两季区、长江中下游两季区和三季轮作区氮肥表观利用率主要分布在15%~45%，分别占各区域样本总数的58.2%、71.3%和73.2%。

第十二章 冬油菜施磷效果

第一节 磷肥施用对冬油菜产量的影响及其增产效果

不同磷肥水平下冬油菜产量及分布如表 12-1 和图 12-1 所示。随着磷肥用量的增加，不同种植区产量均值和范围均表现为先增加后降低的趋势，P2 处理冬油菜产量显著高于其他磷肥用量处理，其他依次为 P3、P1 和 P0 处理。

表 12-1 不同种植区磷肥用量对冬油菜产量的影响

区域	样本数	P2 处理磷肥（P_2O_5）用量（kg/hm²）	产量（kg/hm²）			
			P0	P1	P2	P3
旱旱轮作区	211	74	2128aD	2438aC	2751aA	2656aB
长江上游两季区	450	83	2004bD	2335bC	2619bA	2481bB
长江中下游两季区	619	76	1897cD	2347bC	2648bA	2574aB
三季轮作区	175	78	1830cC	2061cB	2280cA	2211cA
总	1455	78	1956D	2322C	2610A	2514B

注：P0、P1、P2、P3 表示 3414 试验中不同磷水平处理，本章下同；不同小写字母表示同一处理不同区域之间差异显著（$P<0.05$），不同大写字母表示同一区域 4 个处理间差异显著（$P<0.05$）

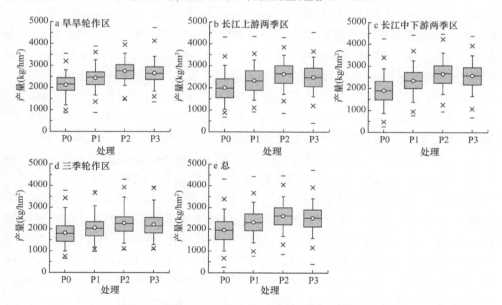

图 12-1 各种植区不同磷肥用量条件下冬油菜产量分布

箱体中的横线和"○"分别代表中值和均值，箱体的上、下边界线代表 75% 和 25% 点位，连接在箱体外的上、下小横线代表 95% 和 5% 点位，"×"代表 99% 和 1% 点位，"–"代表最大值和最小值

P0、P1、P2 和 P3 处理冬油菜产量均值分别为 1956kg/hm²、2322kg/hm²、2610kg/hm² 和 2514kg/hm²。各分区在不同磷肥用量条件下冬油菜产量存在差异。P0 处理条件下，旱旱轮作区产量最高，主要分布在 1800～2400kg/hm²；其次为长江上游两季区，产量主要分布在 1500～2400kg/hm²；长江中下游两季区和三季轮作区产量均值无显著差异，均显著低于旱旱轮作区和长江上游轮作区，但长江中下游两季区产量主要分布在 1400～2300kg/hm²，而三季轮作区产量主要分布在 1400～2100kg/hm²。P1 处理条件下，旱旱轮作区产量最高，平均产量为 2438kg/hm²，主要分布在 2100～2700kg/hm²；其次为长江中下游和长江上游两季区，其产量主要分布在 1900～2700kg/hm²；三季轮作区产量最低，主要分布在 1600～2300kg/hm²，均值为 2061kg/hm²。P2 处理条件下，旱旱轮作区产量最高，主要分布在 2400～3000kg/hm²；其次为长江中下游和长江上游两季区，主要分布在 2200～3000kg/hm²；三季轮作区产量最低，主要分布在 1900～2500kg/hm²。P3 处理条件下，旱旱轮作区和长江中下游两季区产量较高，旱旱轮作区产量主要分布在 2300～2900kg/hm²，而长江中下游两季区产量则主要分布在稍低的范围（2100～2900kg/hm²）内；其次为长江上游两季区，该分区 P3 处理平均产量为 2481kg/hm²；三季轮作区产量最低，产量均值为 2211kg/hm²，主要分布在 1800～2500kg/hm²。

各种植区不同磷肥用量条件下冬油菜磷肥增产量见表 12-2。不同种植区均表现为 P2 处理冬油菜磷肥增产量最高，其次为 P3 处理和 P1 处理。P1、P2 和 P3 处理冬油菜磷肥平均增产量分别为 366kg/hm²、654kg/hm² 和 558kg/hm²。4 个分区 P1 处理冬油菜磷肥增产量均值为 231～450kg/hm²，P2 处理磷肥增产量均值为 450～751kg/hm²，P3 处理磷肥增产量均值为 381～677kg/hm²。P1、P2 和 P3 处理不同分区均表现为长江中下游两季区磷肥增产量最高，三季轮作区最低。

各种植区不同磷肥用量条件下冬油菜磷肥增产率及分布频率如表 12-2 和图 12-2 所示。不同种植区冬油菜磷肥增产率均表现为 P2 处理最高，其次为 P3 处理和 P1 处理。P1、P2 和 P3 处理冬油菜磷肥平均增产率分别为 23.3%、40.2% 和 35.4%。不同磷肥处理条件下，各分区均表现为长江中下游两季区磷肥增产率最高，三季轮作区最低。P1 处理 4 个分区冬油菜磷肥增产率均值为 15.2%～30.2%（表 12-2），主要分布 5%～20%，旱旱轮作区、长江上游两季区、长江中下游两季区和三季轮作区分别有 50.7%、38.9%、36.9% 和 50.9% 的试验磷肥增产率分布在该区域（图 12-2）。P2 处理 4 个分区冬油菜磷肥增产率均值为 29.0%～48.1%，主要分布在 5%～40%，其中旱旱轮作区、长江上游两季区、长江中下游两季区和三季轮作区分别有 34.1%、32.2%、28.3% 和 35.4% 的试验磷肥增产率分布在 20%～40%。P3 处理 4 个分区冬油菜磷肥增产率均值为 25.5%～45.0%，主要分布在 5%～40%，

表 12-2 各种植区不同磷肥用量条件下冬油菜增产效果

区域		增产量（kg/hm²）			增产率（%）			磷肥农学利用率（kg/kg）		
		P1	P2	P3	P1	P2	P3	P1	P2	P3
旱旱轮作区	均值	310±296c	623±408a	528±448b	16.6±18.0b	33.3±28.4a	29.3±30.6a	8.6±7.5a	8.5±5.3a	4.9±3.8b
	变幅	-242~1518	-189~2138	-536~2753	-11.9~97.5	-8.4~167.6	-25.1~178.9	0.0~40.5	0.0~28.5	0.0~24.5
长江上游两季区	均值	331±309c	615±400a	477±390b	20.1±23.1c	37.0±33.7a	29.3±30.9b	8.8±8.6a	8.1±6.0a	4.3±3.7b
	变幅	-275~1857	-350~1899	-464~2193	-9.9~185.6	-11.6~248.5	-18.7~215	0.0~57.1	0.0~37.7	0.0~22.7
长江中下游两季区	均值	450±364c	751±457a	677±507b	30.2±35.2b	48.1±43.4a	45.0±46.7a	12.1±9.3a	10.2±6.2b	6.3±4.5c
	变幅	-396~2130	-443~2265	-689~2600	-13.2~229.5	-14.8~275.8	-24.8~273.7	0.0~63.5	0.0~34.0	0.0~28.9
三季轮作区	均值	231±196c	450±306a	381±344b	15.2±17.0b	29.0±26.7a	25.2±27.3a	6.2±5.1a	6.0±4.1a	3.4±3.0b
	变幅	-116~900	38~1425	-105~1709	-5.4~122.4	2.0~182.7	-5.0~155.7	0.0~26.7	0.6~22.0	0.0~15.2
总	均值	366±331c	654±427a	558±460b	23.3±28.5c	40.2±37.5a	35.4±38.9b	9.8±8.7a	8.8±6.0b	5.1±4.2c
	变幅	-396~2130	-443~2265	-689~2753	-13.2~229.5	-14.8~275.8	-25.1~273.7	0.0~63.5	0.0~37.7	0.0~28.9

注：同行不同小写字母表示同一措施同一区域三个磷肥用量之间差异显著（$P<0.05$）

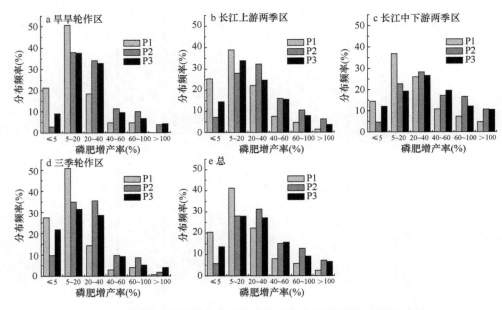

图 12-2　不同磷肥用量条件下各种植区冬油菜磷肥增产率分布频率

其中各分区有 19.2%～37.6%的试验磷肥增产率分布在 5%～20%。由不同磷肥用量处理磷肥增产率分布可知，P1 处理磷肥增产率分布在较低的范围，各分区有 14.4%～27.4%的试验增施磷肥不增产（磷肥增产率小于 5%）。P2 处理和 P3 处理增产率均主要分布在 5%～40%，但不同分区 P3 处理有 9.0%～21.7%的试验增施磷肥不增产，因此 P3 处理磷肥增产率略低于 P2 处理。

　　不同磷肥用量条件下冬油菜磷肥农学利用率表明（表 12-2），P1、P2 和 P3 处理冬油菜磷肥平均农学利用率分别为 9.8kg/kg、8.8kg/kg 和 5.1kg/kg。不同分区磷肥农学利用率均表现为长江中下游两季区最高，三季轮作区最低。随着施磷量的增加，不同种植区均表现为农学利用率逐渐减少。P1 处理不同分区冬油菜磷肥农学利用率均值为 6.2～12.1kg/kg，P2 处理磷肥农学利用率均值为 6.0～10.2kg/kg，P3 处理磷肥农学利用率均值为 3.4～6.3kg/kg。结合磷肥增产量、增产率和农学利用率，P2 处理磷肥增产效果最好。

第二节　磷肥施用对冬油菜养分吸收的影响

一、磷肥施用对冬油菜磷素吸收的影响

　　不同种植区冬油菜磷素吸收情况见表 12-3，冬油菜籽粒和茎磷含量低于氮含量，籽粒磷含量显著高于茎磷含量。P0 施肥条件下，不同种植区冬油菜籽粒和茎

磷含量均值分别为0.53%～0.62%和0.12%，百千克籽粒需磷（P）量为0.83～1.04kg，磷素（P）累积量为15.0～22.3kg/hm²。施用磷肥后，冬油菜籽粒和茎磷含量增加，均值分别为0.59%～0.72%和0.13%～0.15%，百千克籽粒需磷（P）量增加至0.96～1.11kg，磷素（P）累积量为22.0～30.6kg/hm²。施用磷肥后，旱旱轮作区磷素累积量显著高于水旱轮作区，其次为长江中下游两季区和长江上游两季区，三季轮作区磷素累积量最小。NPK施肥条件下，旱旱轮作区百千克籽粒需磷量显著高于水旱轮作区，各水旱轮作区之间差异较小。

表12-3　不同种植区磷肥施用对冬油菜磷含量与累积量的影响

区域	统计指标	籽粒磷含量（%）		茎磷含量（%）		磷素（P）累积量（kg/hm²）		百千克籽粒需磷（P）量（kg）	
		P0	NPK	P0	NPK	P0	NPK*	P0	NPK*
旱旱轮作区	均值	0.57	0.59	0.12	0.13	22.3a	30.6a	1.04a	1.11a
	标准差	0.17	0.18	0.06	0.06	6.6	6.8	0.20	0.19
	最小值	0.20	0.10	0.02	0.03	7.7	13.2	0.58	0.52
	最大值	0.84	0.83	0.25	0.35	40.6	48.8	1.35	1.45
长江上游两季区	均值	0.62	0.72	0.12	0.15	16.7b	24.8b	0.87b	1.00b
	标准差	0.16	0.17	0.08	0.09	6.0	6.5	0.14	0.16
	最小值	0.14	0.15	0.01	0.01	3.4	8.2	0.31	0.39
	最大值	1.49	1.50	0.54	0.52	37.2	54.4	1.84	1.74
长江中下游两季区	均值	0.56	0.65	0.12	0.15	15.7c	25.5b	0.83c	0.96c
	标准差	0.16	0.16	0.08	0.08	5.7	6.9	0.15	0.16
	最小值	0.20	0.12	0.01	0.02	2.2	7.5	0.32	0.36
	最大值	1.50	1.56	0.42	0.53	36.8	56.1	1.84	1.92
三季轮作区	均值	0.53	0.65	0.12	0.15	15.0c	22.0c	0.83c	0.98bc
	标准差	0.14	0.15	0.05	0.05	5.4	6.7	0.13	0.14
	最小值	0.17	0.13	0.02	0.03	4.0	9.4	0.29	0.44
	最大值	1.04	1.18	0.23	0.32	33.2	44.3	1.40	1.54
总	均值	0.58	0.68	0.12	0.15	16.8	25.5	0.87	1.00
	标准差	0.16	0.17	0.07	0.08	6.3	7.0	0.17	0.17
	最小值	0.14	0.10	0.01	0.01	2.2	7.5	0.29	0.36
	最大值	1.50	1.56	0.54	0.53	40.6	56.1	1.84	1.92

注：同列不含有相同小写字母表示同一指标不同区域间差异显著（$P<0.05$）；*表示P0与NPK处理间差异显著（$P<0.05$）

　　由表12-3可知，由于籽粒和茎中磷含量较小，施用磷肥主要通过增加籽粒、茎产量，尤其是籽粒产量来增加冬油菜磷素累积量。例如，旱旱轮作区，施用磷肥后籽粒与茎磷含量增幅较少，该区域磷素累积量增加主要受增施磷肥的增产效果影响。对 P0 和 NPK 施肥条件下冬油菜磷素累积量均值进行比较，冬油菜磷素（P）累积量平均增加了 $8.7kg/hm^2$；旱旱轮作区、长江上游两季区、长江中下游两季区和三季轮作区磷素（P）累积量分别增加 $8.3kg/hm^2$、$8.1kg/hm^2$、$9.8kg/hm^2$ 和 $7.0kg/hm^2$，增加率分别为 37.2%、48.5%、62.4% 和 46.7%，长江中下游两季区施用磷肥增加磷素累积量的效果最好。

二、磷肥施用对冬油菜磷肥利用率的影响

施用磷肥对冬油菜产量的平均贡献率为 24.7%（表 12-4），贡献率主要分布在 10%～30%，有 51.7% 的试验样本分布在该范围内（图 12-3a）。长江中下游两季区磷肥贡献率最高，为 28.4%，其次为长江上游两季区和旱旱轮作区，三季轮作区磷肥贡献率最低，为 19.4%。旱旱轮作区、长江上游两季区和长江中下游两季区磷肥贡献率主要分布在 10%～30%（图 12-3a），分别占各区域样本总数的 63.3%、52.1% 和 45.7%；三季轮作区磷肥贡献率主要分布在 0%～20%，占该区域试验样本总数的 58.2%；同时长江中下游两季区还有 41.6% 的试验样本磷肥贡献率分布在大于 30% 的范围内，因此施用磷肥在长江中下游两季区增产效果最好。

表 12-4 不同种植区冬油菜磷肥利用率

区域	统计指标	磷肥贡献率（%）	磷肥（P_2O_5）偏生产力（kg/kg）	磷肥（P_2O_5）农学利用率（kg/kg）	磷肥表观利用率（%）
旱旱轮作区	均值	22.1±12.8bc	38.5±8.8a	8.4±5.3b	24.9±12.9b
	变幅	0.0～62.6	17.9～80.0	0.0～28.5	0.0～83.6
长江上游两季区	均值	23.7±14.8b	30.5±12.6b	7.2±5.5c	21.7±12.6c
	变幅	0.0～71.3	7.6～97.7	0.0～37.7	0.0～77.4
长江中下游两季区	均值	28.4±16.6a	38.4±13.9a	10.2±6.2a	30.9±15.9a
	变幅	0.0～82.3	11.2～99.0	0.0～34.0	0.0～98.4
三季轮作区	均值	19.4±12.7c	30.1±12.4b	5.7±4.2d	21.5±13.8c
	变幅	0.0～64.6	12.6～95.4	0.0～22.0	0.0～92.0
总	均值	24.7±15.3	34.2±13.3	8.2±5.8	25.3±14.7
	变幅	0.0～82.3	7.6～99.0	0.0～37.7	0.0～98.4

注：同列不含有相同小写字母表示同一指标不同区域间差异显著（$P < 0.05$）

冬油菜磷肥（P_2O_5）偏生产力均值为 34.2kg/kg（表 12-4），主要分布在 20～40kg/kg，占试验样本总数的 61.2%（图 12-3b）。旱旱轮作区和长江中下游两季区

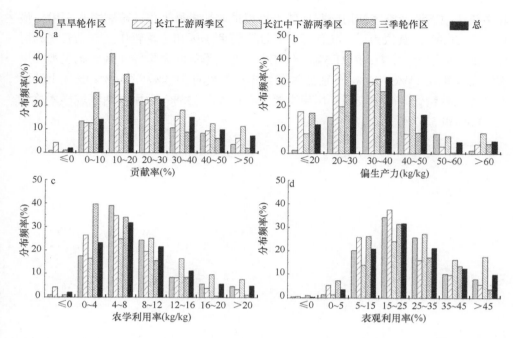

图 12-3　不同种植区磷肥（P$_2$O$_5$）贡献率（a）、偏生产力（b）、农学利用率（c）和表观利用率（d）分布频率

磷肥（P$_2$O$_5$）偏生产力较高，分别为 38.5kg/kg 和 38.4kg/kg，主要分布在 30～50kg/kg，分别占两区域样本总数的 73.8% 和 55.8%。长江上游两季区和三季轮作区磷肥（P$_2$O$_5$）偏生产力较低，分别为 30.5kg/kg 和 30.1kg/kg，长江上游两季区主要受高施磷量的影响，而三季轮作区主要受低 NPK 处理产量的影响；长江上游两季区和三季轮作区磷肥（P$_2$O$_5$）偏生产力主要分布在 20～40kg/kg，分别占两区域样本总数的 67.2% 和 69.6%。

冬油菜磷肥（P$_2$O$_5$）农学利用率均值为 8.2kg/kg（表 12-4），主要分布在 0～8kg/kg，占试验样本总数的 55.0%（图 12-3c）。不同分区冬油菜磷肥农学利用率差异显著，受磷肥增产量影响，长江中下游两季区磷肥（P$_2$O$_5$）农学利用率最高，为 10.2kg/kg；其次为旱旱轮作区和长江上游两季区；三季轮作区磷肥（P$_2$O$_5$）农学利用率最低，为 5.7kg/kg。长江中下游两季区和旱旱轮作区磷肥（P$_2$O$_5$）农学利用率主要分布在 4～12kg/kg，分别占两区域样本总数的 50.0% 和 63.3%；长江上游两季区和三季轮作区磷肥（P$_2$O$_5$）农学利用率主要分布在 0～8kg/kg，分别占两区域样本总数的 61.1% 和 73.7%。

冬油菜磷肥表观利用率均值为 25.3%（表 12-4），主要分布在 15%～35%，占试验样本总数的 52.7%（图 12-3d）。不同分区冬油菜磷肥表观利用率差异较大，其中长江中下游两季区施用磷肥后磷素累积量增加量最大，其磷肥表观利用率最高，为 30.9%；其次为旱旱轮作区；长江上游两季区和三季轮作区磷肥表观利用率较低，分别为 21.7%和 21.5%。长江中下游两季区和旱旱轮作区磷肥表观利用率主要分布在 15%～35%，分别占两区域样本总数的 51.4%和 60.1%；长江上游两季区和三季轮作区磷肥表观利用率主要分布在 5%～25%，分别占两区域样本总数的 63.5%和 57.7%。

第十三章　冬油菜施钾效果

第一节　钾肥施用对冬油菜产量的影响及其增产效果

不同钾肥水平下冬油菜产量及分布如表 13-1 和图 13-1 所示。随着钾肥用量的增加，不同种植区冬油菜产量均值和范围均表现为先增加后降低的趋势，K2 处理产量显著高于其他钾肥用量处理，其次为 K3 和 K1 处理，K0 处理冬油菜产量最低。

表 13-1　不同种植区钾肥用量对冬油菜产量的影响

区域	样本数	K2 处理钾肥（K₂O）用量（kg/hm²）	产量（kg/hm²）			
			K0	K1	K2	K3
旱旱轮作区	210	72	2320aC	2553aB	2752aA	2621aB
长江上游两季区	452	86	2226bC	2404bB	2626bA	2467bB
长江中下游两季区	602	100	2185bD	2422bC	2637bA	2528bB
三季轮作区	173	119	1946cC	2108cB	2282cA	2166cB
总	1437	94	2189D	2398C	2608A	2479B

注：K0、K1、K2、K3 表示 3414 试验中不同钾水平处理，本章下同；不同小写字母表示同一处理不同区域之间差异显著（$P<0.05$），不同大写字母表示同一区域 4 个处理间差异显著（$P<0.05$）

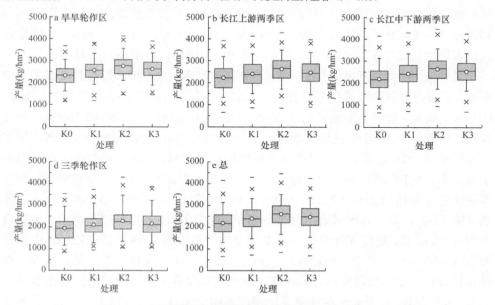

图 13-1　各种植区不同钾肥用量条件下冬油菜产量分布

箱体中的横线和"○"分别代表中值和均值，箱体的上、下边界线代表 75% 和 25% 点位，连接在箱体外的上、下小横线代表 95% 和 5% 点位，"×"代表 99% 和 1% 点位，"–"代表最大值和最小值

K0、K1、K2 和 K3 处理冬油菜产量均值分别为 2189kg/hm²、2398kg/hm²、2608kg/hm² 和 2479kg/hm²。4 个分区在不同钾肥用量条件下产量存在差异（表 13-1，图 13-1）。K0 处理条件下，旱旱轮作区产量最高，主要分布在 2000～2600kg/hm²，平均产量为 2320kg/hm²；其次为长江上游和长江中下游两季区，两区域产量主要分布在 1700～2600kg/hm²；三季轮作区产量最低，平均产量为 1946kg/hm²，该区域产量主要分布在 1500～2200kg/hm²。K1 处理条件下，旱旱轮作区产量最高，平均产量为 2553kg/hm²，主要分布在 2200～2800kg/hm²（表 13-1，图 13-1）；其次为长江中下游和长江上游两季区，产量主要分布在 1900～2800kg/hm²；三季轮作区产量最低，主要分布在 1700～2300kg/hm²，均值为 2108kg/hm²。K2 处理条件下，旱旱轮作区产量最高，平均产量为 2752kg/hm²；其次为长江中下游和长江上游两季区，主要分布在 2200～3000kg/hm²；三季轮作区产量最低。K3 处理条件下，旱旱轮作区产量最高，主要分布在 2300～2900kg/hm²；其次为长江中下游和长江上游两季区，平均产量在 2500kg/hm² 左右，产量主要分布在 2100～2900 kg/hm²；三季轮作区产量最低，产量均值为 2166kg/hm²，主要分布在 1800～2500kg/hm²。

各种植区不同钾肥用量条件下冬油菜钾肥增产量见表 13-2。不同种植区均表现为 K2 处理钾肥增产量最高，其次为 K3 处理和 K1 处理。K1、K2 和 K3 处理冬油菜钾肥平均增产量分别为 209kg/hm²、419kg/hm² 和 290kg/hm²。K1 处理 4 个分区冬油菜钾肥增产量均值为 162～237kg/hm²；K2 处理钾肥增产量均值为 336～452kg/hm²；K3 处理钾肥增产量均值为 220～343kg/hm²。K1、K2 和 K3 处理各分区均表现为长江中下游和旱旱轮作区钾肥增产量较高，三季轮作区最低。

各种植区不同钾肥用量条件下冬油菜钾肥增产率及分布频率如表 13-2 和图 13-2 所示。不同种植区钾肥增产率均表现为 K2 处理最高，其次为 K3 处理和 K1 处理。K1、K2 和 K3 处理冬油菜钾肥平均增产率分别为 10.8%、21.6% 和 15.4%。不同钾肥处理条件下，4 个分区均表现为长江中下游两季区平均钾肥增产率最高，三季轮作区最低。K1 处理 4 个分区冬油菜钾肥增产率均值为 9.5%～12.0%（表 13-2），主要分布在 ≤10% 范围内，旱旱轮作区、长江上游两季区、长江中下游两季区和三季轮作区分别有 58.1%、62.2%、56.5% 和 64.2% 的试验样本钾肥增产率分布在该区域（图 13-2）；其中各区域有 33.3%～43.4% 的试验样本施用钾肥不增产（钾肥增产率≤5%）。K2 处理 4 个分区冬油菜钾肥增产率均值为 18.8%～23.2%，主要分布在 10%～40%，其中旱旱轮作区、长江上游两季区、长江中下游两季区和三季轮作区分别有 27.1%、25.2%、31.4% 和 24.9% 的试验样本钾肥增产率分布在 20%～40%。K3 处理 4 个分区冬油菜钾肥增产率均值为 12.9%～18.1%，主要分布在 10%～40%，其中各区域有 20.2%～27.6% 的试验样本钾肥增产率分布在 10%～20%。

表13-2 各种植区不同钾肥用量条件下冬油菜增产效果

区域	统计指标	增产量（kg/hm²）			增产率（%）			钾肥（K₂O）农学利用率（kg/kg）		
		K1	K2	K3	K1	K2	K3	K1	K2	K3
旱旱轮作区	均值	233±259c	432±310a	301±337b	11.4±14.8c	20.5±19.2a	14.9±17.8b	7.3±7.4a	6.8±5.3a	3.5±3.2b
	变幅	−272~1260	0~1602	−666~1326	−10.4~94.6	0.0~133.2	−24.6~110.6	0.0~43.2	0.0~30.6	0.0~13.1
长江上游两季区	均值	178±270c	400±343a	241±316b	9.5±14.5c	21.0±21.0a	12.9±18.8b	5.6±6.2a	5.4±4.8a	2.4±2.5b
	变幅	−856~1050	−464~1550	−668~1502	−30.6~74.5	−16.7~118.6	−38.1~110.8	0.0~38.8	0.0~37.3	0.0~14.3
长江中下游两季区	均值	237±223c	452±311a	343±327b	12.0±12.8c	23.2±19.7a	18.1±19.3b	5.1±4.6a	5.0±3.6a	2.6±2.4b
	变幅	−195~1056	−120~1515	−753~1380	−9.1~94.6	−4.6~128.9	−37.2~99.2	0.0~23.5	0.0~20.5	0.0~11.7
三季轮作区	均值	162±167c	336±223a	220±236b	9.8±10.9c	18.8±13.7a	12.9±14.8b	3.2±3.3a	3.1±2.5a	1.4±1.4b
	变幅	−162~750	−27~1422	−606~1085	−6.6~47.3	−1.5~64.9	−34.0~70.3	0.0~16.8	0.0~21.1	0.0~9.3
总	均值	209±240c	419±315a	290±319b	10.8±13.5c	21.6±19.5a	15.4±18.6b	5.4±5.6a	5.2±4.3a	2.5±2.5b
	变幅	−856~1260	−464~1602	−753~1502	−30.6~94.6	−16.7~133.2	−38.1~110.8	0.0~43.2	0.0~37.3	0.0~14.3

注：同行不同小写字母表示同一指标同一区域三个钾肥用量之间差异显著（$P<0.05$）

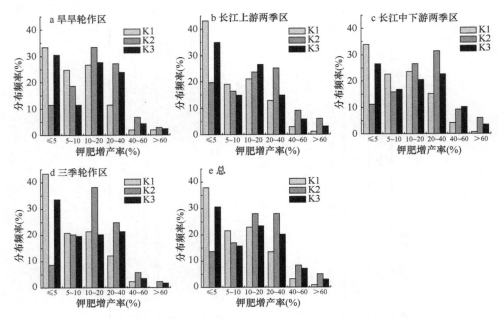

图 13-2　不同钾肥用量条件下各种植区冬油菜钾肥增产率分布频率

由不同钾肥用量处理钾肥增产率分布可知，K2 和 K3 处理均主要分布在 10%～40%，但旱旱轮作区、长江上游两季区、长江中下游两季区和三季轮作区 K3 处理分别有 30.5%、35.0%、26.6%和 33.5%的试验样本增施钾肥不增产，因此 K3 处理钾肥增产率显著低于 K2 处理。

各种植区不同钾肥用量条件下冬油菜钾肥农学利用率表明（表 13-2），随着施钾量的增加，不同种植区农学利用率均逐渐减少。K1、K2 和 K3 处理冬油菜钾肥（K_2O）农学利用率分别为 5.4kg/kg、5.2kg/kg 和 2.5kg/kg。K1 处理 4 个分区冬油菜钾肥（K_2O）农学利用率均值为 3.2～7.3kg/kg；K2 处理钾肥（K_2O）农学利用率均值为 3.1～6.8kg/kg，K3 处理钾肥（K_2O）农学利用率均值为 1.4～3.5kg/kg。K1、K2 和 K3 处理不同分区均表现为旱旱轮作区钾肥农学利用率最高，三季轮作区最低。综合钾肥增产量、增产率和农学利用率，K2 处理钾肥增产效果最好。

第二节　钾肥施用对冬油菜养分吸收的影响

一、钾肥施用对冬油菜钾素吸收的影响

不同种植区冬油菜钾素吸收情况见表 13-3，茎钾含量显著高于籽粒钾含量。K0 施肥条件下，不同种植区冬油菜籽粒和茎含钾量均值分别为 0.78%～1.09%和 1.42%～1.66%，百千克籽粒需钾（K）量为 3.97～5.02kg，钾素（K）累积量为

$86.0\sim114.1kg/hm^2$。施用钾肥后，冬油菜籽粒和茎钾含量增加，均值分别为 $0.87\%\sim$ 1.24%和1.49%～1.91%，百千克籽粒需钾（K）量增加至4.41～5.48kg，钾素（K）累积量为 115.5～139.7kg/hm²。施用钾肥后，旱旱轮作区和长江上游两季区钾素累积量显著高于长江中下游两季区与三季轮作区，旱旱轮作区钾素累积量主要受高籽粒和茎产量影响，而长江上游两季区主要受高茎产量和钾含量影响；百千克籽粒需钾量表现为长江上游两季区＞三季轮作区＞旱旱轮作区＞长江中下游两季区。

表 13-3 不同种植区钾肥施用对冬油菜钾含量与累积量的影响

区域	统计指标	籽粒含钾量 (%)		茎含钾量 (%)		钾素（K）累积量 (kg/hm²)		百千克籽粒需钾 (K) 量（kg）	
		K0	NPK	K0	NPK	K0	NPK*	K0	NPK*
旱旱轮作区	均值	0.96	0.99	1.42	1.49	114.1a	138.7a	4.88ab	4.99c
	标准差	0.40	0.43	0.45	0.37	32.0	37.7	0.80	0.82
	最小值	0.18	0.10	0.42	0.42	25.6	45.1	1.17	1.53
	最大值	1.70	1.80	2.59	2.25	218.6	265.7	7.81	7.21
长江上游两季区	均值	0.78	0.87	1.66	1.91	110.0a	139.7a	5.02a	5.48a
	标准差	0.26	0.28	0.52	0.47	55.6	55.7	1.87	1.59
	最小值	0.17	0.18	0.68	0.78	12.7	34.9	1.52	1.78
	最大值	2.11	1.80	3.37	3.52	249.2	306.2	10.40	11.08
长江中下游两季区	均值	0.87	0.91	1.45	1.64	86.0b	115.5b	3.97c	4.41d
	标准差	0.31	0.32	0.43	0.45	29.1	36.8	1.11	1.21
	最小值	0.14	0.17	0.53	0.72	18.3	37.2	1.55	1.90
	最大值	2.00	1.70	3.06	3.58	208.8	302.2	9.65	9.70
三季轮作区	均值	1.09	1.24	1.58	1.76	90.3b	118.7b	4.67b	5.27b
	标准差	0.27	0.27	0.49	0.53	31.2	39.6	0.73	0.83
	最小值	0.42	0.44	0.68	0.94	28.3	46.0	1.54	1.96
	最大值	1.79	2.20	3.50	3.50	197.5	276.1	6.85	8.34
总	均值	0.86	0.94	1.56	1.77	99.9	128.8	4.59	5.02
	标准差	0.31	0.33	0.49	0.49	44.3	47.3	1.50	1.39
	最小值	0.14	0.10	0.42	0.42	12.7	34.9	1.17	1.53
	最大值	2.11	2.20	3.50	3.58	249.2	306.2	10.40	11.08

注：同列不同小写字母表示同一指标不同区域间差异显著（$P<0.05$）；*表示 K0 与 NPK 处理间差异显著（$P<0.05$）

由表 13-3 可知，由于茎中钾含量较高，增施钾肥主要通过增加冬油菜籽粒、茎产量和钾含量，尤其是茎产量和钾含量来增加冬油菜钾素累积量。对 K0 和 NPK 施肥条件下冬油菜钾素累积量均值进行比较，冬油菜施用钾肥后钾素（K）累积量平均增加了 $28.9kg/hm^2$；旱旱轮作区、长江上游两季区、长江中下游两季区和三季轮作区钾素（K）累积量分别增加 $24.6kg/hm^2$、$29.7kg/hm^2$、$29.5kg/hm^2$ 和 $28.4kg/hm^2$，增加率分别为 21.6%、27.0%、34.3%和31.5%，长江中下游两季区施用钾肥增加钾素累积量的效果最好。

二、钾肥施用对冬油菜钾肥利用率的影响

如表 13-4 和图 13-3a 所示，5.1%试验样本冬油菜钾肥贡献率小于 0%，即钾肥施用对冬油菜产量贡献率为 0%；冬油菜钾肥平均贡献率为 16.2%，贡献率主要分布在 0%～20%，有 64.0%的试验样本分布在该范围内。长江中下游两季区钾肥贡献率最高，为 17.1%；其次为长江上游两季区和旱旱轮作区；三季轮作区钾肥贡献率最低，为 14.3%。长江中下游两季区、长江上游两季区、旱旱轮作区和三季轮作区钾肥贡献率均主要分布在 0%～20%（图 13-3a），分别占各区域样本总数的 62.4%、60.2%、71.9%和 74.2%；同时长江中下游两季区还有 35.0%的试验样本钾肥贡献率分布在大于 20%的范围内，钾肥在长江中下游两季区的增产效果最好。

表 13-4　不同种植区冬油菜钾肥利用率

区域	统计指标	钾肥贡献率（%）	钾肥（K$_2$O）偏生产力（kg/kg）	钾肥（K$_2$O）农学利用率（kg/kg）	钾肥表观利用率（%）
旱旱轮作区	均值	15.2±10.3b	45.0±19.8a	6.7±5.3a	45.2±35.4a
	变幅	0.0～57.1	16.2～131.6	0.0～30.6	0.0～186.5
长江上游两季区	均值	16.1±13.0ab	30.8±17.6b	4.7±4.3b	41.5±32.2ab
	变幅	0.0～68.9	6.5～136.7	0.0～37.3	0.0～185.3
长江中下游两季区	均值	17.1±11.1a	29.5±12.8b	4.9±3.5b	38.9±25.6b
	变幅	0.0～60.7	8.1～140.3	0.0～20.5	0.1～171.9
三季轮作区	均值	14.3±9.1b	20.4±7.8c	3.0±2.6c	31.5±21.6c
	变幅	0.0～39.4	8.6～63.6	0.0～21.1	0.0～164.9
总	均值	16.2±11.7	31.0±16.7	4.8±4.1	39.9±29.7
	变幅	0.0～68.9	6.5～140.3	0.0～37.3	0.0～186.5

注：同列不同小写字母表示同一指标不同区域间差异显著（$P < 0.05$）

冬油菜钾肥（K$_2$O）偏生产力均值为 31.0kg/kg（表 13-4），主要分布在 0～30kg/kg，占试验样本总数的 56.6%（图 13-3b）。不同分区冬油菜钾肥偏生产力差异较大，受低施钾量的影响，旱旱轮作区钾肥（K$_2$O）偏生产力较高，为 45.0kg/kg，主要分布在 30～50kg/kg，占该区域样本总数的 56.6%。其次为长江上游和长江中下游两季区，其钾肥（K$_2$O）偏生产力分别为 30.8kg/kg 和 29.5kg/kg，其中长江上游两季区钾肥（K$_2$O）偏生产力主要分布在 0～30kg/kg，同时有 11.7%的试验样本钾肥（K$_2$O）偏生产力大于 50kg/kg；长江中下游两季区主要分布在 20～40kg/kg，占该区域样本总数的 64.4%。受高施钾量和低 NPK 处理产量影响，三季轮作区钾肥（K$_2$O）偏生产力较低，为 20.4kg/kg，主要分布在 0～30kg/kg，其中有 58.8%的试验样本分布在 0～20kg/kg。

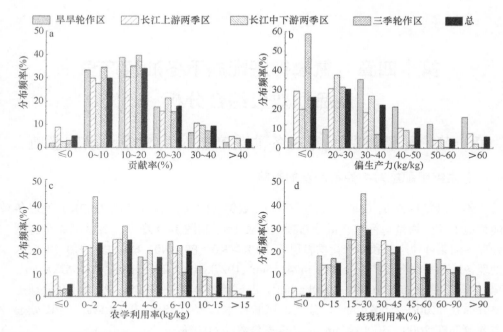

图 13-3 不同种植区钾肥（K₂O）贡献率（a）、偏生产力（b）、农学利用率（c）和表观利用率（d）分布频率

冬油菜钾肥（K₂O）农学利用率均值为 4.8kg/kg（表 13-4），主要分布在 0～4kg/kg，占试验样本总数的 47.9%（图 13-3c）。不同分区冬油菜钾肥农学利用率差异较大，受低钾肥用量影响，旱旱轮作区钾肥（K₂O）农学利用率最高，为 6.7kg/kg；其次为长江中下游和长江上游两季区，钾肥（K₂O）农学利用率分别为 4.9kg/kg 和 4.7kg/kg；三季轮作区钾肥（K₂O）农学利用率最低，为 3.0kg/kg。与均值趋势相同，旱旱轮作区钾肥（K₂O）农学利用率主要分布在 2～10kg/kg，占该区域样本总数的 59.9%；水旱轮作区钾肥（K₂O）农学利用率则主要分布在 0～4kg/kg，分别占长江中下游两季区、长江上游两季区和三季轮作区试验样本数的 45.9%、46.2%和 73.2%。

冬油菜钾肥表观利用率均值为 39.9%（表 13-4），主要分布在 15%～45%，占试验样本总数的 50.7%（图 13-3d）。旱旱轮作区钾肥表观利用率最高，为 45.2%，除有 42.6%的试验样本钾肥表观利用率分布在 0%～15%，还有 42.6%的试验样本钾肥表观利用率大于 45%（图 13-3d）。其次为长江上游和长江中下游两季区，钾肥表观利用率分别为 41.5%和 38.9%；三季轮作区钾肥表观利用率最低，为 31.5%。长江上游两季区、长江中下游两季区和三季轮作区钾肥表观利用率均主要分布在 15%～45%，分别占各区域样本总数的 49.2%、52.3%和 63.4%。

第十四章　氮磷钾肥配施下冬油菜产量
及品质效应综合分析

第一节　氮磷钾肥配施对冬油菜产量及其构成因素的影响

一、氮磷钾肥配施对冬油菜产量的影响

不同种植区缺氮（N0）、缺磷（P0）、缺钾（K0）及氮磷钾肥（NPK）处理冬油菜地上部生物量与籽粒产量分布频率如表 14-1 和图 14-1 所示。各区域 4 个施肥处理冬油菜籽粒产量和茎产量均表现为 NPK＞K0＞P0＞N0。N0、P0、K0 和 NPK 处理冬油菜平均籽粒产量分别为 1474kg/hm²、1927kg/hm²、2149kg/hm² 和 2562kg/hm²。N0 处理主要分布在 1000～2000kg/hm²，占试验样本数的 64.0%；P0 和 K0 处理主要分布在 1500～2500kg/hm²，分别占试验样本总数的 58.1%和 58.5%；NPK 处理主要分布在 2000～3000kg/hm²，占样本总数的 60.0%。

表 14-1　不同种植区不同施肥处理冬油菜地上部生物量

区域	统计指标	产量（kg/hm²）							
		N0		P0		K0		NPK	
		籽粒	茎	籽粒	茎	籽粒	茎	籽粒	茎
旱旱轮作区	均值	1 572a	4 064	2 138a	5 427	2 327a	5 980	2 763a	7 159
	标准差	472	1 723	465	2 052	457	2 124	473	2 334
	最小值	752	1 050	852	1 646	1 148	2 370	1 451	1 950
	最大值	3 038	8 993	3 540	10 155	3 669	12 030	4 127	13 030
长江上游两季区	均值	1 498a	3 511	1 918b	4 563	2 120c	5 076	2 510c	5 880
	标准差	530	1 697	597	2 168	610	2 381	592	2 464
	最小值	179	269	526	826	526	685	852	1 350
	最大值	3 161	8 970	4 308	11 433	3 915	13 050	4 292	12 705
长江中下游两季区	均值	1 408b	2 987	1 900b	4 234	2 193b	4 821	2 650b	5 758
	标准差	573	1 538	617	1 814	549	1 910	580	2 177
	最小值	225	315	256	927	655	1 215	950	1 514
	最大值	3 763	8 460	4 250	10 215	4 150	10 700	4 470	11 715
三季轮作区	均值	1 485ab	3 686	1 808b	4 447	1 919d	4 752	2 240d	5 442
	标准差	558	2 040	580	2 366	543	2 382	595	2 550
	最小值	258	507	650	579	714	602	1 061	846
	最大值	3 030	10 068	3 777	12 186	3 533	11 706	4 292	12 587

续表

区域	统计指标	产量（kg/hm²）							
		N0		P0		K0		NPK	
		籽粒	茎	籽粒	茎	籽粒	茎	籽粒	茎
总	均值	1 474	3 477	1 927	4 590	2 149	5 104	2 562	5 992
	标准差	545	1 739	594	2 123	574	2 264	591	2 438
	最小值	179	269	256	579	526	602	852	846
	最大值	3 763	10 068	4 308	12 186	4 150	13 050	4 470	13 030

注：同列不含有相同小写字母表示同一指标不同区域间差异显著（$P<0.05$）

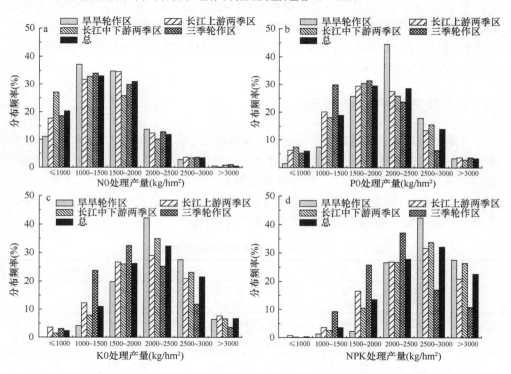

图 14-1　不同种植区 N0（a）、P0（b）、K0（c）和 NPK（d）处理冬油菜产量分布频率

由于旱旱轮作区基础地力较高，N0、P0、K0 和 NPK 处理籽粒产量与茎产量高于其他三个水旱轮作区，其籽粒平均产量分别为 1572kg/hm²、2138kg/hm²、2327kg/hm² 和 2763kg/hm²（表 14-1）；N0 和 P0 处理籽粒产量分别主要分布在 1000～2000kg/hm² 和 1500～2500kg/hm²，K0 和 NPK 处理籽粒产量分别主要分布在 2000～3000kg/hm² 和 >2500kg/hm²（图 14-1）。

N0 处理条件下，三个水旱轮作区冬油菜产量差别不大，均值为 1408～1498kg/hm²，均主要分布在 1000～2000kg/hm²，长江上游两季区、长江中下游两季区和三季轮作区分别有 66.3%、58.6% 和 63.9% 的试验样本分布在该区域内（图 14-1a）。P0 施肥条件下，三个水旱轮作区冬油菜产量无显著差异，均值为 1808～1918kg/hm^2；长江上游和长江中下游两季区籽粒产量主要分布在 1500～2500kg/hm^2，三季轮作区籽粒产量则主要分布在 1000～2000kg/hm^2（图 14-1b）。

K0 和 NPK 施肥条件下，三个水旱轮作区籽粒和茎产量有较大差异，具体表现为长江中下游两季区＞长江上游两季区＞三季轮作区（表 14-1）。K0 施肥条件下，长江上游两季区、长江中下游两季区和三季轮作区籽粒产量均主要分布在 1500～2500kg/hm^2，分别占各区域样本数的 55.6%、61.0% 和 57.7%；此外，三季轮作区还有 23.7% 的试验样本籽粒产量在 1000～2000kg/hm^2（图 14-1c）。NPK 施肥条件下，长江上游和长江中下游两季区籽粒产量主要分布在 2000～3000kg/hm^2，分别占各区域样本数的 58.4% 和 60.4%；三季轮作区籽粒产量则有 62.9% 的试验样本分布在 1500～2500kg/hm^2（图 14-1d）。

二、氮磷钾肥配施的增产效果

不同种植区冬油菜施氮增产量与增产率情况及分布频率如表 14-2 和图 14-2 所示，极少数试验样本冬油菜施用氮肥不增产（增产量≤100kg/hm^2，增产率≤5%）。在合理施用磷、钾肥基础上，冬油菜增施氮肥平均增产 1084kg/hm^2，其增产量主要分布在 500～1500kg/hm^2（占试验样本总数的 67.0%）；氮肥平均增产率为 92.4%，主要分布在 5%～100%，占试验样本总数的 66.0%。

表 14-2 不同种植区冬油菜施用氮磷钾肥增产效果

区域	统计指标	氮肥		磷肥		钾肥	
		增产量（kg/hm^2）	增产率（%）	增产量（kg/hm^2）	增产率（%）	增产量（kg/hm^2）	增产率（%）
旱旱轮作区	均值	1181±463b	87.2±52.6b	616±408b	32.8±28.2bc	426±311ab	20.2±19.1ab
	变幅	−209～2565	−8.5～262.9	−189～2138	−8.4～167.6	−26～1602	−0.9～133.2
长江上游两季区	均值	1010±518c	84.0±73.0b	589±400b	37.3±34.7b	388±342b	21.7±23.0a
	变幅	−257～2976	−12.6～560.2	−350～1899	−14.4～248.5	−585～1575	−19.9～130.2
长江中下游两季区	均值	1241±520a	112.5±82.4a	743±456a	48.8±45.8a	452±309a	23.0±19.5a
	变幅	17～2991	0.6～575.1	−443～2265	−14.8～316.2	−120～1515	−4.6～128.9
三季轮作区	均值	755±381d	65.5±58.9c	431±313c	28.0±26.8c	321±233c	18.1±14.3b
	变幅	36～1929	1.8～497.7	−196～1425	−11.9～182.7	−148～1422	−9.2～64.9
总	均值	1084±522	92.4±74.6	629±425	39.7±38.3	408±319	21.6±20.5
	变幅	−257～2991	−12.6～575.1	−443～2265	−14.816.2	−585～1602	−19.9～133.2

注：同列不同小写字母表示同一指标不同区域间差异显著（$P<0.05$）

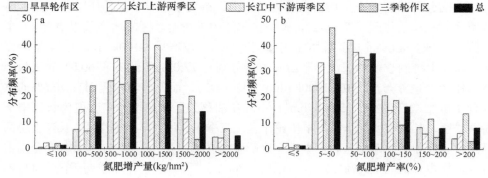

图 14-2　不同种植区冬油菜氮肥增产量（a）和增产率（b）分布频率

不同分区冬油菜氮肥增产量与增产率均值都表现为长江中下游两季区＞旱旱轮作区＞长江上游两季区＞三季轮作区（表 14-2），说明氮肥在长江中下游两季区的增产效果最好。各分区的氮肥增产量和增产率分布频率与均值趋势相同（图 14-2）。旱旱轮作区、长江上游两季区和长江中下游两季区氮肥增产量主要分布在 500～1500kg/hm², 而三季轮作区氮肥增产量则主要分布在 100～1000kg/hm²。旱旱轮作区、长江上游两季区、长江中下游两季区和三季轮作区分别有 66.5%、70.8%、55.5%和 81.4%的试验样本氮肥增产率分布在 5%～100%, 三季轮作区有 48.5%的试验样本氮肥增产率小于 50%, 同时长江中下游两季区还有 44.0%的试验样本增产率大于 100%, 因此氮肥增产率表现为长江中下游两季区最高, 三季轮作区最低。

不同种植区冬油菜施磷增产量与增产率情况及分布频率如表 14-2 和图 14-3 所示。磷肥增产效果小于氮肥, 6%左右试验样本冬油菜施用磷肥不增产。在合理施用氮、钾肥基础上, 增施磷肥冬油菜平均增产 629kg/hm², 增产量主要分布在 250～1000kg/hm²（占试验样本总数的 63.7%）; 磷肥平均增产率为 39.7%, 66.0%的试验样本磷肥增产率分布在 5%～40%。

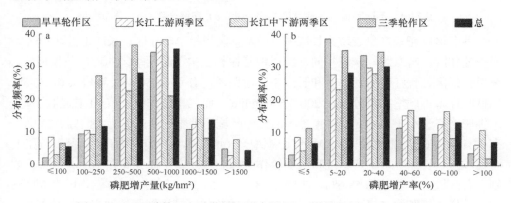

图 14-3　不同种植区冬油菜磷肥增产量（a）和增产率（b）分布频率

　　不同分区磷肥增产量均值表现为长江中下游两季区＞旱旱轮作区＞长江上游两季区＞三季轮作区（表 14-2），磷肥在长江中下游两季区的增产效果最好。4 个分区有 2.3%～8.6%的试验样本施用磷肥不增产（增产量≤100kg/hm²）。旱旱轮作区、长江上游两季区和长江中下游两季区分别有 72.0%、65.1%和 60.9%的试验样本磷肥增产量分布在 250～1000kg/hm²（图 14-3），而三季轮作区则有 70.6%的试验样本磷肥增产量小于 500kg/hm²。不同冬油菜分区磷肥增产率表现为长江中下游两季区＞长江上游两季区＞旱旱轮作区＞三季轮作区。旱旱轮作区、长江上游两季区、长江中下游两季区和三季轮作区磷肥增产率主要分布在 5%～40%，分别占各区域样本总数的 72.0%、57.3%、51.1%和 69.6%。同时，长江中下游两季区有 44.4%的试验样本增产率大于 40%，三季轮作区有 11.3%的试验样本施用磷肥不增产（增产率≤5%），因此磷肥增产率表现为长江中下游两季区最高，三季轮作区最低。

　　不同种植区冬油菜施钾增产量与增产率情况及分布频率如表 14-2 和图 14-4 所示。钾肥增产效果小于氮肥、磷肥，15%左右试验样本冬油菜施用钾肥不增产。在合理施用氮肥、磷肥的基础上，增施钾肥冬油菜平均增产 408kg/hm²，其增产量主要分布在 200～600kg/hm²(占试验样本总数的 49.5%)；钾肥平均增产率为 21.6%，54.2%的试验样本钾肥增产率分布在 10%～40%。

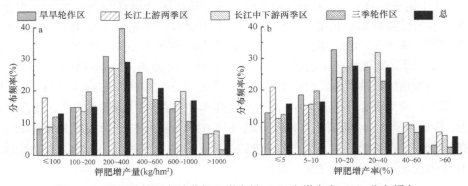

图 14-4　不同种植区冬油菜钾肥增产量（a）和增产率（b）分布频率

　　各分区钾肥增产量表现为长江中下游两季区＞旱旱轮作区＞长江上游两季区＞三季轮作区，与氮肥、磷肥相同，施用钾肥在长江中下游两季区的增产效果最好。旱旱轮作区、长江上游两季区和长江中下游两季区分别有 56.4%、44.6%和 50.6%的试验样本钾肥增产量分布在 200～600kg/hm²，而三季轮作区则有 71.1%的试验样本钾肥增产量小于 400kg/hm²。4 个冬油菜分区施用钾肥的增产率为 18.1%～23.0%，有 11.1%～20.9%的试验样本施用钾肥不增产（增产率≤5%）。旱旱轮作区、长江上游两季区、长江中下游两季区和三季轮作区钾肥增产率主要分布在 10%～40%，分别占各区域样本总数的 59.6%、47.5%、58.7%和 59.3%。同时，三季轮作区有 32.0%的试验样本钾肥增产率小于 10%，因此，三季轮作区施用钾肥的增产效果最差。

三、氮磷钾肥配施对冬油菜经济效益的影响

不同种植区冬油菜施用氮肥经济收益及净收益分布频率如表 14-3 和图 14-5a 所示。冬油菜氮肥投入成本均值为 815 元/hm^2，施用氮肥可增收 4066 元/hm^2，平均净收益为 3251 元/hm^2。3.0%的试验样本冬油菜增施氮肥净收益为负，氮肥净收益主要分布在 1500～4500 元/hm^2，占试验样本总数的 56.1%（图 14-5a）。由于各分区冬油菜氮肥用量与氮肥增产量不同，氮肥净收益存在差异。其中长江中下游两季区和旱旱轮作区氮肥净收益较高，分别为 3761 元/hm^2 和 3682 元/hm^2，主要分布在 1500～4500 元/hm^2，分别占两区域样本总数的 56.8%和 57.8%；同时两区域均有 31.7%的试验样本氮肥净收益高于 4500 元/hm^2。长江上游两季区氮肥净收益稍低，为 3008 元/hm^2，主要分布在 1500～4500 元/hm^2。三季轮作区氮肥净收益最低，为 2059 元/hm^2，该区域有 69.1%的试验样本氮肥净收益分布在 0～3000 元/hm^2。

由表 14-3 可知，冬油菜磷肥投入成本均值为 432 元/hm^2，施用磷肥可增收 2359 元/hm^2，平均净收益为 1927 元/hm^2。6.6%的试验样本冬油菜施用磷肥净收益小于 0 元/hm^2；磷肥净收益主要分布在 0～2000 元/hm^2，占试验样本总数的 53.5%（图 14-5b）。与施用氮肥相同，各分区冬油菜磷肥用量与磷肥增产量不同，磷肥净收益差异较大。其中长江中下游两季区磷肥净收益最高，为 2383 元/hm^2；其次为旱旱轮作区和长江上游两季区；三季轮作区磷肥净收益最低，为 1201 元/hm^2。虽然长江中下游两季区、旱旱轮作区、长江上游两季区和三季轮作区磷肥净收益均主要分布在 0～2000 元/hm^2，分别占各区域样本总数的 45.0%、61.0%、54.7%和 67.5%（图 14-5b）；但长江中下游两季区还有 52.1%的试验样本磷肥净收益高于 2000 元/hm^2，三季轮作区分别有 11.3%和 40.7%的试验样本磷肥净收益在≤0 元/hm^2 和 0～1000 元/hm^2。

不同种植区冬油菜施用钾肥经济收益及净收益分布频率如表 14-3 和图 14-5c 所示。冬油菜钾肥投入成本均值为 514 元/hm^2，增施钾肥可增收 1528 元/hm^2，平均净收益为 1014 元/hm^2。18.7%的试验样本冬油菜增施钾肥净收益为负，钾肥净收益主要分布在 0～1500 元/hm^2，占试验样本总数的 51.9%（图 14-5c）。旱旱轮作区和长江中下游两季区钾肥净收益较高，分别为 1226 元/hm^2 和 1154 元/hm^2，主要分布在 0～1500 元/hm^2，分别占两区域样本总数的 55.3%和 50.6%。长江上游两季区钾肥净收益稍低，为 942 元/hm^2，分别有 22.8%和 48.6%的试验样本分布在≤0 元/hm^2 和 0～1500 元/hm^2。三季轮作区钾肥净收益最低，为 597 元/hm^2，该区域分别有 21.6%和 64.4%的试验样本钾肥净收益分布在≤0 元/hm^2 和 0～1500 元/hm^2。

表14-3 不同种植区氮磷钾肥施用对冬油菜经济效益的影响

区域	统计指标	氮肥			磷肥			钾肥		
		肥料成本 (元/hm²)	增产收益 (元/hm²)	净收益 (元/hm²)	肥料成本 (元/hm²)	增产收益 (元/hm²)	净收益 (元/hm²)	肥料成本 (元/hm²)	增产收益 (元/hm²)	净收益 (元/hm²)
旱旱轮作区	均值	747±143	4 429±1 736	3 682±1 698a	393±67	2 309±1 529	1 916±1 518b	373±143	1 599±1 169	1 226±1 175a
	变幅	414~1 449	−782~9 619	−1 472~8 785	215~636	−709~8 016	−1 106~7 618	151~1 014	−96~6 008	−611~5 633
长江上游两季区	均值	781±175	3 789±1 942	3 008±1 923b	475±120	2 209±1 500	1 734±1 506b	508±188	1 450±1 284	942±1 283b
	变幅	276~1 725	−962~11 160	−2 556~10 277	159~1 113	−1 311~7 121	−1 788~6 557	94~1 248	−2 194~5 906	−2 974~5 322
长江中下游两季区	均值	892±225	4 653±1 948	3 761±1 891a	402±146	2 785±1 710	2 383±1 660a	541±261	1 695±1 160	1 154±1 150a
	变幅	359~1 835	62~11 216	−609~9 904	119~843	−1 659~8 494	−2 022~7 667	137~1 560	−450~5 681	−1 011~5 213
三季轮作区	均值	771±113	2 830±1 430	2 059±1 429c	416±78	1 617±1 175	1 201±1 175c	605±144	1 202±874	597±893c
	变幅	414~1 125	135~7 234	−642~6 475	239~636	−735~5 344	−1 212~4 986	312~936	−555~5 333	−1 023~4 982
总	均值	815±194	4 066±1 958	3 251±1 915	432±127	2 359±1 593	1 927±1 579	514±217	1 528±1 198	1 014±1 200
	变幅	276~1 835	−962~11 160	−2 556~10 277	119~1 113	−1 659~8 494	−2 022~7 667	94~1 560	−2 194~6 008	−2 974~5 633

注：同列不同小写字母表示同一指标不同区域间差异显著（$P<0.05$）。油菜籽、氮肥、磷肥和钾肥价格分别为3.75元/kg、4.6元/kg、5.3元/kg和5.2元/kg。

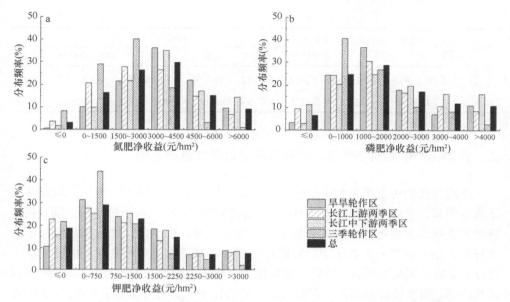

图 14-5　不同种植区冬油菜施用氮肥（a）、磷肥（b）和钾肥（c）净收益分布频率

第二节　氮磷钾肥配施对冬油菜籽粒品质及油脂产量的影响

一、冬油菜籽粒品质指标状况

对 573 个田间试验小区的冬油菜籽粒进行油分、蛋白质、硫苷及芥酸含量的测定，结果表明，冬油菜籽粒含油量平均为 40.7%，其中双低油菜籽粒含油量平均为 41.7%，双高油菜籽粒含油量平均为 38.9%；蛋白质平均含量为 19.3%，其中双低油菜平均为 18.8%，双高油菜平均为 20.2%；双低油菜硫苷含量平均为 24.5μmol/g，双高油菜平均为 99.2μmol/g；双低油菜芥酸平均含量为 1.3%，双高油菜平均为 38.5%（表 14-4）。以上结果表明，不同试验及不同处理间各品质参数变异较大，若不考虑施肥因素的影响，仅就油菜品种而言，双低油菜的含油量明显高于双高油菜，而蛋白质含量正好相反，对于硫苷和芥酸含量，双低油菜显著低于双高油菜。另外，双低油菜籽粒不饱和脂肪酸中的油酸、亚油酸和亚麻酸含量均明显高于双高油菜。

表 14-4　不同种类冬油菜籽粒主要品质状况

种类	统计指标	含油量（%）	蛋白质含量（%）	硫苷含量（μmol/g）	脂肪酸含量（%）					
					芥酸	油酸	亚油酸	亚麻酸	硬脂酸	棕榈酸
双低油菜	变幅	33.2~51.1	13.5~27.2	0~45.3	0~4.8	55.0~70.1	17.1~24.4	6.8~9.8	0.1~2.9	3.5~7.6
(n=358)	平均	41.7±3.1	18.8±2.1	24.5±11.6	1.3±0.9	63.0±2.9	21.5±1.4	8.5±0.8	0.8±0.4	4.4±0.4

种类	统计指标	含油量（%）	蛋白质含量（%）	硫苷含量（μmol/g）	脂肪酸含量（%）					
					芥酸	油酸	亚油酸	亚麻酸	硬脂酸	棕榈酸
双高油菜	变幅	28.2~49.1	14.7~24.9	42.3~153.6	4.3~57.2	1.8~59.4	10.7~22.0	8.5~0.6	0~4.5	2.1~6.5
(n=215)	平均	38.9±3.6	20.2±2.1	99.2±18.9	38.5±10.4	23.9±10.7	15.1±2.1	6.5±9.7	0.7±0.8	3.3±0.8

二、氮磷钾肥配施对冬油菜籽粒油分及蛋白质含量的影响

施用氮肥后冬油菜籽粒含油量总体呈现下降趋势（表 14-5），整体上双高油菜下降更明显，平均下降幅度为 3.4%，25 组试验中 76.0%表现下降趋势。磷、钾和硼肥的施用均有提高籽粒含油量的趋势，总体上看，施用磷、钾、硼肥增加冬油菜籽粒含油量的效应没有氮肥的降低作用显著，其平均绝对增量均不超过 0.6 个百分点。就不同品种而言，施磷增加双低油菜籽粒含油量的作用较双高油菜明显，而施用钾、硼肥提高双高油菜籽粒含油量的作用更大。说明在施用氮肥的基础上，配合施用磷、钾和硼肥，不仅可以提高冬油菜产量，还有减弱单施氮肥降低含油量的作用。

表 14-5 施肥对冬油菜籽粒含油量的影响

种类	养分	含油量（%）		绝对增量（%）	相对增量（%）	增加	
		不施肥[①]	施肥[②]			频次[③]	频率（%）
双低油菜	N	42.8±3.4	41.6±3.6	−1.2	−2.8	15/44	34.1
	P	40.7±3.2	41.3±3.6	0.6	1.5	28/46	60.9
	K	40.9±3.4	41.3±3.6	0.4	1.0	28/46	60.9
	B	41.1±4.0	41.3±4.1	0.2	0.5	21/31	67.7
双高油菜	N	41.0±3.1	39.6±2.3	−1.4	−3.4	6/25	24.0
	P	38.3±3.7	38.4±3.3	0.1	0.3	18/34	52.9
	K	37.8±4.0	38.4±3.3	0.6	1.6	23/32	71.9
	B	38.5±3.1	38.9±3.3	0.4	1.0	15/26	57.7

注：①在 NPKB 处理的基础上分别不施 N、P、K 或 B 肥，即 PKB、NKB、NPB 和 NPK 处理，表 14-6~表 14-13 同；②NPKB 处理；③频次中分母指观察的样本总数，分子指施某种养分品质指标（如油分）增加的样本数

施用氮肥能显著提高冬油菜籽粒蛋白质含量，施氮后双低油菜和双高油菜的增幅分别为 8.6%和 7.3%。施用磷、钾和硼肥则有降低蛋白质含量的效应，但双高品种施用钾肥后，56.3%的试验点蛋白质含量呈增加趋势（表 14-6）。

表 14-6　施肥对冬油菜籽粒蛋白质含量的影响

种类	养分	蛋白质量（%）		绝对增量（%）	相对增量（%）	增加	
		不施肥	施肥			频次	频率（%）
双低油菜	N	17.5±1.9	19.0±2.1	1.5	8.6	33/44	75.0
	P	19.4±1.9	19.0±2.1	−0.4	−2.1	18/46	39.1
	K	19.3±1.8	19.0±2.1	−0.3	−1.6	23/46	50.0
	B	19.3±2.1	19.2±2.3	−0.1	−0.5	18/31	58.1
双高油菜	N	19.2±2.4	20.6±1.9	1.4	7.3	19/25	76.0
	P	20.7±1.9	20.5±1.9	−0.2	−1.0	15/34	44.1
	K	20.3±2.4	20.6±1.9	0.3	1.5	18/32	56.3
	B	20.7±1.8	20.6±2.0	−0.1	−0.5	11/26	42.3

三、氮磷钾肥配施对冬油菜籽粒硫苷含量及脂肪酸组成的影响

施肥对油菜硫苷及芥酸含量的影响因品种不同而有差异。施氮降低双低油菜籽粒硫苷的含量，而施用磷、钾和硼肥则会增加油菜籽粒硫苷含量；施肥对双高油菜硫苷含量影响较小，其硫苷含量随磷、钾和硼肥的施用略有下降，而施氮后双高油菜硫苷含量略有上升（表 14-7）。磷、钾和硼肥施用均增加了双低油菜籽粒芥酸含量，但磷、硼肥有降低双高油菜芥酸含量的趋势（表 14-8）。尽管施肥对硫苷和芥酸含量有一定的影响，但双高油菜和双低油菜在品质上所存在的差异并不因施肥而改变，主要由其遗传基因决定。

表 14-7　施肥对油菜籽粒硫苷含量的影响

油菜种类	养分	硫苷含量（μmol/g）		绝对增量（μmol/g）	相对增量（%）	增加	
		不施肥	施肥			频次	频率（%）
双低油菜	N	29.4±11.4	26.9±12.0	−2.5	−8.5	20/44	45.5
	P	24.1±12.2	27.8±12.1	3.7	15.4	28/46	60.9
	K	24.4±11.5	27.8±12.1	3.4	13.9	26/46	56.5
	B	25.4±8.1	29.1±13.2	3.7	14.6	20/31	64.5
双高油菜	N	95.0±26.6	95.1±17.5	0.1	0.1	9/25	36.0
	P	102.0±21.8	95.3±20.2	−6.7	−6.6	13/34	38.2
	K	98.7±22.6	94.3±19.9	−4.4	−4.5	12/32	37.5
	B	98.9±17.7	98.7±17.9	−0.2	−0.2	14/26	53.8

表 14-8　施肥对油菜籽粒芥酸含量的影响

油菜种类	养分	芥酸含量（%）		绝对增量（%）	相对增量（%）	增加	
		不施肥	施肥			频次	频率（%）
双低油菜	N	1.5±1.5	1.5±2.1	0	0	20/44	45.5
	P	1.1±1.7	1.4±1.8	0.3	27.3	27/46	58.7
	K	1.1±1.7	1.4±1.8	0.3	27.3	28/46	60.9
	B	1.3±2.1	1.3±1.6	0	0	18/31	58.1
双高油菜	N	36.7±12.1	40.9±8.4	4.2	11.4	16/25	64.0
	P	38.5±9.9	38.0±11.7	−0.5	−1.3	17/34	50.0
	K	37.6±12.6	37.7±11.7	0.1	0.3	16/32	50.0
	B	40.0±10.2	39.7±10.7	−0.3	−0.8	12/26	46.2

　　总体上看，油菜施用氮、磷、钾及硼肥后，不饱和脂肪酸中油酸和亚油酸含量略有降低，但有 65.2%的试验点施磷后，双低油菜亚油酸含量呈增加趋势。施用氮肥油菜籽粒亚麻酸含量增加，其中双低油菜和双高油菜表现为增加趋势的试验点分别占 77.3%和 72.0%；而施用磷、钾及硼肥对亚麻酸的影响相对较小。从绝对增量上看，施肥对饱和脂肪酸硬脂酸和棕榈酸的影响较小，且多数试验点油菜籽粒硬脂酸和棕榈酸含量呈现降低趋势（表 14-9～表 14-13）。

表 14-9　施肥对油菜籽粒油酸含量的影响

种类	养分	油酸含量（%）		绝对增量（%）	相对增量（%）	增加	
		不施肥	施肥			频次	频率（%）
双低油菜	N	62.2±4.9	60.5±6.1	−1.7	−2.7	17/44	38.6
	P	60.6±6.5	60.4±5.9	−0.2	−0.3	21/46	45.7
	K	61.5±5.7	60.4±5.9	−1.1	−1.8	23/46	50.0
	B	60.9±5.8	60.0±6.4	−0.9	−1.5	13/31	41.9
双高油菜	N	24.9±13.2	20.9±8.3	−4.0	−16.1	9/25	36.0
	P	25.1±12.3	24.8±13.4	−0.3	−1.2	14/34	41.2
	K	25.3±14.7	25.1±13.6	−0.2	−0.8	17/32	53.1
	B	21.8±10.7	21.5±11.5	−0.3	−1.4	10/26	38.5

表 14-10　施肥对油菜籽粒亚油酸含量的影响

种类	养分	亚油酸含量（%）		绝对增量（%）	相对增量（%）	增加	
		不施肥	施肥			频次	频率（%）
双低油菜	N	21.8±1.1	21.4±1.4	−0.4	−1.8	19/44	43.2
	P	21.0±1.8	21.3±1.5	0.3	1.4	30/46	65.2
	K	21.4±1.4	21.3±1.5	−0.1	−0.5	19/46	41.3
	B	21.3±1.3	21.1±1.5	−0.2	−0.9	13/31	41.9
双高油菜	N	15.3±2.4	14.3±1.7	−1.0	−6.5	6/25	24.0
	P	15.6±2.5	14.8±2.6	−0.8	−5.1	13/34	38.2
	K	15.5±2.6	14.7±2.6	−0.8	−5.2	12/32	37.5
	B	14.7±2.3	14.5±1.9	−0.2	−1.4	14/26	53.8

表 14-11　施肥对油菜籽粒亚麻酸含量的影响

种类	养分	亚麻酸含量（%）		绝对增量（%）	相对增量（%）	增加	
		不施肥	施肥			频次	频率（%）
双低油菜	N	8.3±0.5	8.6±0.5	0.3	3.6	34/44	77.3
	P	8.6±0.5	8.5±0.5	−0.1	−1.2	17/46	37.0
	K	8.5±0.6	8.5±0.5	0	0	25/46	54.3
	B	8.5±0.5	8.5±0.6	0	0	15/31	48.4
双高油菜	N	8.5±0.5	8.8±0.4	0.3	3.5	18/25	72.0
	P	8.6±0.7	8.3±1.4	−0.3	−3.5	15/34	44.1
	K	8.5±0.7	8.3±1.5	−0.2	−2.4	15/32	46.9
	B	8.7±0.5	8.7±0.5	0	0	11/26	42.3

表 14-12　施肥对油菜籽粒硬脂酸含量的影响

种类	养分	硬脂酸含量（%）		绝对增量（%）	相对增量（%）	增加	
		不施肥	施肥			频次	频率（%）
双低油菜	N	0.7±0.2	0.7±0.2	0	0	13/44	29.5
	P	0.8±0.5	0.8±0.5	0	0	21/46	45.7
	K	0.8±0.5	0.8±0.5	0	0	24/46	52.2
	B	0.8±0.5	0.7±0.5	−0.1	−12.5	13/31	41.9
双高油菜	N	0.4±0.3	0.3±0.3	−0.1	−25.0	10/25	40.0
	P	0.8±0.9	0.8±1.0	0	0	13/34	38.2
	K	0.8±1.0	0.8±1.0	0	0	12/32	37.5
	B	0.5±0.5	0.5±0.9	0	0	9/26	34.6

表 14-13　施肥对油菜籽粒棕榈酸含量的影响

种类	养分	棕榈酸含量（%）		绝对增量（%）	相对增量（%）	增加	
		不施肥	施肥			频次	频率（%）
双低油菜	N	4.4±0.2	4.3±0.3	−0.1	−2.3	14/44	31.8
	P	4.3±0.4	4.4±0.6	0.1	2.3	25/46	54.3
	K	4.4±0.5	4.4±0.6	0	0.0	20/46	43.5
	B	4.3±0.3	4.4±0.7	0.1	2.3	13/31	41.9
双高油菜	N	3.1±0.4	2.9±0.3	−0.2	−6.5	5/25	20.0
	P	3.4±0.9	3.3±0.9	−0.1	−2.9	11/34	32.4
	K	3.5±1.0	3.4±0.9	−0.1	−2.9	13/32	40.6
	B	3.2±0.7	3.1±0.7	−0.1	−3.1	8/26	30.8

第十五章 高产高效冬油菜氮磷钾养分管理技术

作物的养分管理策略以满足作物高产优质生产的养分需求为目标，在定量化土壤和环境有效养分供应的基础上，以施用肥料（化肥和有机肥）为主要调控手段，通过肥料施用量、施用时期、施用方法以及肥料形态等技术的应用进而实现作物养分需求与养分供应在时间、空间及数量上的同步，以提高养分利用效率，实现作物的高产高效及可持续发展。一般来说，氮可采用实时监控技术，实行总量控制、分期调控的施肥策略，而磷、钾一般采用恒量监控技术，根据土壤养分丰缺状况进行推荐施肥，对于中微量元素则采用因缺补缺、矫正施用的施肥策略。

本章通过比较直播和移栽种植方式下冬油菜在生长发育、产量形成、干物质累积和养分吸收利用等方面的差异，在评估两种种植方式下冬油菜的养分需求量和推荐施肥量基础上，对当前直播和移栽冬油菜不同目标产量下的氮、磷、钾肥适宜施用量进行推荐，并结合移栽冬油菜的养分管理策略为直播种植方式下冬油菜的养分管理策略提出建议，以顺应当前我国冬油菜的发展方向，服务生产实践。

第一节 冬油菜不同产量水平的氮磷钾肥推荐用量

根据养分平衡法确定当前长江中下游地区直播和移栽冬油菜氮、磷、钾肥的推荐用量。施肥量=（作物养分需求量–土壤基础养分供应量）/肥料回收利用率。其中，作物养分需求量和土壤基础养分供应量根据目标产量及缺素区相对产量与百千克籽粒养分需求量进行计算。基于长江流域冬油菜当前产量潜力为4000kg/hm²，分别以1500kg/hm²、2250kg/hm²、3000kg/hm²及3750kg/hm²作为目标产量，确定不同相对产量水平或土壤养分含量分级的直播和移栽冬油菜氮、磷、钾肥推荐用量。

一、直播和移栽冬油菜氮肥推荐用量的确定

参照邹娟（2010）的研究结果，以相对产量50%、60%、75%、90%和95%对土壤氮素肥力进行分级。基于不同的目标产量水平，计算各土壤氮素肥力条件下直播和移栽冬油菜的氮肥推荐用量(表15-1，表15-2)。当目标产量分别为1500kg/hm²、2250kg/hm²、3000kg/hm²和3750kg/hm²时，在相对产量<50%（即施氮增产超过100%）的地区，直播冬油菜的氮肥推荐用量分别为84.1kg/hm²、126.3kg/hm²、

177.8kg/hm^2 和 272.2kg/hm^2，而移栽冬油菜的氮肥推荐用量分别为 88.7kg/hm^2、133.2kg/hm^2、181.9kg/hm^2 和 275.3kg/hm^2。在相对产量达到75%（即施氮增产33%）的地区，直播冬油菜的氮肥推荐用量分别为42.1kg/hm^2、63.1kg/hm^2、88.9kg/hm^2 和 136.1kg/hm^2，而移栽冬油菜的氮肥推荐用量分别为 44.4kg/hm^2、66.6kg/hm^2、90.9kg/hm^2 和 137.6kg/hm^2。结果表明，直播冬油菜在各级土壤氮素肥力条件下，达到不同目标产量水平的氮肥推荐施用量略低于移栽冬油菜，而且随产量水平的提高两者的氮肥推荐用量变得非常接近。

表 15-1　不同目标产量下直播冬油菜的氮肥推荐用量

目标产量 (kg/hm^2)	相对产量		土壤基础氮养分供应量 (kg/hm^2)	作物氮养分需求量 (kg/hm^2)	氮肥推荐用量	
	(%)	(kg/hm^2)			(kg/hm^2)	(kg/亩)
1500	50	750	33.2	66.3	84.1	5.6
	60	900	39.8	66.3	67.3	4.5
	75	1125	49.7	66.3	42.1	2.8
	90	1350	59.7	66.3	16.8	1.1
	95	1425	63.0	66.3	8.4	0.6
2250	50	1125	49.8	99.5	126.3	8.4
	60	1350	59.7	99.5	101.0	6.7
	75	1688	74.6	99.5	63.1	4.2
	90	2025	89.6	99.5	25.3	1.7
	95	2138	94.5	99.5	12.6	0.8
3000	50	1500	70.1	140.1	177.8	11.9
	60	1800	84.1	140.1	142.2	9.5
	75	2250	105.1	140.1	88.9	5.9
	90	2700	126.1	140.1	35.6	2.4
	95	2850	133.1	140.1	17.8	1.2
3750	50	1875	107.3	214.5	272.2	18.1
	60	2250	128.7	214.5	217.8	14.5
	75	2813	160.9	214.5	136.1	9.1
	90	3375	193.1	214.5	54.4	3.6
	95	3563	203.8	214.5	27.2	1.8

表 15-2　不同目标产量下移栽冬油菜的氮肥推荐用量

目标产量 (kg/hm^2)	相对产量		土壤基础氮养分供应量 (kg/hm^2)	作物氮养分需求量 (kg/hm^2)	氮肥推荐用量	
	(%)	(kg/hm^2)			(kg/hm^2)	(kg/亩)
1500	50	750	34.3	68.5	88.7	5.9
	60	900	41.1	68.5	71.0	4.7
	75	1125	51.4	68.5	44.4	3.0
	90	1350	61.7	68.5	17.7	1.2
	95	1425	65.1	68.5	8.9	0.6

续表

目标产量 (kg/hm²)	相对产量		土壤基础氮养分供应量 (kg/hm²)	作物氮养分需求量 (kg/hm²)	氮肥推荐用量	
	(%)	(kg/hm²)			(kg/hm²)	(kg/亩)
2250	50	1125	51.4	102.8	133.2	8.9
	60	1350	61.7	102.8	106.5	7.1
	75	1688	77.1	102.8	66.6	4.4
	90	2025	92.5	102.8	26.6	1.8
	95	2138	97.7	102.8	13.3	0.9
3000	50	1500	70.2	140.4	181.9	12.1
	60	1800	84.2	140.4	145.5	9.7
	75	2250	105.3	140.4	90.9	6.1
	90	2700	126.4	140.4	36.4	2.4
	95	2850	133.4	140.4	18.2	1.2
3750	50	1875	106.3	212.5	275.3	18.4
	60	2250	127.5	212.5	220.2	14.7
	75	2813	159.4	212.5	137.6	9.2
	90	3375	191.3	212.5	55.1	3.7
	95	3563	201.9	212.5	27.5	1.8

二、直播和移栽冬油菜磷肥推荐用量的确定

根据长江流域冬油菜的土壤磷素丰缺指标（邹娟，2010），将土壤有效磷含量按 6mg/kg、12mg/kg、25mg/kg 和 30mg/kg 进行分级，对应的相对产量分别为 60%、75%、90% 和 95%。基于不同的目标产量水平，计算各土壤磷素肥力条件下直播和移栽冬油菜的磷肥推荐用量（表 15-3，表 15-4）。当目标产量分别为 1500kg/hm²、2250kg/hm²、3000kg/hm² 和 3750kg/hm² 时，在土壤有效磷含量较低（低于 6mg/kg，相对产量<60%）的地区，直播冬油菜的磷肥（P_2O_5）推荐用量分别为 54.8kg/hm²、82.0kg/hm²、115.2kg/hm² 和 176.8kg/hm²，而移栽冬油菜的磷肥（P_2O_5）推荐用量分别为 52.0kg/hm²、77.5kg/hm²、106.2kg/hm² 和 160.4kg/hm²。在土壤有效磷含量丰富（达到 25mg/kg 时，相对产量为 90%）的地区，直播冬油菜的磷肥（P_2O_5）推荐用量分别为 13.7kg/hm²、20.5kg/hm²、28.8kg/hm² 和 44.2kg/hm²，而移栽冬油菜的磷肥（P_2O_5）推荐用量分别为 13.0kg/hm²、19.4kg/hm²、26.5kg/hm² 和 40.1kg/hm²。结果表明，直播冬油菜在各级土壤磷素肥力条件下，达到不同目标产量水平的磷肥推荐施用量均高于移栽冬油菜。随产量水平提高，直播冬油菜与移栽冬油菜的磷肥推荐用量的差值逐渐增大，尤其在土壤有效磷含量较低的地区，直播冬油菜达到高产（3000kg/hm² 以上）所需的磷肥较移栽冬油菜明显更多。

表 15-3　不同目标产量下直播冬油菜的磷肥推荐用量

目标产量 （kg/hm²）	土壤有效 磷分级 （mg/kg）	相对产量		土壤基础磷 养分供应量 （kg P/hm²）	作物磷养分 需求量 （kg P/hm²）	磷肥推荐用量		
		（%）	（kg/hm²）			（kg P/hm²）	（kg P₂O₅/hm²）	（kg P₂O₅/亩）
1500	6	60	900	8.2	13.7	23.9	54.8	3.7
	12	75	1125	10.3	13.7	15.0	34.3	2.3
	25	90	1350	12.3	13.7	6.0	13.7	0.9
	30	95	1425	13.0	13.7	3.0	6.8	0.5
2250	6	60	1350	12.3	20.5	35.8	82.0	5.5
	12	75	1688	15.4	20.5	22.4	51.3	3.4
	25	90	2025	18.5	20.5	9.0	20.5	1.4
	30	95	2138	19.5	20.5	4.5	10.3	0.7
3000	6	60	1800	17.3	28.8	50.3	115.2	7.7
	12	75	2250	21.6	28.8	31.4	72.0	4.8
	25	90	2700	25.9	28.8	12.6	28.8	1.9
	30	95	2850	27.4	28.8	6.3	14.4	1.0
3750	6	60	2250	26.5	44.2	77.2	176.8	11.8
	12	75	2813	33.2	44.2	48.3	110.5	7.4
	25	90	3375	39.8	44.2	19.3	44.2	2.9
	30	95	3563	42.0	44.2	9.7	22.1	1.5

表 15-4　不同目标产量下移栽冬油菜的磷肥推荐用量

目标产量 （kg/hm²）	土壤有效 磷分级 （mg/kg）	相对产量		土壤基础磷 养分供应量 （kg P/hm²）	作物磷养分 需求量 （kg P/hm²）	磷肥推荐用量		
		（%）	（kg/hm²）			（kg P/hm²）	（kg P₂O₅/hm²）	（kg P₂O₅/亩）
1500	6	60	900	6.8	11.4	22.7	52.0	3.5
	12	75	1125	8.6	11.4	14.2	32.5	2.2
	25	90	1350	10.3	11.4	5.7	13.0	0.9
	30	95	1425	10.8	11.4	2.8	6.5	0.4
2250	6	60	1350	10.2	17.0	33.8	77.5	5.2
	12	75	1688	12.8	17.0	21.1	48.4	3.2
	25	90	2025	15.3	17.0	8.5	19.4	1.3
	30	95	2138	16.2	17.0	4.2	9.7	0.6
3000	6	60	1800	14.0	23.3	46.4	106.2	7.1
	12	75	2250	17.5	23.3	29.0	66.4	4.4
	25	90	2700	21.0	23.3	11.6	26.5	1.8
	30	95	2850	22.1	23.3	5.8	13.3	0.9
3750	6	60	2250	21.1	35.2	70.0	160.4	10.7
	12	75	2813	26.4	35.2	43.8	100.3	6.7
	25	90	3375	31.7	35.2	17.5	40.1	2.7
	30	95	3563	33.4	35.2	8.8	20.1	1.3

三、直播和移栽冬油菜钾肥推荐用量的确定

根据长江流域冬油菜的土壤钾素丰缺指标（邹娟，2010），将土壤速效钾含量按 26mg/kg、60mg/kg、135mg/kg 和 180mg/kg 进行分级，对应的相对产量分别为 60%、75%、90% 和 95%。基于不同的目标产量水平，计算各土壤钾素肥力条件下直播和移栽冬油菜的钾肥推荐用量（表 15-5，表 15-6）。当目标产量分别为 1500kg/hm²、2250kg/hm²、3000kg/hm² 和 3750kg/hm² 时，在土壤速效钾含量较低（低于 26mg/kg，相对产量＜60%）的地区，直播冬油菜的钾肥（K_2O）推荐用量分别为 99.1kg/hm²、148.6kg/hm²、209.3kg/hm² 和 320.5kg/hm²，而移栽冬油菜的钾肥（K_2O）推荐用量分别为 77.3kg/hm²、116.0kg/hm²、158.4kg/hm² 和 239.9kg/hm²。在土壤速效钾含量丰富（达到 135mg/kg 时，相对产量为 90%）的地区，直播冬油菜的钾肥（K_2O）推荐用量分别为 24.8kg/hm²、37.2kg/hm²、52.3kg/hm² 和 80.1kg/hm²，而移栽冬油菜的钾肥（K_2O）推荐用量分别为 19.3kg/hm²、29.0kg/hm²、39.6kg/hm² 和 60.0kg/hm²。结果表明，直播冬油菜在各级土壤钾素肥力条件下，达到不同目标产量水平的钾肥推荐施用量均明显高于移栽冬油菜，而且随产量水平的提高直播冬油菜与移栽冬油菜钾肥推荐用量的差值更为显著。在土壤有效钾含量较低的地区，直播冬油菜达到高产所需的钾肥远远高于移栽冬油菜。

表 15-5　不同目标产量下直播冬油菜的钾肥推荐用量

目标产量 (kg/hm²)	土壤速效钾分级 (mg/kg)	相对产量		土壤基础钾养分供应量 (kg K/hm²)	作物钾养分需求量 (kg K/hm²)	钾肥推荐用量		
		(%)	(kg/hm²)			(kg K/hm²)	(kg K₂O/hm²)	(kg K₂O/亩)
1500	26	60	900	56.3	93.9	82.5	99.1	6.6
	60	75	1125	70.4	93.9	51.6	61.9	4.1
	135	90	1350	84.5	93.9	20.6	24.8	1.7
	180	95	1425	89.2	93.9	10.3	12.4	0.8
2250	26	60	1350	84.5	140.9	123.9	148.6	9.9
	60	75	1688	105.7	140.9	77.4	92.9	6.2
	135	90	2025	126.8	140.9	31.0	37.2	2.5
	180	95	2138	133.9	140.9	15.5	18.6	1.2
3000	26	60	1800	119.0	198.4	174.4	209.3	14.0
	60	75	2250	148.8	198.4	109.0	130.8	8.7
	135	90	2700	178.6	198.4	43.6	52.3	3.5
	180	95	2850	188.5	198.4	21.8	26.2	1.7
3750	26	60	2250	182.3	303.8	267.1	320.5	21.4
	60	75	2813	227.9	303.8	166.9	200.3	13.4
	135	90	3375	273.4	303.8	66.8	80.1	5.3
	180	95	3563	288.6	303.8	33.4	40.1	2.7

表 15-6　不同目标产量下移栽冬油菜的钾肥推荐用量

目标产量 （kg/hm²）	土壤速效 钾分级 （mg/kg）	相对产量		土壤基础钾 养分供应量 （kg K/hm²）	作物钾养分 需求量 （kg K/hm²）	钾肥推荐用量		
		（%）	（kg/hm²）			（kg K/hm²）	（kg K₂O/hm²）	（kg K₂O/亩）
1500	26	60	900	51.7	86.2	64.4	77.3	5.2
	60	75	1125	64.7	86.2	40.3	48.3	3.2
	135	90	1350	77.6	86.2	16.1	19.3	1.3
	180	95	1425	81.9	86.2	8.1	9.7	0.6
2250	26	60	1350	77.6	129.3	96.7	116.0	7.7
	60	75	1688	97.0	129.3	60.4	72.5	4.8
	135	90	2025	116.4	129.3	24.2	29.0	1.9
	180	95	2138	122.8	129.3	12.1	14.5	1.0
3000	26	60	1800	106.0	176.6	132.0	158.4	10.6
	60	75	2250	132.5	176.6	82.5	99.0	6.6
	135	90	2700	158.9	176.6	33.0	39.6	2.6
	180	95	2850	167.8	176.6	16.5	19.8	1.3
3750	26	60	2250	160.4	267.4	199.9	239.9	16.0
	60	75	2813	200.6	267.4	125.0	149.9	10.0
	135	90	3375	240.7	267.4	50.0	60.0	4.0
	180	95	3563	254.0	267.4	25.0	30.0	2.0

第二节　冬油菜氮磷钾养分管理策略

一、长江上游冬油菜区氮磷钾养分管理策略

长江上游冬油菜区包括四川、重庆、贵州、云南和湖北西部。

（一）施肥原则

（1）依据测土结果，确定氮磷钾肥合理用量，绿色高效施肥。

（2）氮肥分次施用，适当降低氮肥基施用量，高产田块抓好薹肥施用，中低产田块简化施肥环节。

（3）依据土壤有效硼含量状况，适量补充硼肥；提倡施用含镁肥料。

（4）增施有机肥，提倡有机无机肥配合，加大秸秆还田力度。

（5）酸化严重土壤增施碱性肥料或施用石灰。

（6）肥料施用应与其他高产优质栽培技术相结合，尤其需要注意提高种植密度、开沟降渍、防除杂草。

（7）根肿病生产区域注意选用抗病品种。

（二）施肥建议

（1）推荐 20-11-10（N-P$_2$O$_5$-K$_2$O，含硼）或相近配方专用肥作基肥，有条件的产区可使用 25-7-8（N-P$_2$O$_5$-K$_2$O，含硼）或相近配方的油菜专用缓（控）释配方肥。

（2）产量水平 3000kg/hm^2 以上：前茬作物为水稻时，配方肥推荐用量 750kg/hm^2，越冬苗肥追施尿素 75～120kg/hm^2，薹肥追施尿素 75～120kg/hm^2；或者一次性施用油菜专用缓（控）释配方肥 900kg/hm^2。前茬作物为烟草或大豆时，可酌情减少施肥量 10% 左右。

（3）产量水平 2250～3000kg/hm^2：前茬作物为水稻时，配方肥推荐用量 600～750kg/hm^2，越冬苗肥追施尿素 75～120kg/hm^2，薹肥追施尿素 45～75kg/hm^2；或者一次性施用油菜专用缓（控）释配方肥 750kg/hm^2。前茬作物为烟草或大豆时，可酌情减少施肥量 10% 左右。

（4）产量水平 1500～2250kg/hm^2：前茬作物为水稻时，配方肥推荐用量 525～600kg/hm^2，越冬苗肥追施尿素 75～120kg/hm^2；或者一次性施用油菜专用缓（控）释配方肥 600kg/hm^2。前茬作物为烟草或大豆时，可酌情减少施肥量 10% 左右。

（5）产量水平 1500kg/hm^2 以下：配方肥推荐用量 450～600kg/hm^2，或者一次性施用油菜专用缓（控）释配方肥 450kg/hm^2。

二、长江中下游冬油菜区氮磷钾养分管理策略

长江中下游冬油菜区包括安徽、江苏、浙江和湖北大部。

（一）施肥原则

（1）依据测土结果，确定氮磷钾肥合理用量，适当减少氮磷肥用量，确定氮磷钾肥合理配比。

（2）移栽油菜基肥深施，直播油菜种肥异位同播，做到肥料集中施用，提高养分利用效率。

（3）依据土壤有效硼含量状况，适量补充硼肥。

（4）加大秸秆还田力度，提倡有机无机肥配合。

（5）酸化严重土壤增施碱性肥料或施用石灰。

（6）肥料施用应与其他高产优质栽培技术相结合，尤其需要注意提高种植密度、防除杂草，直播油菜适当提早播期。

（7）注意防控菌核病。

（二）施肥建议

（1）推荐 24-9-7（N-P_2O_5-K_2O，含硼）或相近配方专用肥作基肥，有条件的产区可使用 25-7-8（N-P_2O_5-K_2O，含硼）或相近配方的油菜专用缓（控）释配方肥。

（2）产量水平 3000kg/hm^2 以上：配方肥推荐用量 2250kg/hm^2，越冬苗肥追施尿素 75～120kg/hm^2，薹肥追施尿素 75～120kg/hm^2 和氯化钾 75～90kg/hm^2；或者一次性施用油菜专用缓（控）释配方肥 900kg/hm^2。

（3）产量水平 2250～3000kg/hm^2：配方肥推荐用量 600～750kg/hm^2，越冬苗肥追施尿素 75～120kg/hm^2，薹肥追施尿素 45～75kg/hm^2 和氯化钾 45～75kg/hm^2；或者一次性施用油菜专用缓（控）释配方肥 50kg/hm^2。

（4）产量水平 1500～2250kg/hm^2：配方肥推荐用量 525～600kg/hm^2，薹肥追施尿素 75～120kg/hm^2；或者一次性施用油菜专用缓（控）释配方肥 600kg/hm^2。

（5）产量水平 1500kg/hm^2 以下：配方肥推荐用量 375～450kg/hm^2，薹肥追施尿素 45～75kg/hm^2；或者一次性施用油菜专用缓（控）释配方肥 450kg/hm^2。

三、三熟制冬油菜区氮磷钾养分管理策略

三熟制冬油菜区包括湖南、江西和广西北部。

（一）施肥原则

（1）依据测土结果，确定氮磷钾肥合理用量和配比，重视施用薹肥。
（2）依据土壤中微量元素养分状况，施用足量硼肥，提倡施用含镁含硫肥料。
（3）加大秸秆还田力度，提倡有机无机肥配合。
（4）酸化严重土壤增施碱性肥料或施用石灰。
（5）提高油菜种植密度，注意开好厢沟，防止田块渍水，防除杂草。
（6）注意防控菌核病。

（二）施肥建议

（1）推荐 18-8-9（N-P_2O_5-K_2O，含硼）或相近配方专用肥作基肥，有条件的产区可使用 25-7-8（N-P_2O_5-K_2O，含硼）或相近配方的油菜专用缓（控）释配方肥。

（2）产量水平 2700kg/hm^2 以上：配方肥推荐用量 750kg/hm^2，薹肥追施尿素 75～120kg/hm^2；或者一次性施用油菜专用缓（控）释配方肥 750kg/hm^2。

（3）产量水平 2250～2700kg/hm^2：配方肥推荐用量 600～675kg/hm^2，薹肥追施尿素 75～120kg/hm^2；或者一次性施用油菜专用缓（控）释配方肥 600～

$750kg/hm^2$。

（4）产量水平 $1500\sim2250kg/hm^2$：配方肥推荐用量 $525\sim600kg/hm^2$，薹肥追施尿素 $45\sim75kg/hm^2$；或者一次性施用油菜专用缓（控）释配方肥 $600kg/hm^2$。

（5）产量水平 $1500kg/hm^2$ 以下：配方肥推荐用量 $375\sim450kg/hm^2$，薹肥追施尿素 $45\sim75kg/hm^2$；或者一次性施用油菜专用缓（控）释配方肥 $450kg/hm^2$。

四、黄淮冬油菜区氮磷钾养分管理策略

黄淮冬油菜区主要包括陕西和河南冬油菜种植区域。

（一）施肥原则

（1）依据测土结果，确定氮磷钾肥合理用量，适当减少氮钾肥用量，确定氮磷钾肥合理配比。

（2）移栽油菜基肥深施，直播油菜种肥异位同播，做到肥料集中施用，提高养分利用效率。

（3）依据土壤有效硼含量状况，适量补充硼肥。

（4）加大秸秆还田力度，提倡秸秆覆盖保温保墒，提倡有机无机肥配合。

（5）肥料施用应与其他高产优质栽培技术相结合，尤其需要注意提高种植密度，提倡应用节水抗旱技术。

（二）施肥建议

（1）推荐 20-12-8（$N-P_2O_5-K_2O$，含硼）或相近配方作基肥，有条件的产区可使用 18-8-6（$N-P_2O_5-K_2O$，含硼）或相近配方的油菜专用缓（控）释配方肥。

（2）产量水平 $3000kg/hm^2$ 以上：配方肥推荐用量 $750kg/hm^2$，越冬苗肥追施尿素 $45\sim75kg/hm^2$，薹肥追施尿素 $75\sim120kg/hm^2$；或者一次性施用油菜专用缓（控）释配方肥 $900kg/hm^2$。

（3）产量水平 $2250\sim3000kg/hm^2$：配方肥推荐用量 $600\sim750kg/hm^2$，越冬苗肥追施尿素 $45\sim75kg/hm^2$，薹肥追施尿素 $45\sim75kg/hm^2$；或者一次性施用油菜专用缓（控）释配方肥 $750kg/hm^2$。

（4）产量水平 $1500\sim2250kg/hm^2$：配方肥推荐用量 $525\sim600kg/hm^2$，薹肥追施尿素 $75\sim120kg/hm^2$；或者一次性施用油菜专用缓（控）释配方肥 $600kg/hm^2$。

（5）产量水平 $1500kg/hm^2$ 以下：配方肥推荐用量 $325\sim450kg/hm^2$，薹肥追施尿素 $75\sim120kg/hm^2$；或者一次性施用油菜专用缓（控）释配方肥 $450kg/hm^2$。

第十六章　秸秆还田养分高效利用技术

第一节　不同稻草还田方式对冬油菜生长及产量的影响

一、不同稻草还田方式及还田量对冬油菜出苗的影响

盆栽试验结果表明（图 16-1），稻草覆盖还田对冬油菜出苗存在抑制作用，出苗率与稻草覆盖还田量呈现明显的线性负相关关系（$y = -0.0029x + 91.651$，$R^2 = 0.9509$，$P < 0.01$），覆盖还田量为 7500kg/hm^2 时出苗率最低，与对照相比降低 21.2%。对于稻草翻压还田而言，随着稻草翻压还田量的增加，出苗率也呈现逐渐减小的趋势，但降低的程度远小于覆盖处理，翻压还田量超过 3000kg/hm^2 时，冬油菜出苗才受到较大程度的抑制，相同还田量条件下，稻草翻压还田处理出苗率均高于覆盖还田处理，说明稻草翻压还田更有利于冬油菜出苗。

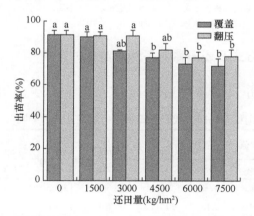

图 16-1　不同稻草还田方式及还田量对冬油菜出苗的影响（盆栽试验）

不含有相同小写字母表示相同还田方式下不同还田量间差异显著（$P < 0.05$），当还田量为 0kg/hm^2 时，覆盖和翻压处理出苗率一致

大田试验的出苗结果与盆栽试验基本一致（图 16-2），稻草覆盖还田对冬油菜出苗有明显的抑制作用，与免耕稻草不还田（NT–S）相比，免耕稻草覆盖还田处理（NT+S）的出苗率降低了 20.4%，差异显著。稻草翻压还田对冬油菜出苗的影响较小，翻耕稻草翻压还田处理（CT+S）的冬油菜出苗率虽然低于翻耕稻草不还田处理（CT–S），但二者之间的差异并不显著。耕作对冬油菜出苗并无明显影响，

翻耕稻草不还田处理（CT–S）和免耕稻草不还田处理（NT–S）的出苗率相当。
各处理出苗率的差异导致了各处理在收获时的有效植株密度各不相同。与 NT–S
相比，NT+S 的有效植株密度降低了 24.1%。而稻草翻压还田对冬油菜的有效植株
密度并无明显影响。耕作对冬油菜植株的有效植株密度影响明显，虽然 CT–S 和
NT–S 的出苗率相当，但免耕处理保持了较高的冬油菜群体有效植株密度，与翻
耕处理相比，免耕处理的有效植株密度提高了 13.7%。

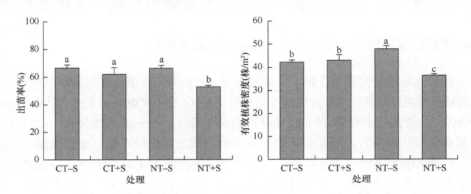

图 16-2　耕作及稻草还田对冬油菜出苗与有效植株密度的影响（大田试验）

NT 和 CT 分别表示免耕和翻耕两种耕种方式；–S 和+S 分别表示稻草不还田和还田；各小图不同小写字母表示不
同处理间差异显著（$P<0.05$）

二、不同稻草还田方式及还田量对冬油菜苗情的影响

表 16-1 结果表明，稻草覆盖还田导致了苗期冬油菜叶片 SPAD 值降低，各还

表 16-1　不同稻草还田方式及还田量对冬油菜苗情的影响（盆栽试验）

还田方式	还田量（kg/hm²）	SPAD 值	叶片数	叶面积（cm²）	株高（cm）	根茎粗（mm）	根茎长（cm）	鲜重（g/株）	干重（mg/株）
对照	0	26.3a	5.0ab	20.27ab	17.9a	1.93ab	4.7c	1.83a	269.2a
覆盖	1500	26.1ab	4.8ab	21.00a	17.3ab	1.94ab	4.7c	2.00a	286.6a
	3000	25.0abc	5.1a	20.70ab	17.6ab	1.95ab	5.2b	2.06a	287.1a
	4500	24.3bcd	4.8ab	20.50ab	17.7ab	1.96ab	5.9a	1.97a	285.6a
	6000	24.1bcd	5.0ab	20.63ab	17.4ab	1.95ab	6.1a	1.90a	280.6a
	7500	23.1dc	5.0ab	20.80ab	17.8a	1.97a	6.2a	1.96a	278.4a
翻压	1500	23.8dc	5.1a	18.43b	17.0ab	1.96a	4.4dc	1.82a	262.6a
	3000	23.1dc	4.6ab	15.07c	16.4bc	1.86abc	4.4dc	1.34b	204.5b
	4500	22.5ed	4.5ab	12.73d	15.3cd	1.83bc	4.4dc	1.23b	186.2bc
	6000	20.7e	4.4b	12.35d	14.4d	1.80c	4.3dc	1.01b	154.7bc
	7500	21.0e	4.4b	11.53d	14.3d	1.67d	4.1d	0.99b	141.2c

注：同列不含有相同小写字母表示相同处理间差异显著（$P<0.05$）

田量处理中，7500kg/hm² 处理的 SPAD 值最低，与对照相比下降了 12.2%，差异显著。稻草覆盖条件下，冬油菜的根茎长有随覆盖还田量增加逐渐增加的趋势，当覆盖量达到 7500kg/hm² 时，冬油菜的根茎长可比对照提升 31.9%。但总体来看稻草覆盖还田对冬油菜生长的影响并不明显，除以上两项指标之外，其余各项指标在各还田量处理间差异并不显著。与覆盖还田不同，稻草翻压还田明显抑制了冬油菜的生长，除根茎长外，其余各项调查指标均随还田量的增加逐渐下降。还田量 7500kg/hm² 处理长势最差，其 SPAD 值、叶片数、叶面积、株高、根茎粗、鲜重和干重分别比对照处理降低了 20.2%、12.0%、43.1%、20.1%、13.5%、45.9%和 47.5%。

三、不同耕作及稻草还田方式对冬油菜干物质累积的影响

耕作和稻草还田方式均对冬油菜的干物质累积有明显影响（表 16-2）。在越冬期和蕾薹期，免耕稻草覆盖还田（NT+S）明显增加了冬油菜的干物质累积量，与免耕稻草不还田处理（NT–S）相比，平均增加幅度达到 11.8%。但随着冬油菜生育期的推进，稻草覆盖还田对冬油菜干物质累积的正效应逐渐减小，在角果期和成熟期，NT+S 与 NT–S 之间在干物质累积量上并无显著差异。与稻草覆盖还田不同，稻草翻压还田在整个生育期都有利于冬油菜的干物质累积，与翻耕稻草不还田处理（CT–S）相比，翻耕稻草翻压还田处理（CT+S）的冬油菜干物质累积量在整个生育期平均增加了 16.3%。与翻耕处理（CT–S）相比，免耕处理（NT–S）的冬油菜干物质累积量在整个生育期平均增加了 22.2%，差异显著，表明免耕更有利于冬油菜的干物质累积。

表 16-2　耕作及稻草还田对不同生育期冬油菜干物质累积量的影响（大田试验）

处理	干物质累积量（kg/hm²）			
	越冬期	蕾薹期	角果期	成熟期
CT–S	299c	1 644c	9 351c	8 330b
CT+S	342b	1 930b	10 563b	9 684a
NT–S	357b	2 065b	11 251ab	10 182a
NT+S	399a	2 316a	11 861a	10 511a

注：NT 和 CT 分别表示免耕和翻耕两种耕种方式；–S 和+S 分别表示稻草不还田和还田；同列不含有相同小写字母表示不同处理间差异显著（$P < 0.05$）

四、不同耕作及稻草还田方式对冬油菜产量的影响

稻草还田有利于增加冬油菜产量，但在不同的还田方式下，稻草还田的增产幅度有较大差异（图 16-3）。免耕条件下，稻草覆盖还田处理（NT+S）的冬油菜产量比不还田处理（NT–S）提高了 6.3%，但差异并不显著。而翻耕条件下，与

不还田处理（CT–S）相比，稻草翻压还田（CT+S）的增产幅度达到 12.0%，差异显著。耕作对冬油菜产量有明显的影响，与翻耕处理（CT–S）相比，免耕处理（NT–S）的冬油菜产量增加了 18.0%，差异显著。

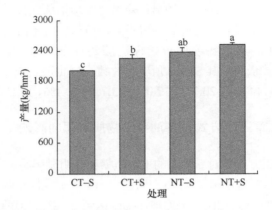

图 16-3　耕作及稻草还田对冬油菜产量的影响（大田试验）

NT 和 CT 分别表示免耕和翻耕两种耕种方式；–S 和+S 分别表示稻草不还田和还田；不含有相同小写字母表示
不同处理间差异显著（$P<0.05$）

第二节　稻草还田及施氮对冬油菜产量、氮素吸收利用及氮素平衡的影响

一、稻草还田及施氮对冬油菜干物质累积的影响

2010～2011 年油菜季，稻草覆盖还田对冬油菜的干物质累积有明显的促进作用（表 16-3），与不覆盖处理相比，稻草覆盖处理的冬油菜干物质累积量在越冬期、蕾薹期、角果期和成熟期分别增加了 86.0%、59.8%、33.2%和 31.1%，差异显著。从不同生育期的干物质累积状况来看，蕾薹期之后稻草覆盖处理的干物质累积量与不覆盖处理相比增加幅度有明显的降低，说明稻草覆盖对冬油菜干物质累积的正效应在薹期之后有所减弱。施氮对冬油菜的干物质累积也有明显的促进作用，施氮处理整个生育期的平均干物质累积量比不施氮处理提高了 96.2%，差异显著。在 2010～2011 年油菜季，整个油菜生育期稻草覆盖均明显加强了施氮对冬油菜干物质累积的正效应，说明稻草覆盖和施氮之间存在明显的正交互作用。

2011～2012 年油菜季，稻草还田对冬油菜的干物质累积有明显影响（表 16-3）。与 2010～2011 年油菜季结果相同，在越冬期和蕾薹期，稻草覆盖还田增加了冬油菜的干物质累积量，与不还田处理相比，平均增加幅度达到 13.0%。但随着冬油菜生育期的推进，稻草覆盖对冬油菜干物质累积的正效应逐渐减小，在角果期和

表 16-3　稻草还田及施氮对不同生育期冬油菜干物质累积量的影响

耕作	施氮	干物质累积量（kg/hm²）											
		越冬期			蕾薹期			角果期			成熟期		
		−S	+S	平均	−S	+S	平均	−S	+S	平均	−S	+S	平均
2010～2011 年													
覆盖还田	−N	168	267	218	909	1 306	1 108	3 963	4 309	4 136	4 373	49 21	4 647
	+N	290	585	438	1 478	2 509	1 994	7 077	10 391	8 734	7 375	10 481	8 928
	平均	229	426		1 194	1 908		5 520	7 350		5 874	7 701	
2011～2012 年													
翻压还田	−N	135	142	139	713	780	747	5 788	5 986	5 887	4 823	4 861	4 842
	+N	299	342	321	1 644	1 930	1 787	9 351	10 563	9 957	8 784	9 762	9 273
	平均	217	242		1 179	1 355		7 570	8 275		6 804	7 312	
覆盖还田	−N	146	168	157	775	900	838	6 145	6 121	6 133	5 480	5 799	5 640
	+N	357	399	378	2 065	2 316	2 191	11 251	11 861	11 556	10 182	10 511	10 347
	平均	252	284		1 420	1 608		8 698	8 991		7 831	8 155	

方差分析

2010～2011 年

稻草还田	*	*	*	*
施氮	*	*	*	*
稻草还田×施氮	*	*	*	*

2011～2012 年

耕作	*	*	*	*
稻草还田	*	*	*	ns
施氮	*	*	*	*
耕作×稻草还田	ns	ns	ns	ns
耕作×施氮	*	*	*	ns
稻草还田×施氮	ns	*	*	ns
耕作×稻草还田×施氮	ns	ns	ns	ns

注：–N 表示不施氮；+N 表示施氮；–S 表示不加秸秆；+S 表示加秸秆；*表示差异显著（$P<0.05$）；ns 表示差异不显著

成熟期，稻草还田处理与不还田处理之间在干物质累积量上并无显著差异。与稻草覆盖还田不同，稻草翻压还田在整个生育期都有利于油菜的干物质累积；与不还田处理相比，稻草翻压还田处理的冬油菜干物质累积量在整个生育期平均增加了10.8%。耕作对冬油菜干物质累积也有明显影响，与翻耕处理相比，免耕处理的冬油菜干物质累积量在整个生育期平均增加了15.3%，差异显著，表明免耕更有利于冬油菜的干物质累积。与 2010～2011 年油菜季结果相同，施氮对冬油菜干物质累积也有明显促进作用，施氮处理整个生育期的平均干物质累积量比不施氮处理提高了 113.2%，差异显著。从各因素交互作用分析的结果来看，在整个油菜生育期，免耕增强了施氮对冬油菜干物质累积的正效应，说明二者之间存在明显的正交互作用。除此之外，耕作和稻草还田，稻草还田和施氮，以及耕作、稻草还田和施氮之间均无明显的交互作用。

二、稻草还田及施氮对冬油菜产量的影响

图 16-4 的结果表明，在 2010～2011 年油菜季，稻草覆盖还田显著增加了冬油菜产量，与不覆盖处理相比，增产幅度达到 25.6%。在 2011～2012 年油菜季，稻草还田对冬油菜产量也有显著影响，与不还田处理相比，稻草还田处理的冬油菜产量增加了 7.0%。但不同的还田方式增产效果有较大差别，翻压还田条件下，稻草还田的增产幅度为 8.5%，差异显著，而覆盖还田条件下，稻草还田的增产幅度仅为 5.7%，差异不显著。氮肥施用增产效果明显，施氮处理的油菜产量在 2010～2011 年油菜季和 2011～2012 年油菜季分别比不施氮处理提高了 113.3%和 117.7%，差异显著。在 2010～2011 年油菜季，对于油菜产量，稻草还田和施氮存在明显的正交互作用，在稻草不覆盖条件下，由氮肥施用导致的冬油菜增产幅度为 91.8%，而在稻草覆盖条件下，增产幅度提升到 132.9%，差异显著。在 2011～2012 年油菜季，对于油菜产量，明显的交互作用只出现在耕作和施氮二因素之间，其他各因素组合的交互作用并不明显。

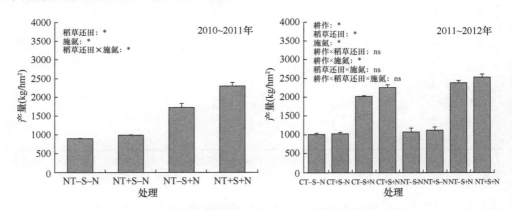

图 16-4　稻草还田及施氮对冬油菜产量的影响

NT 和 CT 分别表示免耕和翻耕两种耕作方式；-S 和+S 分别表示稻草不还田和还田；-N 和+N 分别表示不施氮和施氮；*表示差异显著（$P<0.05$）；ns 表示差异不显著

三、稻草还田及施氮对冬油菜氮吸收的影响

与干物质累积的结果类似，在 2010～2011 年油菜季，稻草覆盖还田在整个生育期均能明显提高冬油菜的氮吸收量，但在蕾薹期之后提升幅度有明显降低的趋势，

说明稻草覆盖还田对冬油菜氮吸收的正效应在蕾薹期之后明显减弱（表 16-4）。在 2011～2012 年油菜季，稻草覆盖还田对冬油菜氮吸收量的影响效果与 2010～2011 年油菜季一致，但弱于 2010～2011 年油菜季。在蕾薹期之前，稻草覆盖还田仍然提升了冬油菜的氮吸收量，但蕾薹期之后稻草覆盖还田对冬油菜氮吸收量并无显著影响。与稻草覆盖还田不同，稻草翻压还田在整个生育期均对冬油菜氮吸收有促进作用，与不还田处理相比，还田处理冬油菜氮吸收量在整个生育期平均提高了 11.9%，差异显著。施氮对冬油菜氮吸收有较好的促进作用，在 2010～2011 年油菜季和 2011～2012 年油菜季，与不施氮处理相比，施氮处理的冬油菜氮吸收量在整

表 16-4　稻草还田及施氮对不同生育期冬油菜氮吸收量的影响

耕作	施氮	氮吸收量（kg/hm²）											
		越冬期			蕾薹期			角果期			成熟期		
		−S	+S	平均	−S	+S	平均	−S	+S	平均	−S	+S	平均
2010～2011 年													
覆盖还田	−N	7.4	10.8	9.1	19.8	24.4	22.1	44.7	43.6	44.2	42.1	41.5	41.8
	+N	13.9	27.2	20.6	46.2	73.5	59.9	111.5	142.4	127.0	86.9	105.2	96.1
	平均	10.7	19.0		33.0	49.0		78.1	93.0		64.5	73.4	
2011～2012 年													
翻压还田	−N	5.3	5.6	5.5	24.8	25.9	25.4	76.1	82.8	79.5	49.2	53.1	51.2
	+N	14.5	15.5	15.0	77.4	92.3	84.9	182.1	202.4	192.3	136.9	160.2	148.6
	平均	9.9	10.6		51.1	59.1		129.1	142.6		93.1	106.7	
覆盖还田	−N	4.7	6.3	5.5	25.8	29.8	27.8	75.2	73.5	74.4	65.8	68.9	67.4
	+N	16.9	19.5	18.2	85.9	100.0	93.0	212.3	214.9	213.6	168.9	172.4	170.7
	平均	10.8	12.9		55.9	64.9		143.8	144.2		117.4	120.7	
方差分析													
2010～2011 年													
稻草还田		*			*			*			*		
施氮		*			*			*			*		
稻草还田×施氮		*			*			*			*		
2011～2012 年													
耕作		*			*			*			*		
稻草还田		*			*			*			*		
施氮		*			*			*			*		
耕作×稻草还田		*			ns			ns			ns		
耕作×施氮		*			ns			*			*		
稻草还田×施氮		ns			*			ns			ns		
耕作×稻草还田×施氮		ns			ns			ns			ns		

注：−N 表示不施氮；+N 表示施氮；−S 表示不加秸秆；+S 表示加秸秆；*表示差异显著（$P<0.05$）；ns 表示差异不显著

个生育期分别平均提高了 124.6%和 193.1%，差异显著。在 2011～2012 年油菜季，耕作也对冬油菜氮吸收量有明显影响，免耕处理在整个生育期的冬油菜氮吸收量平均比翻耕处理提高了 12.7%，差异显著。在 2010～2011 年油菜季，整个油菜生育期稻草覆盖还田均加强了施氮对冬油菜氮吸收的正效应，说明稻草覆盖和施氮之间存在正交互作用。在 2011～2012 年油菜季，除个别生育期不同因素之间有交互作用外（如耕作与施氮在越冬期、角果期和成熟期交互作用显著），其他各因子组合的交互作用不显著。

四、稻草还田及施氮对冬油菜氮肥利用率的影响

在 2010～2011 年油菜季，稻草覆盖还田（NT+S）显著提升了冬油菜的氮肥利用率（表 16-5），与不还田处理（NT–S）相比，稻草覆盖还田处理的氮素回收率和氮肥农学利用率分别增加了 51.6%和 59.0%，差异显著。与 2010～2011 年油菜季不同，在 2011～2012 年油菜季，稻草覆盖还田对冬油菜的氮肥利用率并无显著影响，还田处理与不还田处理的氮素回收率和氮肥农学利用率差异不显著。稻草翻压还田（CT+S）明显改善了冬油菜的氮肥利用率，在 2011～2012 年油菜季，还田处理的氮素回收率和氮肥农学利用率分别比不还田处理（CT–S）提高了 17.0%和 22.9%，差异显著。在 2011～2012 年油菜季，耕作也对冬油菜的氮肥利用率有一定影响，与翻耕处理相比，免耕处理的氮素回收率和氮肥农学利用率分别提高了 8.5%和 20.6%。

表 16-5　稻草还田对冬油菜氮肥利用率的影响

处理	氮素回收率（%）	氮肥农学利用率（kg/kg）
2010～2011 年		
NT–S	21.3b	3.9b
NT+S	32.3a	6.2a
2011～2012 年		
CT–S	41.8b	4.8c
CT+S	48.9a	5.9b
NT–S	49.1a	6.2ab
NT+S	49.3a	6.7a

注：NT 和 CT 分别表示免耕和翻耕两种耕作方式；–S 和+S 分别表示稻草不还田和还田；同列不含有相同小写字母表示同一年份不同处理间差异显著（$P<0.05$）

五、稻草还田及施氮对土壤氨挥发的影响

图 16-5a 结果表明，在 2010～2011 年油菜季，基肥施用后，氨挥发速率上升，施氮稻草不覆盖处理（–S+N）的挥发高峰在第 6 天，施氮稻草覆盖处理（+S+N）

的挥发高峰略有延后，在第 10 天，整个挥发持续至 21 天时结束。在整个挥发过程中施氮稻草覆盖处理的挥发速率均低于施氮不覆盖处理，平均减小幅度为 37.7%。从累积挥发量的结果来看（图 16-5b），施氮稻草覆盖处理的最终挥发量比施氮稻草不覆盖处理降低 37.0%，以上结果说明稻草覆盖可以减少基肥氮的氨挥发。追肥后氨挥发的结果与基肥氨挥发的结果正好相反（图 16-5c），施氮稻草覆盖处理的氨挥发速率高于施氮稻草不覆盖处理，特别是在初期，第 2 天时稻草覆盖处理的氨挥发速率达到施氮不覆盖处理的 9.0 倍。从累积挥发量的结果来看（图 16-5d），施氮稻草覆盖处理的最终挥发量可达施氮稻草不覆盖处理的 2.8 倍，说明稻草覆盖加剧了追施氮肥的氨挥发损失。

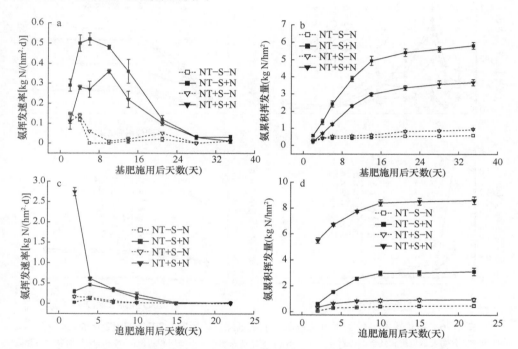

图 16-5　稻草覆盖还田及施氮对土壤氨挥发的影响（2010～2011 年油菜季）

-N 表示不施氮；+N 表示施氮；-S 表示不加秸秆；+S 表示加秸秆；a 和 b 为基肥施用后土壤氨挥发的速率及累积挥发量；c 和 d 为追肥施用后土壤氨挥发的速率及累积挥发量

　　在 2011～2012 年油菜季，基肥施用后，氨挥发速率上升，各处理的挥发高峰均出现在第 6 天，整个挥发持续至 14 天时结束（图 16-6a）。与 2010～2011 年油菜季结果一致，在整个挥发过程中施氮稻草覆盖处理的氨挥发速率明显低于施氮稻草不覆盖处理（NT-S+N），平均减小幅度为 59.3%。从氨累积挥发量的结果来看（图 16-6b），施氮稻草覆盖处理的最终挥发量比施氮稻草不覆盖处理降低了 48.1%，以上结果说明稻草覆盖可以减少基肥氮的氨挥发损失。稻草翻压还田

（CT+S+N 或 CT+S−N）对基肥施用之后的土壤氨挥发影响较小，还田与不还田处理之间差异并不显著。与 2010~2011 年油菜季结果相同，在 2011~2012 年油菜季追肥施用后，稻草覆盖还田加剧了追施氮肥的氨挥发损失（图 16-6c），与施氮稻草不覆盖处理相比，施氮稻草覆盖处理的氨挥发速率在挥发期内平均提高了 168.4%，相应的施氮稻草覆盖处理的最终氨挥发量也比施氮稻草不覆盖处理增加了 215.6%（图 16-6d）。与基肥施用后的结果一致，稻草翻压还田对追肥施用之后的土壤氨挥发影响也较小，还田与不还田处理之间差异并不明显。

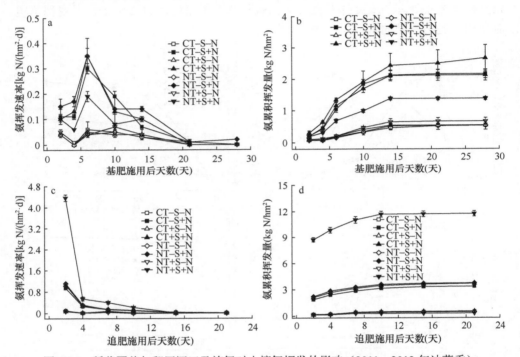

图 16-6　稻草覆盖与翻压还田及施氮对土壤氨挥发的影响（2011~2012 年油菜季）

NT 和 CT 分别表示免耕和翻耕两种耕作方式；−S 和+S 分别表示稻草不还田和还田；−N 和+N 分别表示不施氮和施氮；a 和 b 为基肥施用后土壤氨挥发的速率及累积挥发量；c 和 d 为追肥施用后土壤氨挥发的速率及累积挥发量

　　表 16-6 的结果表明，稻草覆盖（NT）可在一定程度上降低基施氮肥的氨挥发损失，施氮稻草不覆盖处理的氨挥发量在 2010~2011 年油菜季、2011~2012 年油菜季分别占到施氮量的 3.63%、1.48%，而稻草覆盖之后氨挥发量占施氮量的比例分别降低了 1.72 个百分点、0.98 个百分点。蕾薹期追施氮肥之后氨挥发的结果与基施氮肥正好相反，稻草覆盖加剧了氨的挥发，覆盖处理氨挥发量占施氮量的比例在 2010~2011 年油菜季和 2011~2012 年油菜季分别比不覆盖处理提高了 7.61 个百分点、12.21 个百分点。综合来看，稻草覆盖还田导致了土壤氨挥发量的增加，

稻草覆盖处理氨挥发总量占总施氮量的比例在 2010～2011 年油菜季、2011～2012 年油菜季分别比不覆盖处理提高了 1.30 个百分点、3.17 个百分点。在 2011～2012 年油菜季，稻草翻压还田对氮肥施用之后的土壤氨挥发量影响较小，还田与不还田处理在基肥施用后、追肥施用后以及全生育期的氨挥发量及其占施氮量的比例均无显著差异。

表 16-6　冬油菜不同生育期氨挥发占施氮量的比例

处理	基肥施用后		追肥施用后		全生育期	
	氨挥发量 （kg N/hm²）	占施氮量比例 （%）	氨挥发量 （kg N/hm²）	占施氮量比例 （%）	氨挥发量 （kg N/hm²）	占施氮量比例 （%）
2010～2011 年						
NT−S−N	0.60		0.48		1.08	
NT−S+N	5.83	3.63a	3.12	4.00b	8.95	3.75b
NT+S−N	0.92		0.95		1.87	
NT+S+N	3.87	1.91b	8.61	11.61a	12.48	5.05a
2011～2012 年						
CT−S−N	0.54		0.48		1.02	
CT−S+N	2.16	1.13a	3.34	4.54b	5.50	2.13b
CT+S−N	0.53		0.54		1.07	
CT+S+N	2.12	1.10a	3.67	4.97b	5.79	2.25b
NT−S−N	0.53		0.36		0.89	
NT−S+N	2.66	1.48a	3.72	5.09b	6.38	2.61b
NT+S−N	0.66		0.32		0.98	
NT+S+N	1.38	0.50b	11.74	17.30a	13.12	5.78a

注：NT 和 CT 分别表示免耕和翻耕两种耕作方式；−S 和 +S 分别表示稻草不还田和还田；−N 和 +N 分别表示不施氮和施氮；同列不同小写字母表示同一年份秸秆还田与不还田处理间差异显著（$P < 0.05$）

六、稻草还田及施氮对油菜季氮素收支平衡的影响

由表 16-7 的结果可以看出，在氮素投入相当的前提下，稻草还田及耕作均对氮素的输出产生影响。在 2010～2011 年油菜季，稻草覆盖还田处理明显提升了播种期到抽薹期油菜的氮吸收，归因于此，该处理的氮素表观损失量明显低于稻草不覆盖还田处理，降幅为 19.6%。与播种期到抽薹期的结果相反，抽薹之后，稻草覆盖还田处理冬油菜的氮吸收明显下降，同时导致了土壤残留无机氮的减少，因此，该处理在这一阶段的氮素表观损失高于稻草不覆盖还田处理，增幅为 34.0%。从整个油菜生育期的氮素平衡状况来看，虽然稻草覆盖还田增加了冬油菜的氮吸收，但也导致了土壤残留无机氮的减少，因此该处理的氮素表观损失量与稻草不覆盖还田处理相比并无明显差异。

表 16-7　稻草还田对冬油菜不同生育阶段氮素平衡的影响

处理	施氮量 (kg N/hm²)	初始土壤无机氮 (kg N/hm²)	秸秆氮释放 (kg N/hm²)	植株氮吸收 (kg N/hm²)	土壤残留无机氮 (kg N/hm²)	氮素表观损失量 (kg N/hm²)
2010～2011 年						
播种期到抽薹期（追肥前）						
NT−S+N	144	54	0	46b	50a	102a
NT+S+N	144	54	4	74a	46a	82b
抽薹期到成熟期						
NT−S+N	66	50	0	41a	22a	53b
NT+S+N	66	46	5	32b	14b	71a
播种期到成熟期						
NT−S+N	210	54	0	87b	22a	155a
NT+S+N	210	54	9	105a	14b	153a
2011～2012 年						
播种期到抽薹期（追肥前）						
CT−S+N	144	57	0	77c	80a	44a
CT+S+N	144	57	7	92ab	85a	31b
NT−S+N	144	57	0	86b	87a	28b
NT+S+N	144	57	5	100a	93a	13c
抽薹期到成熟期						
CT−S+N	66	80	0	60c	32b	54a
CT+S+N	66	85	11	68b	33b	61a
NT−S+N	66	87	0	83a	37a	33b
NT+S+N	66	93	8	72b	32b	63a
播种期到成熟期						
CT−S+N	210	57	0	137c	32b	98a
CT+S+N	210	57	18	160b	33b	92a
NT−S+N	210	57	0	169ab	37a	61c
NT+S+N	210	57	13	172a	32a	76b

　　注：NT 和 CT 分别表示免耕和翻耕两种耕作方式；−S 和+S 分别表示稻草不还田和还田；−N 和+N 分别表示不施氮和施氮；同列不含有相同小写字母表示同一年份相同生育期不同处理间差异显著（$P<0.05$）

　　在 2011～2012 年油菜季,稻草覆盖还田对氮素输出的影响结果与 2010～2011年油菜季一致(表 16-7)。稻草覆盖还田降低了播种期到抽薹期的氮素表观损失量,但增加了抽薹期到成熟期的氮素表观损失量, 因为抽薹期到成熟期的氮素表观损失量的相对增加幅度大于播种期到抽薹期的氮素表观损失量的相对减小幅度。从整个生育期的结果来看, 稻草覆盖还田导致了氮素表观损失量的增加, 与不覆盖还田处理相比, 增加幅度达 24.6%。在氮素投入相当的前提下, 稻草翻压还田对氮素输出也有一定影响，稻草翻压还田减少了播种期到抽薹期氮素表观损失量，但并未影响抽薹期到成熟期的氮素表观损失量。从整个生育期的状况来看，稻草翻压还田处理的氮素表观损失量略低于不还田处理，但差异并不显著。耕作也对氮素平衡有一定影响，与翻耕相比，免耕在播种期到抽薹期、抽薹期到成熟期均导致了氮素表观损失量的降低，整个生育期平均的降低幅度达到27.9%。

第三节　冬油菜适宜稻草覆盖量及相应播种量的初步确定

一、不同稻草覆盖量对冬油菜干物质累积、养分吸收及产量的影响

图16-7的结果表明，稻草覆盖能促进油菜的干物质累积及养分的吸收。在油菜的冬前期（播种后53天）、越冬期（播种后84天）、蕾薹期（播种后115天）、花期（播种后143天）、角果期（播种后174天）和成熟期（播种后192天），稻草覆盖处理的平均干物质累积量均高于不覆盖处理，分别是不覆盖处理的1.4倍、1.4倍、1.5倍、1.2倍、1.1倍和1.2倍，氮、磷、钾养分吸收情况与干物质累积的情况相似。但在整个生育期，不同的稻草覆盖量处理之间在干物质累积及养分吸收方面均未表现出明显的差异。

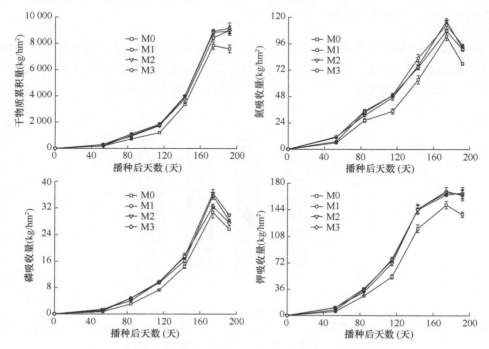

图16-7　不同稻草覆盖量对冬油菜干物质累积及养分吸收的影响

M0、M1、M2和M3分别代表稻草覆盖量为0kg/hm²、3750kg/hm²、7500kg/hm²和15 000kg/hm²

从不同生育阶段干物质累积及养分吸收的速率来看（表 16-8），冬油菜抽薹前后的干物质累积及养分吸收速率存在很大差异，抽薹后各处理的平均干物质累积速率及氮、磷、钾养分吸收速率分别达到抽薹前（苗期）的 6.5 倍、1.5 倍、3.2 倍和 6.1 倍。稻草覆盖对冬油菜不同生育阶段干物质累积及养分吸收速率的影响不同。抽薹前，稻草覆盖可明显提高冬油菜干物质累积及养分吸收的速率，与不覆盖处理相比，稻草覆盖处理的干物质累积速率及氮、磷、钾养分吸收速率分别提高了 48.9%、41.1%、38.9%和 30.4%；而抽薹后，各处理间的干物质累积及养分吸收速率差异均不显著。

表 16-8　不同稻草覆盖量对冬油菜干物质累积及养分吸收速率的影响

处理	干物质累积速率 [kg/ (hm²·d)]		养分吸收速率 [kg/ (hm²·d)]					
			N		P		K	
	播种—抽薹	抽薹—成熟	播种—抽薹	抽薹—成熟	播种—抽薹	抽薹—成熟	播种—抽薹	抽薹—成熟
M0	10.43b	83.14a	0.30b	0.57a	0.06b	0.24a	0.23b	1.61a
M1	16.05a	94.75a	0.43a	0.59a	0.08a	0.24a	0.32a	1.72a
M2	15.07a	93.45a	0.41a	0.58a	0.08a	0.26a	0.28a	1.75a
M3	15.49a	93.39a	0.43a	0.54a	0.09a	0.23a	0.30a	1.68a

注：M0、M1、M2 和 M3 分别代表稻草覆盖量为 0kg/hm²、3750kg/hm²、7500kg/hm² 和 15 000kg/hm²；同列不同小写字母表示不同处理间差异显著（$P<0.05$）

稻草覆盖增产效果显著（图 16-8），与不覆盖处理相比，稻草覆盖处理的平均增产幅度达到 16.0%。不同覆盖量处理间，以 3750kg/hm² 处理的产量最高，之后随着稻草还田量的增加，冬油菜产量略有下降，但差异并不显著。

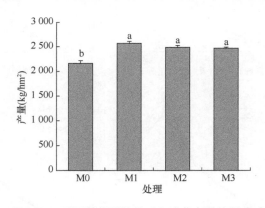

图 16-8　不同稻草覆盖量对冬油菜产量的影响

M0、M1、M2 和 M3 分别代表稻草覆盖量为 0kg/hm²、3750kg/hm²、7500kg/hm² 和 15 000kg/hm²；不同小写字母表示处理间差异显著（$P<0.05$）

二、稻草覆盖条件下增加播种量对冬油菜群体数量及产量的影响

图 16-9 的结果表明，稻草覆盖对冬油菜出苗有显著的抑制作用。相同播种量条件下，稻草覆盖处理出苗率比不覆盖处理降低了 14.0%。稻草覆盖条件下，增加播种量对冬油菜出苗率没有明显影响，各播种量处理间没有显著差异。与出苗率的结果相同，相同播种量条件下，稻草覆盖处理收获时的有效植株密度也明显低于不覆盖处理，降低幅度为 12.7%。稻草覆盖条件下，随着播种量的增加，冬油菜收获时的有效植株密度明显增加，播种量为原播种量的 1.2 倍（MS2）时，有效植株密度比原播种量处理（MS1）提高了 17.3%，与不覆盖处理（−MS1）相当。当播种量为原播种量的 1.6 倍（MS4）时，有效植株密度达到最大，与原播种量处理（MS1）相比有效植株密度增加了 51.2%，与不覆盖处理（−MS1）相比增加了 32.0%。

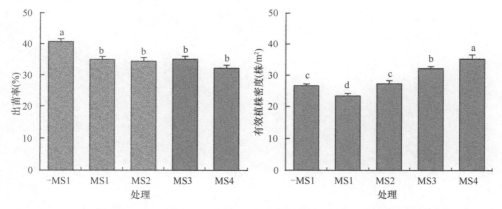

图 16-9　稻草不覆盖及稻草覆盖条件下不同播种量对冬油菜出苗率及群体数量的影响
−MS1：稻草不覆盖处理；MS1：稻草覆盖处理，覆盖量为 7500kg/hm²；MS2：稻草覆盖处理，播种量在 MS1 的基础上增加 20%；MS3：稻草覆盖处理，播种量在 MS1 的基础上增加 40%；MS4：稻草覆盖处理，播种量在 MS1 的基础上增加 60%；各小图不同小写字母表示不同处理间差异显著（$P < 0.05$）

产量结果表明（图 16-10），不论播种量增加与否，稻草覆盖都明显增加了冬油菜产量，平均增加幅度达到 41.4%。稻草覆盖条件下，随着播种量的增加，冬油菜产量也逐渐增加，但提升幅度小于有效植株密度的增加幅度。当播种量为原播种量的 1.6 倍（MS4）时，产量达到最大，与原播种量处理（MS1）相比，增产幅度为 13.0%。

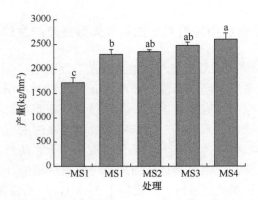

图 16-10　稻草不覆盖及稻草覆盖条件下不同播种量对冬油菜产量的影响

−MS1：稻草不覆盖处理；MS1：稻草覆盖处理，覆盖量为 7500kg/hm²；MS2：稻草覆盖处理，播种量在 MS1 的基础上增加 20%；MS3：稻草覆盖处理，播种量在 MS1 的基础上增加 40%；MS4：稻草覆盖处理，播种量在 MS1 的基础上增加 60%；不含有相同小写字母表示不同处理间差异显著（$P<0.05$）

第十七章　冬油菜长效专用施肥技术

第一节　冬油菜长效专用配方肥产量效应

一、冬油菜长效专用配方肥对冬油菜产量的影响

试验结果表明，冬油菜长效专用配方肥的施用在不同生产水平条件下均能大幅提高冬油菜产量（表 17-1）。与空白处理相比，推荐施肥处理与专用肥处理均表现出显著差异。推荐施肥处理与专用肥处理冬油菜产量分别为 834～4034kg/hm^2 和 768～4200kg/hm^2，平均为 2403kg/hm^2 和 2499kg/hm^2；相对于空白处理，推荐施肥处理与专用肥处理最高增产分别为 2375kg/hm^2 和 2567kg/hm^2，平均增产 1037kg/hm^2 和 1133kg/hm^2，平均增产率为 135%和 147%。相比推荐施肥处理，专用肥处理增产量为–1334～971kg/hm^2，平均为 96kg/hm^2，增产率为–50.0%～51.2%，平均为 5.2%。结果表明科学合理的肥料配比能明显增加冬油菜产量。

表 17-1　不同处理对冬油菜产量的影响

编号	产量（kg/hm^2）			增产量（kg/hm^2）			增产率（%）		
	空白	推荐	专用	推荐–空白	专用–空白	专用–推荐	（推荐–空白）/空白	（专用–空白）/空白	（专用–推荐）/推荐
No.1	1044	3322	3114	2278	2070	–208	218	198	–6.3
No.2	622	2284	1919	1662	1297	–365	267	209	–16.0
No.3	602	1537	768	935	166	–769	155	28	–50.0
No.4	764	1641	1928	877	1164	287	115	152	17.5
No.5	1632	3453	3768	1821	2136	315	112	131	9.1
No.6	1243	2213	2467	970	1224	254	78	98	11.5
No.7	1840	2480	2504	640	664	24	35	36	1.0
No.8	1937	3311	3552	1374	1615	241	71	83	7.3
No.9	1532	2132	2207	600	675	75	39	44	3.5
No.10	510	2251	3077	1741	2567	826	341	503	36.7
No.11	385	1896	2867	1511	2482	971	392	645	51.2
No.12	720	1793	1855	1073	1135	62	149	158	3.4
No.13	301	1223	1361	922	1060	138	306	352	11.3
No.14	2559	3387	3328	828	769	–59	32	30	–1.7
No.15	2348	2783	2569	435	221	–214	19	9	–7.7

编号	产量（kg/hm²）			增产量（kg/hm²）			增产率（%）		
	空白	推荐	专用	推荐–空白	专用–空白	专用–推荐	（推荐–空白）/空白	（专用–空白）/空白	（专用–推荐）/推荐
No.16	2219	2786	2881	567	662	95	26	30	3.4
No.17	2000	2249	1870	249	–130	–379	12	–7	–16.9
No.18	1912	2062	2411	150	499	349	8	26	16.9
No.19	1905	2250	2760	345	855	510	18	45	22.7
No.20	1206	2546	2446	1340	1240	–100	111	103	–3.9
No.21	1524	2562	2667	1038	1143	105	68	75	4.1
No.22	2099	2451	2595	352	496	144	17	24	5.9
No.23	1167	3291	3623	2124	2456	332	182	210	10.1
No.24	810	2190	2380	1380	1570	190	170	194	8.7
No.25	2070	2970	3020	900	950	50	43	46	1.7
No.26	550	1776	2226	1226	1676	450	223	305	25.3
No.27	497	1587	1857	1090	1360	270	219	273	17.0
No.28	1392	1805	1838	413	446	33	30	32	1.8
No.29	650	1622	1916	972	1266	294	150	195	18.1
No.30	1065	2089	2500	1024	1435	411	96	135	19.7
No.31	818	1977	1881	1159	1063	–96	142	130	–4.9
No.32	434	834	1001	400	567	167	92	131	20.0
No.33	900	2334	1868	1434	968	–466	159	108	–20.0
No.34	1899	2250	2850	351	951	600	18	50	26.7
No.35	1340	2448	2549	1108	1209	101	83	90	4.1
No.36	1575	2756	3108	1181	1533	352	75	97	12.8
No.37	1085	2400	2651	1315	1566	251	121	144	10.5
No.38	1201	1715	1899	514	698	184	43	58	10.7
No.39	710	2710	2940	2000	2230	230	282	314	8.5
No.40	3725	4034	3949	309	224	–85	8	6	–2.1
No.41	501	2876	2702	2375	2201	–174	474	439	–6.1
No.42	1517	3167	1833	1650	316	–1334	109	21	–42.1
No.43	484	2409	1649	1925	1165	–760	398	241	–31.5
No.44	323	2390	2417	2067	2094	27	640	648	1.1
No.45	2625	2025	2727	–600	102	702	–23	4	34.7
No.46	3800	3950	4200	150	400	250	4	11	6.3
No.47	2141	2711	2940	570	799	229	27	37	8.4
平均值	1366b	2403a	2499a	1037	1133	96	135	147	5.2
最小值	301	834	768	–600	–130	–1334	–23	–7	–50.0
最大值	3800	4034	4200	2375	2567	971	640	648	51.2

注：平均值处不同小写字母表示不同处理间差异显著（$P<0.05$）

二、冬油菜长效专用配方肥增产率分布规律

以推荐施肥处理产量为对照，根据专用肥的施用效果，将其划分为增产（增产率≥5%）、平产（-5%<增产率<5%）和减产（增产率≤-5%）3 类。从图 17-1 可以看出，47 个试验点中专用肥处理相比推荐施肥处理有 25 个试验点表现为增产，平均增产量为 358kg/hm²，增幅为 17.1%；9 个试验点出现减产，平均减产量为 519kg/hm²，减幅为 16.7%；其余 13 个试验点平产，表明 80.9%的试验点能够达到增产或稳产，专用肥处理与推荐施肥处理相比存在明显优势。

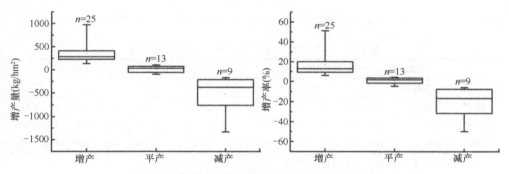

图 17-1　专用肥处理相比推荐施肥处理的产量效应

在 3 年 47 个试验点的肥效对比试验中，相比推荐施肥处理，专用肥处理有 9 个试验点出现减产，其他试验点均表现为增产或平产。增产率在 5%~10%的比例最大，共有 7 个试验点处于该增产率范围，平均增产量多集中在 183kg/hm² 左右，增产率平均为 7.8%。分别有 6 个和 5 个试验点增产率处于 10%~15%和 15%~20%，平均增产量分别为 259kg/hm² 和 328kg/hm²，增产率分别为 11.1%和 17.8%（图 17-2）。另外，增产率为 20%~25%、25%~30%和>30%的试验点分别有 2 个、2 个和 3 个（图 17-2）。增产率在 5%~20%的试验点共有 18 个，占到增产试验点个数的 72%；而增产率>20%的试验点共有 7 个，占到增产试验点个数的 28%。说明专用肥的施用能显著提高油菜产量（增幅多分布于 5%~20%）。

三、冬油菜长效专用配方肥对油菜产量构成因素的影响

与空白处理相比，推荐施肥处理和专用肥处理的产量构成因素（千粒重除外）均表现出显著差异（表 17-2）。肥料的施用对油菜一级有效分枝数、单株角果数均有显著影响。推荐施肥处理与专用肥处理油菜一级有效分枝数分别比空白处理

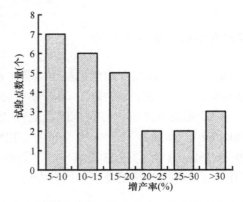

图 17-2 专用肥处理相比推荐施肥处理的增产率分布频率

表 17-2 不同处理对冬油菜产量构成因素的影响

处理	一级有效分枝数（个/株）		单株角果数（个）		每角粒数（粒）		千粒重（g）	
	变幅	平均	变幅	平均	变幅	平均	变幅	平均
空白	1.0～8.5	4.8±1.1b	13～385	145±75b	11～28	19±4b	2.82～5.08	3.73±0.45a
推荐施肥	2.2～11.0	6.9±2.0a	76～873	263±138a	12～27	21±3a	2.89～4.89	3.70±0.44a
专用肥	2.4～12.6	7.3±2.1a	55～905	289±143a	12～29	21±4a	3.11～4.75	3.78±0.42a

注：同列不同小写字母表示不同处理间差异显著（$P<0.05$）

增加了 2.1 个/株和 2.5 个/株，增幅为 43.8%和 52.1%；相比于推荐施肥处理，专用肥处理冬油菜一级有效分枝数平均增加 0.4 个/株，增幅为 5.8%。

从单株角果数来看，推荐施肥处理与专用肥处理较空白处理平均分别增加 118 个和 144 个，增幅为 81.4%和 99.3%；专用肥处理冬油菜单株角果数比推荐施肥处理增加了 26 个，增幅为 9.9%。说明专用肥能明显增加冬油菜产量构成因素中的一级有效分枝数和单株角果数，进而提高产量。此外，专用肥在一定程度上还能促进冬油菜产量构成因素中的每角粒数的增加。

四、增产条件下的冬油菜产量构成因素分析

增产（专用肥处理较推荐施肥处理增产率≥5%）条件下冬油菜产量构成因素的变化如图 17-3 所示。除千粒重指标外，推荐施肥处理和专用肥处理的各产量构成因素与空白处理相比均表现出显著差异。施肥显著增加冬油菜植株的一级有效分枝数、单株角果数和每角粒数。相对于空白处理，推荐施肥处理与专用肥处理冬油菜一级有效分枝数平均分别增加了 2.0 个/株和 2.7 个/株，增幅为 44.5%和 60.0%；相对于推荐施肥处理，专用肥处理冬油菜一级有效分枝数平均增加 0.7 个/株，增幅为 10.8%。

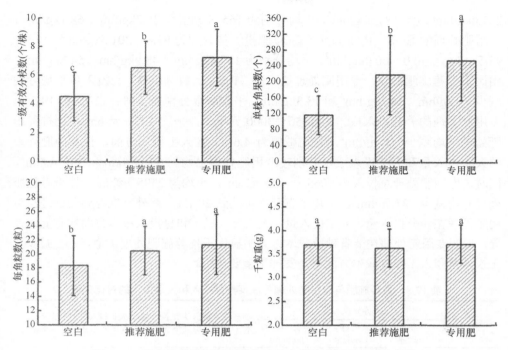

图 17-3　增产条件下不同处理冬油菜产量构成因素的变化规律

各小图不同小写字母表示不同处理间差异显著（$P<0.05$）

从单株角果数来看，推荐施肥处理与专用肥处理较空白处理平均分别增加了
101 个和 137 个，增幅为 86.3%和 117.1%；专用肥处理的冬油菜单株角果数比推
荐施肥处理平均增加 36 个，增幅为 16.5%。

从每角粒数来看，推荐施肥处理与专用肥处理较空白处理平均分别增加了 2 粒
和 3 粒，增幅为 11.1%和 16.7%；相比于推荐施肥处理，专用肥处理冬油菜每角
粒数平均增加了 1 粒，增幅为 5.0%。

受到油菜品种的影响，冬油菜产量构成因素中的千粒重在各处理间均未表现
出显著差异。说明专用肥处理与推荐施肥处理相比，主要是通过增加冬油菜产量
构成因素中的一级有效分枝数、单株角果数和每角粒数来实现产量的提高。

第二节　冬油菜长效专用配方肥经济效应

一、冬油菜长效专用配方肥的投入和施肥人工成本分析

从表 17-3 推荐施肥处理和专用肥处理的养分与人工投入成本数据可以看出，
推荐施肥处理的氮、磷（P_2O_5）、钾（K_2O）肥投入量分别为 58.1～276.0kg/hm²、0～

$207.0kg/hm^2$、$0\sim184.5kg/hm^2$，平均分别为 $165.0kg/hm^2$、$85.3kg/hm^2$、$68.1kg/hm^2$；专用肥处理的氮、磷（P_2O_5）、钾（K_2O）肥投入量分别为 $93.8\sim201.5kg/hm^2$、$26.3\sim97.5kg/hm^2$、$30.0\sim60.0kg/hm^2$，平均分别为 $157.4kg/hm^2$、$48.9kg/hm^2$、$54.8kg/hm^2$；相比于推荐施肥处理，专用肥处理氮、磷（P_2O_5）、钾（K_2O）肥投入量平均分别减少 $7.6kg/hm^2$、$36.4kg/hm^2$ 和 $13.3kg/hm^2$，平均减幅分别为 4.6%、42.7%和 19.5%。专用肥处理的养分投入成本为 $1050\sim3000$ 元$/hm^2$，平均 1937 元$/hm^2$，比推荐施肥处理平均减少 93 元$/hm^2$，平均减幅为 4.6%。在人工投入方面，推荐施肥处理的人工投入量和人工投入成本分别较专用肥处理平均高 8.8 个$/hm^2$ 和 535 元$/hm^2$。同时，专用肥处理总投入为 $1065\sim5100$ 元$/hm^2$，平均为 2495 元$/hm^2$，比推荐施肥处理平均减少 627 元$/hm^2$，平均节省开支可达到 20.1%。此外，推荐施肥处理与专用肥处理在养分投入量、人工投入量、人工投入成本和总投入成本方面均有显著差异。说明专用肥处理在节省种植成本方面明显优于推荐施肥处理，尤其是在减少人工投入量和人工投入成本方面更是发挥了重要作用。

表 17-3   推荐施肥与专用肥处理冬油菜养分投入和人工投入的对比分析

处理	统计指标	养分投入量			养分投入成本（元$/hm^2$）	人工投入量（个$/hm^2$）	人工投入成本（元$/hm^2$）	总投入（元$/hm^2$）
		氮肥（kg/hm^2）	磷肥（P_2O_5）（kg/hm^2）	钾肥（K_2O）（kg/hm^2）				
空白	变幅							
	平均							
推荐施肥	变幅	58.1~276.0	0~207.0	0~184.5	855~4530	1.5~52.5	9~3000	1124~6075
	平均	165.0±48.5a	85.3±43.6a	68.1±44.1a	2030±775a	17.0±12.5a	1093±982a	3122±1350a
专用肥	变幅	93.8~201.5	26.3~97.5	30.0~60.0	1050~3000	0.9~30.0	9~3000	1065~5100
	平均	157.4±32.8b	48.9±9.5b	54.8±7.0b	1937±306b	8.2±6.4b	558±631b	2495±687b

注：各年度试验肥料价格、用工费用均参照当地实际情况计算，油菜专用肥 2.80 元/kg、复合肥 1.30~4.80 元/kg、尿素 1.65~3.00 元/kg、碳酸氢铵 0.66~1.25 元/kg、过磷酸钙 0.50~0.72 元/kg、氯化钾 2.90~4.00 元/kg、硼肥 7.50~12.50 元/kg；各地用工费用 6~120 元/工；同列不同小写字母表示推荐施肥和专用肥处理间差异显著（$P<0.05$）。

二、冬油菜长效专用配方肥增产条件下投入成本分析

增产条件下不同处理冬油菜养分投入与人工投入的对比分析见表 17-4。专用肥处理的氮、磷（P_2O_5）、钾（K_2O）肥投入量分别为 $93.8\sim187.5kg/hm^2$、$26.3\sim52.5kg/hm^2$、$30.0\sim60.0kg/hm^2$，平均分别为 $154.1kg/hm^2$、$46.9kg/hm^2$、$53.6kg/hm^2$；相比于推荐施肥处理，专用肥处理磷肥投入量平均减少 $25.1kg/hm^2$，平均减幅分别为 34.9%；氮、钾（K_2O）肥投入量平均分别增加 $2.4kg/hm^2$、$2.5kg/hm^2$，平均增幅分别为 1.6%、4.9%。

专用肥处理平均养分投入成本为 1877 元$/hm^2$，人工投入量平均为 6.6 个$/hm^2$，

表 17-4　增产条件下不同处理冬油菜养分投入与人工投入的对比分析

处理	统计指标	养分投入量			养分投入成本（元/hm²）	人工投入量（个/hm²）	人工投入成本（元/hm²）	总投入（元/hm²）
		氮肥（kg/hm²）	磷肥（P₂O₅）（kg/hm²）	钾肥（K₂O）（kg/hm²）				
空白	变幅							
	平均							
推荐施肥	变幅	58.1～248.5	0～207.0	0～129.4	855～2745	1.5～52.5	14～2700	1124～5445
	平均	151.7±47.3a	72.0±44.1a	51.1±38.2a	1739±566a	17.5±15.0a	1068±1018a	2807±1326a
专用肥	变幅	93.8～187.5	26.3～52.5	30.0～60.0	1050～2100	0.9～15.0	9～1500	1065～3180
	平均	154.1±35.0a	46.9±6.9b	53.6±7.9a	1877±278a	6.6±5.3b	426±495b	2304±561b

注：各年度试验肥料价格、用工费用均参照当地实际情况计算，油菜专用肥 2.80 元/kg、复合肥 1.30～4.80 元/kg、尿素 1.65～3.00 元/kg、碳酸氢铵 0.66～1.25 元/kg、过磷酸钙 0.50～0.72 元/kg、氯化钾 2.90～4.00 元/kg、硼肥 7.50～12.50 元/kg；各地用工费用 6～120 元/工；同列不同小写字母表示推荐施肥和专用肥处理间差异显著（$P<0.05$）

人工投入成本平均为 426 元/hm²，总投入成本平均为 2304 元/hm²。专用肥处理除养分投入成本略高于推荐施肥处理外，在人工投入量、人工投入成本和总投入成本方面明显优于推荐施肥处理，并呈现显著差异。与推荐施肥处理相比，专用肥处理平均节省总投入成本为 503 元/hm²，平均节省开支 17.9%。

从增产条件下不同处理油菜养分投入与人工投入的对比分析可以发现，专用肥处理与推荐施肥处理相比能够节省总投入成本，主要是依靠人工投入成本的降低来实现的。此外，专用肥处理在增加油菜产量的情况下还能够有效减少养分投入量，说明专用肥处理在减少养分投入，尤其是节省人工投入成本方面明显优于推荐施肥处理。

三、冬油菜长效专用配方肥经济效益分析

油菜种植经济收益的增加离不开肥料的投入。表 17-5 中冬油菜产值数据反映出，推荐施肥、专用肥处理与空白处理相比差异显著，平均产值均接近空白处理的 2 倍，平均施肥效益分别为 2618 元/hm²、3730 元/hm²。专用肥处理冬油菜的产值为 3457～29 402 元/hm²，平均为 12 455 元/hm²，与推荐施肥处理相比平均增加 577 元/hm²，增幅为 4.9%。专用肥处理养分投入成本与人工投入成本分别为 1050～3000 元/hm² 和 9～3000 元/hm²，平均为 1937 元/hm² 和 558 元/hm²，二者分别比推荐施肥处理平均减少 93 元/hm² 和 535 元/hm²，减幅分别达到 4.6% 和 48.9%。在扣除投入成本后的施肥效益方面，推荐施肥处理和专用肥处理间表现出显著差异，二者施肥效益分别为–5483～18 688 元/hm² 和–3520～20 186 元/hm²，平均为 2618 元/hm² 和 3730 元/hm²，专用肥处理较推荐施肥处理平均增收 1112 元/hm²，增幅为 42.5%。依据当前我国农业生产的具体实际，当施用肥料的产投比＞2.0

时定义为经济效益突出，推荐施肥处理与专用肥处理平均产投比分别为 2.52、2.86，均表现为经济效益突出，同时专用肥处理明显高于推荐施肥处理的经济效益。

表 17-5　推荐施肥和专用肥处理冬油菜经济效益的对比分析

处理		产值（元/hm²）	投入成本（元/hm²）		施肥效益（元/hm²）	产投比
			养分投入成本	人工投入成本		
空白	变幅	1 355～20 897				
	平均	6 466±4 034b				
推荐施肥	变幅	3 752～27 102	855～4 530	9～3 000	−5 483～18 688	−0.78～15.23
	平均	11 878±4 533a	2 030±775a	1 093±982a	2 618±4 538b	2.52±2.83a
专用肥	变幅	3 457～29 402	1 050～3 000	9～3 000	−3 520～20 186	−0.17～10.55
	平均	12 455±4 883a	1 937±306a	558±631b	3 730±4 470a	2.86±2.21a

注：油菜籽价格以各年度各地具体价格为准，为 3.4～6.2 元/kg

四、冬油菜长效专用配方肥增产条件下经济效益分析

增产条件下不同处理油菜经济效益的对比分析如图 17-4 所示。与推荐施肥处

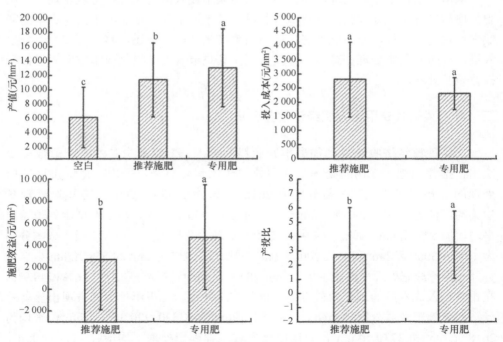

图 17-4　增产条件下不同处理冬油菜经济效益的对比分析

各小图不同小写字母表示不同处理间差异显著（$P<0.05$）

理相比，增产条件下专用肥处理的产值、施肥效益和产投比均表现出显著差异。专用肥处理冬油菜的产值分布在 4502～29 402 元/hm²，平均为 13 074 元/hm²，分别比空白处理、推荐施肥处理平均增收 6855 元/hm²、1682 元/hm²。在施肥效益方面，专用肥处理的施肥效益平均为 4734 元/hm²，比推荐施肥处理提高 2019 元/hm²，增幅为 74.4%。同样，在产投比方面，专用肥处理的产投比平均为 3.43，比推荐施肥处理增加 0.7。试验数据表明，在增产条件下，专用肥处理的产值、施肥效益和产投比普遍高于推荐施肥处理。但由于各试验点油菜籽收购价格、养分与人工投入成本等的不同，试验点间的产值、施肥效益及产投比有一定程度的波动。

五、冬油菜长效专用配方肥产量和施肥效益组合分析

以推荐施肥处理产量为对照，根据专用肥的施用效果，将其划分为增收（增收率≥5%）、平收（−5%＜增收率＜5%）和减收（增收率≤−5%）3 类。从表 17-6 可以看出，在不考虑油菜产量的情况下，47 个试验点中专用肥处理相比推荐施肥处理增收的有 33 个，占全部试验点的 70.2%；减收的有 12 个试验点，占全部试验点的 25.5%；另外 2 个试验点平收，表明 74.5%的试验点施用专用肥后能够达到增收或平收。

表 17-6 冬油菜长效专用配方肥产量和施肥效益组合分析

编号	试验地点	增产量（kg/hm²）	增产率（%）	施肥效益(元/hm²)	增收率（%）	类型
		专用−推荐	（专用−推荐）/推荐	专用−推荐	（专用−推荐）/推荐	
No.1	安徽巢湖 1	−208	−6.3	−1611	−18.6	减产减收
No.2	安徽巢湖 2	−365	−16.0	−4041	−27.1	减产减收
No.3	安徽六安 1	−769	−50.0	−2711	−174.6	减产减收
No.4	安徽六安 2	287	17.5	1078	115.7	增产增收
No.5	安徽六安 3	315	9.1	2168	39.1	增产增收
No.6	安徽六安 4	254	11.5	2875	396.5	增产增收
No.7	安徽六安 5	24	1.0	15	7.7	平产增收
No.8	安徽六安 6	241	7.3	799	28.2	增产增收
No.9	重庆彭水	75	3.5	11772	242.2	平产增收
No.10	重庆万州 1	826	36.7	5807	123.9	增产增收
No.11	重庆万州 2	971	51.2	6562	187.9	增产增收
No.12	广西桂林 1	62	3.4	2017	210.1	平产增收
No.13	广西桂林 2	138	11.3	2359	848.9	增产增收
No.14	河南南阳 1	−59	−1.7	−190	−12.3	平产减收
No.15	河南南阳 2	−214	−7.7	−55	−3.1	减产平收

续表

编号	试验地点	增产量（kg/hm²） 专用–推荐	增产率（%） （专用–推荐）/推荐	施肥效益（元/hm²） 专用–推荐	增收率（%） （专用–推荐）/推荐	类型
No.16	河南南阳 3	95	3.4	1433	127.5	平产增收
No.17	河南新乡 1	−379	−16.9	−1019	−40.7	减产减收
No.18	河南新乡 2	349	16.9	2242	81.6	增产增收
No.19	河南信阳	510	22.7	2085	45.5	增产增收
No.20	湖北黄冈 1	−100	−3.9	−1087	−27.3	平产减收
No.21	湖北黄冈 2	105	4.1	−61	−2.5	平产平收
No.22	湖北荆州 1	144	5.9	48	38.8	增产增收
No.23	湖北荆州 2	332	10.1	1085	11.4	增产增收
No.24	湖北荆州 3	190	8.7	1173	22.1	增产增收
No.25	湖北荆州 4	50	1.7	−270	−19.5	平产减收
No.26	湖南常德 1	450	25.3	1325	32.2	增产增收
No.27	湖南常德 2	270	17.0	1491	46.6	增产增收
No.28	湖南长沙 1	33	1.8	1844	121.4	平产增收
No.29	湖南长沙 2	294	18.1	1668	71.0	增产增收
No.30	湖南衡阳 1	411	19.7	2914	156.6	增产增收
No.31	湖南衡阳 2	−96	−4.9	1171	269.0	平产增收
No.32	湖南衡阳 3	167	20.0	1816	192.3	增产增收
No.33	湖南衡阳 4	−466	−20.0	−1036	−27.9	减产减收
No.34	江西九江 1	600	26.7	4179	452.0	增产增收
No.35	江西九江 2	101	4.1	422	17.0	平产增收
No.36	江西都昌	352	12.8	1577	34.4	增产增收
No.37	陕西勉县	251	10.5	1028	18.8	增产增收
No.38	四川崇州	184	10.7	519	43.3	增产增收
No.39	四川成都	230	8.5	1499	8.0	增产增收
No.40	云南罗平	−85	−2.1	−618	−93.3	平产减收
No.41	云南腾冲	−174	−6.1	507	6.4	减产增收
No.42	浙江海宁 1	−1334	−42.1	−3195	−130.7	减产减收
No.43	浙江海宁 2	−760	−31.5	−2142	−41.1	减产减收
No.44	浙江海宁 3	27	1.1	682	7.0	平产增收
No.45	新疆乌鲁木齐	702	34.7	3116	56.8	增产增收
No.46	新疆拜城	250	6.3	1299	66.7	增产增收
No.47	新疆昭苏	229	8.4	−243	−50.5	增产减收

对冬油菜长效专用配方肥田间肥效对比试验的 47 个试验点进行产量和施肥效益组合分析（表 17-6）发现，47 个试验点中专用肥处理相比推荐施肥处理增产增收的有 24 个，占全部试验点的 51.1%；平产增收的试验点有 8 个；平产平收的试验点有 1 个；表明专用肥处理相比推荐施肥处理有 68.1% 的试验点能够增收。专用肥处理在产量和施肥效益方面，比推荐施肥处理存在明显优势。

第三节 不同种植情况下冬油菜长效专用配方肥的施用效果

一、不同地力条件下冬油菜长效专用配方肥的效果差异

试验数据表明（图 17-5），各试验点空白处理冬油菜平均产量为 1366kg/hm²。根据空白处理油菜产量变化情况，将各试验田块划分为高产（≥1900kg/hm²）田块、中产（700～1900kg/hm²）田块、低产（≤700kg/hm²）田块三个水平。油菜长效专用配方肥田间肥效对比试验共有 47 个试验点，其中高产田块有 13 个试验点，占全部试验点的 27.7%；中产、低产田块分别有 22 个、12 个试验点，分别占全部试验点的 46.8%、25.5%。不同基础地力条件下，推荐施肥处理和专用肥处理的平均产量与空白处理相比均表现出显著差异。在高产地力水平下，专用肥处理和推荐施肥处理产量分别为 1870～4200kg/hm² 和 2025～4034kg/hm²，平均分别为 2985kg/hm² 和 2844kg/hm²，分别比空白处理增加了 574kg/hm² 和 433kg/hm²，增幅分别为 23.8%和 20.0%；相比推荐施肥处理，专用肥处理增加 141kg/hm²，增幅为 5.0%。同样，在中产和低产地力水平条件下，专用肥处理比推荐施肥处理分别增加 73kg/hm² 和 90kg/hm²，增幅分别为 3.0%和 4.8%。综上，不同地力水平条件下，专用肥处理在产量方面均明显优于推荐施肥处理。特别是在高产田块更能发挥出专用肥的肥效，增产效果优于中产和低产田块。这可能与高产田块土壤较强的供肥能力有关，同时专用肥中养分的合理配比及其所包含的中微量元素使冬油菜能够更好地生长发育，进一步促进了冬油菜产量潜力的发挥。

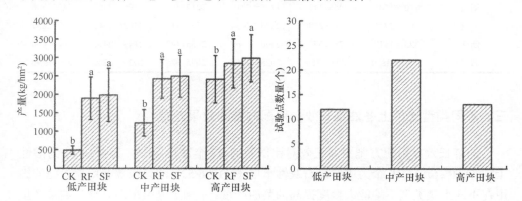

图 17-5 不同地力条件下冬油菜专用肥产量变化情况

CK：不施肥处理；RF：推荐施肥处理；SF：专用肥处理。每组柱子上方不同小写字母表示相同地力水平不同处理间差异显著（P<0.05）

二、不同种植区域冬油菜长效专用配方肥的效果差异

冬油菜长效专用配方肥田间肥效对比试验在全国 12 个油菜主要种植区域共

选择了 47 个试验点，相比推荐施肥处理，除安徽、云南、浙江三省外，其余各种植区域专用肥处理均表现为增产，增产试验区域占全部试验区域的 75%。各种植区域具体冬油菜产量情况见表 17-7。施用专用肥后冬油菜平均产量为 1608～3289kg/hm²，与推荐施肥相比，平均增产量为–689～624kg/hm²，平均增产率为–26.0%～29.8%。其中，9 个冬油菜增产区域专用肥处理平均增产量处于 50～624kg/hm²，平均增产率为 2.0%～29.8%。冬油菜产量增加量最大的种植区域为重庆，其平均增产量为 624kg/hm²，平均增产率为 29.8%；产量增加量最小的种植区域为河南，其平均增产量为 51kg/hm²，增产率为 2.0%。

表 17-7　不同种植区域油菜长效专用配方肥施用后产量变化情况

| 种植区域 | 产量（kg/hm²） | | | | | |
| | 空白处理 | | 推荐施肥 | | 专用肥 | |
	变幅	平均	变幅	平均	变幅	平均
安徽	602～1937	1210±541	1537～3453	2530±759	768～3768	2502±982
重庆	385～1532	809±629	1896～2251	2093±181	2207～3077	2717±454
广西	301～720	511±296	1223～1793	1508±403	1361～1855	1608±350
河南	1905～2559	2157±265	2062～3387	2586±494	1870～3328	2637±489
湖北	810～2099	1479±520	2190～3291	2668±395	2380～3623	2788±466
湖南	434～1392	788±325	834～2334	1753±466	1001～2500	1886±428
江西	1340～1899	1605±281	2250～2756	2485±255	2549～3108	2836±280
陕西	—	1085±0	—	2400±0	—	2651±0
四川	710～1201	955±347	1715～2710	2212±704	1899～2490	2420±736
云南	501～3725	2113±2280	2876～4034	3455±819	2702～3949	3325±882
浙江	323～1517	755±678	2390～3167	2655±443	1649～2417	1966±400
新疆	2141～3800	2855±853	2025～3950	2895±975	2727～4200	3289±796

三、不同类型土壤上冬油菜长效专用配方肥的效果差异

油菜长效专用配方肥田间肥效对比试验的 47 个试验点中，其中 28 个为酸性土壤（pH≤6.5），19 个为中性或石灰性土壤（pH>6.5）。油菜长效专用配方肥的施用在不同土壤类型下均能大幅度提高油菜的产量。不同土壤类型的具体冬油菜产量情况如图 17-6 所示。酸性土壤、中性或石灰性土壤各试验点施用专用肥后，产量分别为 768～3768kg/hm²、1649～4200kg/hm²，平均产量为 2461kg/hm²、2554kg/hm²，比空白处理平均分别增加 1182kg/hm²、1061kg/hm²，增幅分别为 92.4%、71.1%。与推荐施肥处理相比，在酸性土壤、中性或石灰性土壤上施用专用肥，冬油菜的产量平均分别增加了 60kg/hm² 和 149kg/hm²，增幅分别达到 2.5% 和 6.2%。

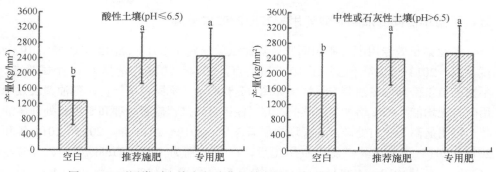

图 17-6　不同类型土壤上冬油菜长效专用配方肥施用后产量变化情况
各小图不同小写字母表示不同处理间差异显著（$P<0.05$）

四、不同种植方式下冬油菜长效专用配方肥的效果差异

冬油菜长效专用配方肥田间肥效对比试验连续 3 年共在 47 个试验点开展,其中 33 个试验点冬油菜种植方式为直播,14 个试验点种植方式为移栽。不同种植方式下,冬油菜长效专用配方肥均能大幅度提高冬油菜的产量（图 17-7）。直播和移栽两种种植方式中,推荐施肥处理和专用肥处理冬油菜产量显著高于空白处理。在直播种植方式下,专用肥处理冬油菜产量为 768～4200kg/hm²,平均产量为 2639kg/hm²,与空白处理相比,平均增产量为 1169kg/hm²,增幅为 79.5%。而在移栽种植方式时,专用肥处理冬油菜产量为 1361～3020kg/hm²,平均产量为 2168kg/hm²,与空白处理相比平均增加了 1048kg/hm²,增幅为 93.6%。相比推荐施肥处理,直播方式下,专用肥处理冬油菜产量平均增加 197kg/hm²,增幅为 8.1%;移栽方式下,专用肥处理冬油菜产量平均减少 143kg/hm²,减幅为 6.2%。此外,各处理直播冬油菜产量均高于移栽冬油菜产量。直播方式下空白、推荐施肥、专用肥处理冬油菜产量比移栽方式分别增加了 350kg/hm²、129kg/hm² 和 471kg/hm²,增幅分别为 31.3%、5.6%和 21.7%。

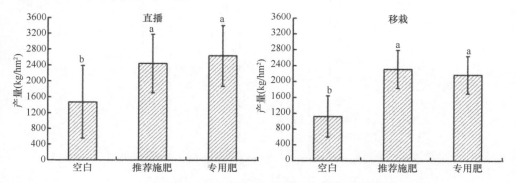

图 17-7　不同种植方式下冬油菜长效专用配方肥施用后产量变化情况
各小图不同小写字母表示不同处理间差异显著（$P<0.05$）

五、不同年份间冬油菜长效专用配方肥的效果差异

冬油菜长效专用配方肥田间肥效对比试验分别于 2012～2013 年选择了 19 个试验点，2013～2014 年选择了 10 个试验点，2014～2015 年选择了 18 个试验点。不同种植年份具体冬油菜产量情况如图 17-8 所示。不同种植年份，冬油菜长效专用配方肥均能大幅度增加冬油菜的产量。各年份间推荐施肥处理和专用肥处理冬油菜产量明显高于空白处理，并表现出显著差异。2012～2013 年、2013～2014 年和 2014～2015 年各试验点施用专用肥后，产量分别为 768～3768kg/hm²、1857～3623kg/hm²、1919～4200kg/hm²，平均产量分别为 2188kg/hm²、2393kg/hm²、2885kg/hm²，比空白处理分别增加 1040kg/hm²、1132kg/hm²、1250kg/hm²，增幅分别为 90.6%、89.8%、76.5%。相比推荐施肥处理，专用肥处理在 2013～2014 年和 2014～2015 年冬油菜产量平均增加量分别为 49kg/hm² 和 241kg/hm²，增幅分别为 2.1%和 9.1%；2012～2013 年专用肥处理冬油菜平均产量略下降，减少量为 17kg/hm²。

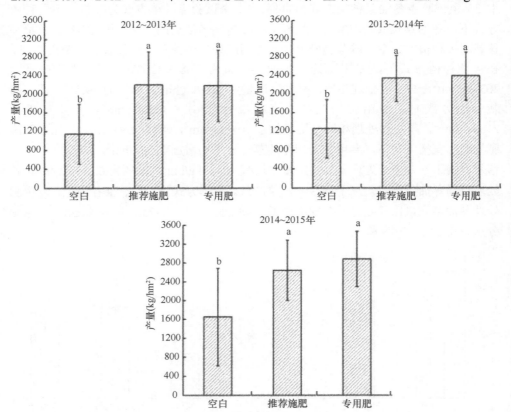

图 17-8　不同种植年份冬油菜长效专用配方肥施用后产量变化情况

各小图不同小写字母表示不同处理间差异显著（$P<0.05$）

六、冬油菜长效专用配方肥与当地配方肥的效果差异

在开展的 47 个冬油菜长效专用配方肥田间肥效对比试验中有 21 个试验点包含当地其他肥料处理。相比当地其他肥料处理，冬油菜长效专用配方肥能提高冬油菜产量（表 17-8）。与空白处理相比，其他施肥处理与专用肥处理均表现出显著差异。其他施肥处理与专用肥处理冬油菜产量分别为 1134～3795kg/hm^2 和 768～3949kg/hm^2，平均分别为 2420kg/hm^2 和 2519kg/hm^2；相对于空白处理，其他施肥处理与专用肥处理最高增产分别为 2204kg/hm^2 和 2567kg/hm^2，平均分别增产 1216kg/hm^2 和 1315kg/hm^2，平均增产率分别为 161.4%和 173.7%，同时增产量最大值出现在专用肥处理中。相比其他施肥处理，专用肥处理增产–717～575kg/hm^2，平均为 100kg/hm^2，增产率为–32.3%～26.5%，平均增产率为 3.9%。

表 17-8 冬油菜长效专用配方肥处理相比当地其他肥料处理的产量效应

编号	产量（kg/hm^2）			增产量（kg/hm^2）			增产率（%）		
	空白	其他	专用	其他–空白	专用–空白	专用–其他	（其他–空白）/空白	（专用–空白）/空白	（专用–其他）/其他
No.1	1044	2985	3114	1941	2070	129	185.9	198.3	4.3
No.3	602	1134	768	532	166	–366	88.4	27.6	–32.3
No.4	764	1703	1928	939	1164	225	123.0	152.4	13.2
No.5	1632	3212	3768	1580	2136	556	96.8	130.9	17.3
No.6	1243	2112	2467	869	1224	355	69.9	98.5	16.8
No.7	1840	2470	2504	630	664	34	34.2	36.1	1.4
No.8	1937	3491	3552	1554	1615	61	80.2	83.4	1.7
No.9	1532	2041	2207	509	675	165	33.2	44.1	8.1
No.10	510	2691	3077	2181	2567	386	427.6	503.3	14.3
No.22	2099	2838	2595	739	496	–243	35.2	23.6	–8.6
No.23	1167	3371	3623	2204	2456	252	188.9	210.5	7.5
No.26	550	1926	2226	1376	1676	300	250.2	304.7	15.6
No.27	497	2034	1857	1537	1360	–177	309.3	273.6	–8.7
No.31	818	2117	1881	1299	1063	–236	158.8	130.0	–11.1
No.37	1085	2484	2651	1399	1566	167	128.9	144.3	6.7
No.38	1201	1722	1899	521	698	177	43.4	58.1	10.3
No.39	710	2365	2940	1655	2230	575	233.1	314.1	24.3
No.40	3725	3795	3949	70	224	154	1.9	6.0	4.1
No.42	1517	2550	1833	1033	316	–717	68.1	20.8	–28.1
No.43	484	1304	1649	820	1165	345	169.4	240.7	26.5
No.44	323	2469	2417	2146	2094	–52	664.4	648.3	–2.1

编号	产量（kg/hm²）			增产量（kg/hm²）			增产率（%）		
	空白	其他	专用	其他–空白	专用–空白	专用–其他	（其他–空白）/空白	（专用–空白）/空白	（专用–其他）/其他
平均值	1204b	2420a	2519a	1216	1315	100	161.4	173.7	3.9
最小值	323	1134	768	70	166	−717	1.9	6.0	−32.3
最大值	3725	3795	3949	2204	2567	575	664.4	648.3	26.5

注：平均值处的小写字母表示不同处理间差异显著（$P<0.05$）

此外，冬油菜长效专用配方肥田间肥效对比试验包含的当地其他肥料处理的 21 个试验点中，有 16 个试验点的专用肥处理相比其他施肥处理处于增产和平产，占全部试验点的 76.2%。表明冬油菜长效专用配方肥在产量方面优于市面上 3/4 以上的肥料种类。

第十八章　长江流域不同区域冬油菜产量差及养分效率差

第一节　长江流域不同区域冬油菜的各级产量及其差值

一、冬油菜产量差研究背景及现状

中华人民共和国国家统计局（2016）统计数据显示，长江流域冬油菜种植面积占全国冬油菜种植总面积的90%左右。该区域光、温和水土资源丰富，一年两熟和一年三熟的种植模式广泛存在，与冬油菜轮作的作物有水稻、玉米、棉花等。在农业集约化种植区，定量化研究冬油菜潜在产量和产量差，对了解不同生态亚区产量限制因子，从而提高冬油菜产量具有重要意义。

迫于人口增长对粮食的需求，不同国家和地区的产量差研究主要集中在粮食作物上，有小麦、玉米、水稻、大豆等，而关于经济作物的研究还相对较少。产量差最普遍的概念即作物实际产量与潜在产量之间的差距，实际产量的获得一般来源于农户调查或政府部门的统计数据（Fischer, 2015），用来反映农户当前的生产水平，潜在产量是指选择最佳的品种和管理措施，在没有任何生物或非生物胁迫下获得的产量水平，可通过模型模拟、高产纪录等方法获得（Lobell et al., 2009）。作物生长模型不仅可以用来模拟区域潜在产量，还可以设置不同情景模式定量化分析不同限制因子对产量差的贡献。然而，模型模拟的理论产量在实际生产中往往难以实现，基于田间试验的分析结果可能更符合实际。上边界线法最早由 Webb（1972）提出，由 Schnug 等（1996）建立的土壤-植物指标关键值计算系统，随后被广泛应用到产量限制因子与作物产量差的研究中。Sadras 等（2015）在产量差研究方法的综述中，较为全面地介绍了基于上边界理论的产量差研究法。该方法可全面地分析大样本数据，综合考虑与资源或限制因子有关的指标和作物产量之间的关系。在长江流域冬油菜大样本田间肥料试验数据库的基础上（徐华丽，2012；李慧，2015），通过定量研究油菜实际产量、试验产量、可获得产量和潜在产量，以及栽培学和营养学管理措施及不可控因素对产量差的贡献，探索缩小产量差的途径。

二、产量差的分析方法

产量差的概念最早由 De Datta（1981）提出，在分析作物产量限制因子时，将总产量差划分为两个部分，一部分为试验站潜在产量与农户潜在产量之间的差距，由一些无法应用到田间的技术和环境因子限制；另一部分为农户潜在产量与农户实际产量之间的差距，由一些生物因子（包括品种、病虫草害、水分、土壤肥力等）和社会因子限制。产量差往往是指作物潜在产量与农户实际产量之间的差值，随着产量差研究的发展，不同学者根据其研究目的和数据获取途径，提出了不同的产量标准和引起产量差的因子（Lobell et al.，2009；Fischer et al.，2009；van Ittersum et al.，2013；Grassini et al.，2015）。本研究中，油菜产量差的模式图如图18-1所示，共设置4个产量标准，由低到高分别为实际产量（Y_{act}）、试验产量（Y_{exp}）、可获得产量（Y_{att}）和潜在产量（Y_p），产量差有总产量差（YG_t）和产量差Ⅰ（YG_1）、产量差Ⅱ（YG_2）、产量差Ⅲ（YG_3）。

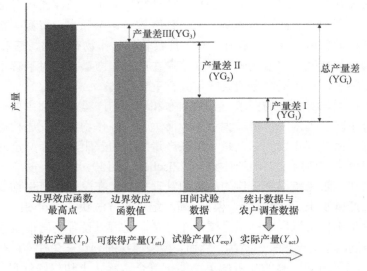

图18-1 油菜产量差模式图

三、长江流域不同区域冬油菜各级产量

长江流域冬油菜实际产量平均为1810kg/hm²，2005～2014年总体呈现缓慢增长的趋势，从2005年的1687kg/hm²增长到2014年的1970kg/hm²（图18-2）。不同区域的实际产量表现为，长江下游和长江上游低海拔区较高，分别平均为2246kg/hm²和2139kg/hm²，其次为长江中游二熟区（1955kg/hm²）和长江上游高海拔区（1582kg/hm²），最低为长江中游三熟区，仅为1126kg/hm²。从不同年份的变化趋势来看，长江中游三熟区的产量增幅增大，年增幅约为43kg/hm²，其次为长江中游二熟区和长江下游，其年增幅分别为32kg/hm²和27kg/hm²，而长江上游低海拔区和长江上游高海拔区2005～2014年冬油菜产量基本处于稳定的状态。

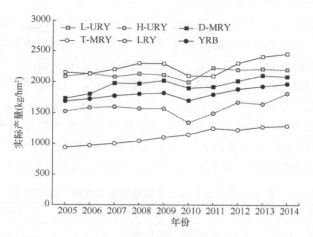

图 18-2　2005～2014 年长江流域冬油菜的实际产量

L-URY：长江上游低海拔区；H-URY：长江上游高海拔区；D-MRY：长江中游二熟区；T-MRY：长江中游三熟区；
LRY：长江下游；YRB：整个长江流域

长江流域冬油菜试验产量平均为 2437kg/hm²，整体变幅为 700～4343kg/hm²，其 25%～75%点位值为 2100～2939kg/hm²（图 18-3）。从不同区域来看，以长江上游低海拔区和长江下游较高，分别平均为 2718kg/hm² 和 2732kg/hm²，主要为 2300～3100kg/hm²，且显著高于其他区域；其他依次为长江中游二熟区（2541kg/hm²）和长江上游高海拔区（2269kg/hm²），对应的 25%～75%点位值分别为 2153～2905kg/hm² 和 1862～2645kg/hm²；试验产量最低的为长江中游三熟区，平均为 1926kg/hm²，且其 25%～75%点位值也相对较低，为 1568～2165kg/hm²。

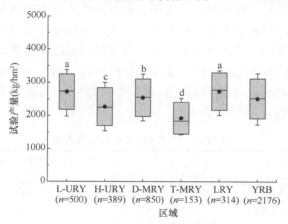

图 18-3　长江流域冬油菜的试验产量

L-URY：长江上游低海拔区；H-URY：长江上游高海拔区；D-MRY：长江中游二熟区；T-MRY：长江中游三熟区；
LRY：长江下游；YRB：整个长江流域。n 为样本数；箱形图内实心点代表均值，箱子内部横线代表中位值，箱子的上下边界线分别代表 75%和 25%点位值，箱子的上下须线分别代表 90%和 10%点位值。不同小写字母表示不同区域间差异达到显著水平（P<0.05）

结合上边界理论与最小因子定律，不同区域冬油菜可获得产量与潜在产量的结果见表 18-1。长江流域冬油菜可获得产量平均为 3703kg/hm^2，整体变幅为 1808～4257kg/hm^2。不同区域以长江下游、长江上游低海拔区和长江中游二熟区较高，平均依次为 4004kg/hm^2、3929kg/hm^2 和 3896kg/hm^2，且明显高于其他两个区域，其中长江上游高海拔区为 3650kg/hm^2，长江中游三熟区仅为 3034kg/hm^2。潜在产量为区域内最大可获得产量，长江流域冬油菜潜在产量平均为 3996kg/hm^2，不同区域平均变幅为 3438～4258kg/hm^2，其中长江上游低海拔区、长江中游二熟区和长江下游均超过 4000kg/hm^2，最低为长江中游三熟区，潜在产量仅为 3438kg/hm^2。

表 18-1　基于边界线法的长江流域冬油菜可获得产量与潜在产量

区域	可获得产量（kg/hm^2）	潜在产量（kg/hm^2）
长江上游低海拔区（L-URY）	3929（2398～4285）	4195
长江上游高海拔区（H-URY）	3650（1940～3945）	3958
长江中游二熟区（D-MRY）	3896（2870～4133）	4133
长江中游三熟区（T-MRY）	3034（1808～3433）	3438
长江下游（LRY）	4004（2340～4257）	4258
长江流域（YRB）	3703（1808～4257）	3996

注：括号内数据表示变幅

通过综合长江流域冬油菜的各级产量，对比分析不同区域的产量特征，结果见表 18-2。对于不同种植区，各级产量均表现为潜在产量和可获得产量明显高于试验产量与实际产量，反映了当前冬油菜产量水平总体处于较低的状态，且具有较大的增产空间。长江流域冬油菜实际产量占潜在产量的比例平均为 45%，即当前农户所获得的产量水平不足潜在水平的一半，平均变幅为 33%～53%，不同区域间表现出的趋势与产量水平相似，以长江下游和长江上游低海拔区较高，均达到 50% 以上，分别为 53% 和 51%，其次为长江中游二熟区（47%），长江上游高海拔区相对较低（40%），长江中游三熟区最低（33%），反映了不同种植区冬油菜生产的优势与限制。

表 18-2　长江流域冬油菜各级产量

区域	实际产量（kg/hm^2）	试验产量（kg/hm^2）	可获得产量（kg/hm^2）	潜在产量（kg/hm^2）
长江上游低海拔区（L-URY）	2139	2691	3929	4195
长江上游高海拔区（H-URY）	1582	2266	3650	3958
长江中游二熟区（D-MRY）	1955	2505	3896	4133
长江中游三熟区（T-MRY）	1126	1993	3034	3438
长江下游（LRY）	2246	2683	4004	4258
长江流域（YRB）	1810	2428	3703	3996

四、长江流域不同区域冬油菜各级产量差

长江流域冬油菜各级产量差见表 18-3，全区总产量差平均为 2186kg/hm²，从产量差的空间分布可以看出，长江下游低于长江中上游，长江以南高于长江以北。具体表现为，长江上游高海拔区和长江中游三熟区总产量差较高，均达到 2300kg/hm² 以上，平均分别为 2376kg/hm² 和 2311kg/hm²；然后为长江中游二熟区，平均为 2178kg/hm²；长江上游低海拔区和长江下游总产量差相对较低，分别平均为 2056kg/hm² 和 2012kg/hm²。进一步分析各级产量差可知，长江流域冬油菜产量差Ⅰ、产量差Ⅱ、产量差Ⅲ分别平均为 618kg/hm²、1275kg/hm² 和 294kg/hm²。产量差Ⅰ，即由营养学管理措施引起的产量差，区域间平均变幅为 437～867kg/hm²，其中以长江中游三熟区最高，长江下游最低。产量差Ⅱ，即由栽培学管理措施引起的产量差，区域间平均变幅为 1040～1391kg/hm²，其中以长江上游高海拔区和长江中游二熟区较高，长江中游三熟区最低。产量差Ⅲ，即由一些不可控的因子引起的产量差，区域间平均变幅为 237～404kg/hm²，其中以长江中游三熟区最高，长江中游二熟区最低。

表 18-3　长江流域冬油菜各级产量差

区域	产量差Ⅰ（kg/hm²）	产量差Ⅱ（kg/hm²）	产量差Ⅲ（kg/hm²）	总产量差（kg/hm²）
长江上游低海拔区（L-URY）	552	1238	266	2056
长江上游高海拔区（H-URY）	684	1384	308	2376
长江中游二熟区（D-MRY）	550	1391	237	2178
长江中游三熟区（T-MRY）	867	1040	404	2311
长江下游（LRY）	437	1321	254	2012
长江流域（YRB）	618	1275	294	2187

产量差的相对值在一定程度上更能体现作物的增产空间，且有利于分析不同产量限制因子对产量差的贡献。长江流域冬油菜各级产量差占潜在产量的比例见表 18-4，全区总产量差平均为潜在产量的 54%，其中长江中游三熟区的比例最高，达到 67%，其次为长江上游高海拔区和长江中游二熟区，平均分别为 60% 和 53%，长江上游低海拔区和长江下游相对较低，均在 50% 以下。从各级产量差的结果可知，产量差Ⅰ、产量差Ⅱ、产量差Ⅲ占潜在产量的比例平均分别为 15%、32% 和 7%，说明栽培学管理措施是引起长江流域冬油菜产量差的主要因子。区域间由营养学管理措施引起的产量差所占比例平均变幅为 10%～25%，其中长江中游三熟区远高于其他区域；不同区域由栽培学管理措施引起的产量差所占比例均明显高于其他因素，且平均变幅较小，为 30%～35%；由一些不可控因子引起的产量差

所占比例平均变幅为 6%～12%，其中长江中游三熟区（12%）明显高于其他区域（6%～8%）。

表 18-4　长江流域冬油菜各级产量差占潜在产量的比例　　　　（%）

区域	总产量差占潜在产量的比例	产量差 I 占潜在产量的比例	产量差 II 占潜在产量的比例	产量差 III 占潜在产量的比例
长江上游低海拔区（L-URY）	49	13	30	6
长江上游高海拔区（H-URY）	60	17	35	8
长江中游二熟区（D-MRY）	53	13	34	6
长江中游三熟区（T-MRY）	67	25	30	12
长江下游（LRY）	47	10	31	6
长江流域（YRB）	54	15	32	7

第二节　长江流域不同区域冬油菜的各级养分效率差

一、长江流域不同区域冬油菜各级肥料偏生产力

肥料偏生产力是表征产量输出与养分投入比例的综合指标，即每施用 1kg 肥料生产的产量。长江流域冬油菜不同水平肥料偏生产力计算结果见表 18-5，全区实际水平、试验水平和理论水平的氮肥偏生产力平均分别为 9.6kg/kg、14.1kg/kg 和 23.1kg/kg。实际水平氮肥偏生产力区域间差异较大，平均变幅为 6.5～11.9kg/kg，其中以长江上游低海拔区和长江中游二熟区相对较高，均达到 10.0kg/kg 以上，长江中游三熟区最低。试验水平氮肥偏生产力以长江上游低海拔区最高，达到 16.0kg/kg，以长江中游三熟区最低，仅为 11.7kg/kg，其他 3 个区域差异较小，平均变幅为 14.0～14.7kg/kg。理论水平氮肥偏生产力以长江上游高海拔区最高（24.5kg/kg），其次为长江上游低海拔区和长江中游二熟区（分别为 23.6kg/kg 和 23.3kg/kg），较低的为长江下游和长江中游三熟区（分别为 21.4kg/kg 和 20.1kg/kg）。

表 18-5　长江流域冬油菜肥料偏生产力　　　（单位：kg/kg）

肥料	区域	实际水平	试验水平	理论水平
氮肥 N	长江上游低海拔区（L-URY）	11.9	16.0	23.6
	长江上游高海拔区（H-URY）	9.1	14.2	24.5
	长江中游二熟区（D-MRY）	10.8	14.7	23.3
	长江中游三熟区（T-MRY）	6.5	11.7	20.1
	长江下游（LRY）	9.7	14.0	21.4
	长江流域（YRB）	9.6	14.1	23.1

续表

肥料	区域	实际水平	试验水平	理论水平
磷肥 P	长江上游低海拔区（L-URY）	38.0	35.2	52.2
	长江上游高海拔区（H-URY）	28.6	26.0	42.4
	长江中游二熟区（D-MRY）	32.5	34.4	53.0
	长江中游三熟区（T-MRY）	22.4	26.1	44.9
	长江下游（LRY）	32.4	39.1	60.2
	长江流域（YRB）	30.8	32.2	51.4
钾肥 K	长江上游低海拔区（L-URY）	48.3	38.3	49.9
	长江上游高海拔区（H-URY）	36.0	22.1	37.1
	长江中游二熟区（D-MRY）	37.4	24.5	40.6
	长江中游三熟区（T-MRY）	27.1	19.4	33.7
	长江下游（LRY）	36.2	29.2	43.6
	长江流域（YRB）	37.0	26.7	41.9

　　长江流域冬油菜实际水平、试验水平和理论水平的磷肥偏生产力平均分别为30.8kg/kg、32.2kg/kg 和 51.4kg/kg。不同区域实际水平磷肥偏生产力最高出现在长江上游低海拔区，达到 38.0kg/kg，其次为长江中游二熟区和长江下游，等于或接近 32.5kg/kg，最低为长江中游三熟区（22.4kg/kg）。试验水平磷肥偏生产力平均变幅为 26.0～39.1kg/kg，其中以长江下游最高，长江上游高海拔区和长江中游三熟区较低。长江流域冬油菜理论水平磷肥偏生产力平均为 42.4～60.2kg/kg，以长江下游最高，长江上游高海拔区和长江中游三熟区较低，其他区域均接近全区平均水平。

　　长江流域冬油菜实际水平、试验水平和理论水平的钾肥偏生产力平均分别为37.0kg/kg、26.7kg/kg 和 41.9kg/kg，值得一提的是，实际水平钾肥偏生产力高于试验水平，这是由于实际水平钾肥用量普遍较低。实际水平钾肥偏生产力总体水平较高，可能与农户实际钾肥用量较低有关，全区平均变幅为 27.1～48.3kg/kg，其中以长江上游低海拔区最高，长江中游三熟区最低，其他区域间差异较小，为36.0～37.4kg/kg。试验水平钾肥偏生产力同样是以长江上游低海拔区最高（38.3kg/kg），长江中游三熟区最低（19.4kg/kg），其他区域为 22.1～29.2kg/kg。理论水平钾肥偏生产力区域间变幅为 33.7～49.9kg/kg，其中以长江上游低海拔区和长江下游、长江中游二熟区较高，均达到 40kg/kg 以上，以长江上游高海拔区和长江中游三熟区较低，均在 40kg/kg 以下。

二、长江流域不同区域冬油菜各级养分回收效率

养分回收效率是表征作物养分吸收效率的重要指标，即每施用 1kg 肥料作物地上部养分吸收量的增加量。长江流域冬油菜不同水平养分回收效率计算结果如图 18-4 所示，全区实际水平、试验水平和理论水平的氮素回收效率平均分别为 21.5%、33.8% 和 54.0%。不同区域实际水平氮素回收效率以长江上游低海拔区最高，达到 28.4%，其次为长江下游和长江中游二熟区，分别为 24.3% 和 22.8%，长江上游高海拔区和长江中游三熟区相对较低，均不足 20%。试验水平氮素回收效率较实际水平有明显的提高，且不同区域均达到 30% 以上，平均变幅为 30.2%～

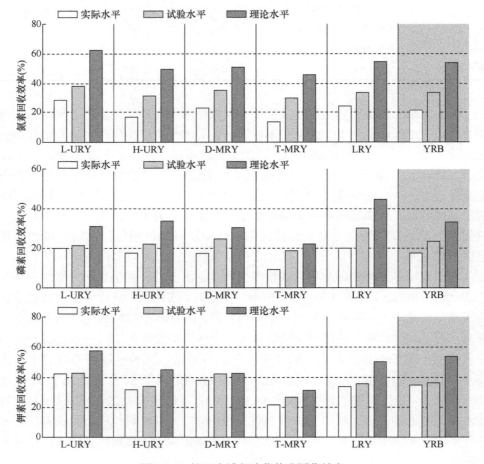

图 18-4　长江流域冬油菜养分回收效率

L-URY：长江上游低海拔区；H-URY：长江上游高海拔区；D-MRY：长江中游二熟区；T-MRY：长江中游三熟区；
LRY：长江下游；YRB：整个长江流域

38.3%，其中以长江上游低海拔区最高，其次为长江中游二熟区、长江下游和长江上游高海拔区，长江中游三熟区最低。理论水平氮素回收效率普遍达到45%以上，不同区域平均变幅为45.8%～62.6%，同样是以长江上游低海拔区最高，其次为长江下游和长江中游二熟区，均达到50%以上，长江上游高海拔区和长江中游三熟区相对较低，不足50%。

长江流域冬油菜实际水平、试验水平和理论水平的磷素回收效率平均分别为17.6%、23.4%和33.1%。不同区域实际水平磷素回收效率最高出现在长江上游低海拔区和长江下游，均为20.0%，最低出现在长江中游三熟区，仅为9.1%，其他区域较为接近，约为17.5%。试验水平磷素回收效率区域间平均变幅为18.7%～30.0%，其中以长江下游最高，长江中游三熟区最低，其他区域变幅为21.4%～24.8%。不同区域理论水平磷素回收效率普遍达到30%以上，仅长江中游三熟区为22.1%，最高为长江下游，达到44.8%，其他区域差异较小，平均变幅为30.3%～33.7%（图18-4）。

长江流域冬油菜实际水平、试验水平和理论水平的钾素回收效率平均分别为34.9%、36.4%和53.6%，其中实际水平和试验水平较为接近，均低于理论水平。不同区域实际水平钾素回收效率差异较大，平均变幅为21.7%～42.5%，最高出现在长江上游低海拔区，其次为长江中游二熟区（38.3%），最低出现在长江中游三熟区，其他区域较为接近，约为35%。试验水平钾素回收效率以长江上游低海拔区和长江中游二熟区较高，均超过40%，分别平均为43.0%和42.3%，其次为长江上游高海拔区和长江下游，接近于全区平均水平，最低为长江中游三熟区，仅为26.8%。理论水平钾素回收效率平均变幅为31.4%～57.6%，其中长江上游低海拔区和长江下游均达到50%以上，最低为长江中游三熟区，另两个区域分别为42.6%和45.1%（图18-4）。

三、长江流域不同区域冬油菜各级肥料偏生产力差值

长江流域冬油菜各级肥料偏生产力差值结果见表18-6，全区氮肥偏生产力总差值平均为13.5kg/kg，占理论水平（23.1kg/kg）的58.0%左右，说明农户实际氮肥偏生产力仅获得42%的潜在可利用水平，整体处于较低的状态，增值空间较大。不同区域氮肥偏生产力总差值平均变幅为11.6～15.4kg/kg，其中以长江上游高海拔区最高，长江上游低海拔区和长江下游较低。氮肥偏生产力差值Ⅰ的结果表明，通过改善营养学管理措施平均可缩小总差值的4.5kg/kg，区域间平均变幅为3.9～5.1kg/kg，其中以长江上游高海拔区和长江中游三熟区较高，以长江上游低海拔区和长江中游二熟区较低。氮肥偏生产力差值Ⅱ的结果表明，栽培学管理措施是引起氮肥偏生产力总差值的主要因子，平均为9.0kg/kg，区域间

变幅为 7.4～10.3kg/kg，其中以长江上游高海拔区最高，以长江上游低海拔区和长江下游较低。

表 18-6　长江流域冬油菜肥料偏生产力差值

肥料	区域	总差值（Gapₜ）（kg/kg）	差值 I （Gap₁）（kg/kg）	差值 II （Gap₂）（kg/kg）
氮肥	长江上游低海拔区（L-URY）	11.6	4.0	7.6
	长江上游高海拔区（H-URY）	15.4	5.1	10.3
	长江中游二熟区（D-MRY）	12.5	3.9	8.6
	长江中游三熟区（T-MRY）	13.5	5.1	8.4
	长江下游（LRY）	11.7	4.3	7.4
	长江流域（YRB）	13.5	4.5	9.0
磷肥	长江上游低海拔区（L-URY）	14.2	—	17.0
	长江上游高海拔区（H-URY）	13.9	—	16.4
	长江中游二熟区（D-MRY）	20.5	1.9	18.6
	长江中游三熟区（T-MRY）	22.6	3.8	18.8
	长江下游（LRY）	27.8	6.7	21.1
	长江流域（YRB）	20.6	1.4	19.2
钾肥	长江上游低海拔区（L-URY）	1.6	—	11.6
	长江上游高海拔区（H-URY）	1.1	—	14.9
	长江中游二熟区（D-MRY）	3.2	—	16.1
	长江中游三熟区（T-MRY）	6.6	—	14.3
	长江下游（LRY）	7.5	—	14.5
	长江流域（YRB）	4.9	—	15.1

注：Gap_t=理论水平–实际水平，Gap_1=试验水平–实际水平，Gap_2=理论水平–试验水平。"—"表示差值为负值

长江流域冬油菜磷肥偏生产力总差值平均为 20.6kg/kg，不同区域差异明显，平均变幅为 13.9～27.8kg/kg，其中以长江下游最高，长江上游低海拔区和长江上游高海拔区较低，另两个区域分别为 20.5kg/kg 和 22.6kg/kg。从磷肥偏生产力两个差值结果可知，由营养学管理措施引起的磷肥偏生产力差值较小，其中长江上游低海拔区和长江上游高海拔区为负值，最高为长江下游（6.7kg/kg），反映了当前农户实际磷肥用量处于较低的水平、区域间施用磷肥增产效果差异明显。因此，在保证磷肥供应的条件下，改善配套的管理措施是提高磷肥偏生产力的主要途径。

长江流域冬油菜钾肥偏生产力总差值平均为 4.9kg/kg，区域间平均变幅为 1.1～7.5kg/kg，其中以长江中游三熟区和长江下游较高，长江上游低海拔区和长

江上游高海拔区较低。从钾肥偏生产力两个差值结果可知，不同区域试验水平钾肥偏生产力均低于实际水平，主要原因是实际水平钾肥用量普遍较低，平均变幅仅为44~62kg/hm^2，而推荐的钾肥用量较实际水平高出 1 倍左右；钾肥偏生产力差值 II 的均值为 15.1kg/kg，区域间平均变幅为 11.6~16.1kg/kg，说明通过改善栽培学管理措施来提高施用钾肥效果仍存在较大的空间，尤其是在长江中游二熟区。

四、长江流域不同区域冬油菜各级养分回收效率差值

长江流域冬油菜各级养分回收效率差值结果如图 18-5 所示，全区氮素回收效率总差值为 32.6%，区域间总体差异较小，平均变幅为 28.2%~34.25%，其中以长江上游低海拔区最高，长江中游二熟区最低。从氮素回收效率两个差值结果可知，由营养学管理措施引起的氮素回收效率差值以长江上游高海拔区和长江中游三熟区较高，平均分别为 14.9%和 16.9%，以长江上游低海拔区和长江下游较低，均不足 10%；由栽培学管理措施引起的氮素回收效率差值以长江上游低海拔区最高，达到 24.3%，明显高于其他区域，最低出现在长江中游二熟区和长江中游三熟区，约为 15%。

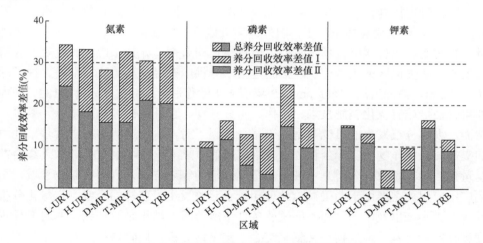

图 18-5 长江流域冬油菜养分回收效率差值

L-URY：长江上游低海拔区；H-URY：长江上游高海拔区；D-MRY：长江中游二熟区；T-MRY：长江中游三熟区；LRY：长江下游；YRB：整个长江流域

长江流域冬油菜磷素回收效率总差值平均为 15.5%，区域间平均变幅为 11.0%~24.8%，最高出现在长江下游，且明显高于其他区域。由营养学管理措施引起的磷素回收效率差值平均为 5.8%，不同区域差异明显，其中以长江中游三熟区和长江下游较高，平均分别为 9.6%和 10.0%，最低为长江上游低海拔区，仅为 1.4%。由栽培学管理措施引起的磷素回收效率差值平均为 9.7%，最高同样为长江下游

（14.8%），其次为长江上游高海拔区和长江上游低海拔区，均约为 10%，最低为长江中游二熟区和长江中游三熟区，平均分别为 5.6% 和 3.4%。

长江流域冬油菜钾素回收效率总差值平均为 11.7%，区域间平均变幅为 4.3%～16.3%，其中以长江中游二熟区最低，以长江上游低海拔区和长江下游较高，均达到 15% 以上。由营养学管理措施引起的钾素回收效率差值平均为 2.7%，区域间平均变幅为 0.4%～5.1%，其中以长江上游低海拔区最低，以长江中游二熟区和长江中游三熟区较高。由栽培学管理措施引起的钾素回收效率差值平均为 9.0%，其中最低为长江中游二熟区，仅为 0.3%，最高为长江上游低海拔区和长江下游，均达到 14.5%。

第三节　不同管理措施对冬油菜产量和养分效率的影响

由于油菜对农业和工业的重要性，我国油菜产量在过去几十年内有大幅度的提高，然而近年来，油菜种植面积受到限制，单产水平也徘徊不前。明确当前管理技术水平对产量的贡献，对于进一步改善农艺措施和促进未来油菜产业的发展具有重要意义。

优化管理措施有利于发挥环境优势（温度、光照）和资源有效性（水分、养分、空间），以及避免病虫草害，国外油菜最佳管理措施常包括品种、轮作、播种量、行间距、播种深度、草害防控、植物生长调节剂、养分供应、灌溉等，有研究表明，北美地区油菜最佳管理措施包括水分供应充足、高氮硫、早播、种子深 10～19mm、播种量高达 6kg/hm^2、3 年或 4 年轮作制（Assefa et al.，2018）。国内油菜管理措施有优化施肥技术、轮作、水分管理、秸秆还田、协同微量元素等。然而，大部分已发表的研究都是关于某一个因子对产量的影响，如土壤基础地力的提高对区域作物生产养分管理和土壤培肥的贡献（崔振岭，2005），缺乏综合性定量化的研究。整合分析是一种可定量化分析的综述方法，目前在农业领域已得到广泛应用。主要用于明确试验处理相较于对照发生了怎样的反应，定量化分析反应的大小，以及同一主题不同试验条件下所获得的结果是否一致，并对变异程度进行定量。本节通过搜集文献来综合、定量地分析不同管理措施对产量和养分效率的影响，以期为缩小油菜产量差、养分效率差提供科学指导。

一、冬油菜产量的分布

不同管理措施下冬油菜产量的分布情况如图 18-6 所示。不同管理措施下，冬油菜产量平均变幅为 1246～3725kg/hm^2。在施肥技术措施中，优化施肥产量平均可达到 2455kg/hm^2，明显高于农民习惯施肥（2040kg/hm^2）。在长江流域冬油菜种植区，冬油菜生长中水分需求主要依靠雨水，一般不进行灌溉，而排水是水分管

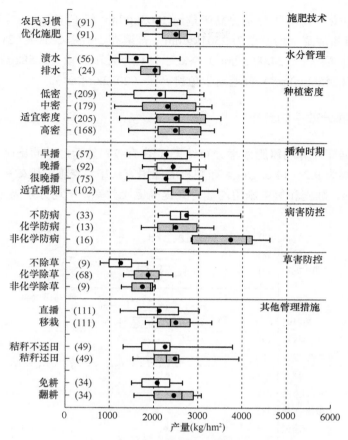

图 18-6 不同管理措施下油菜产量的分布

括号内数据为样本数。箱形图白色填充代表对照组，灰色填充代表处理组。箱形图内实心点代表均值，箱子内部竖线代表中位值，箱子的左右边界线分别代表 25%和 75%点位值，箱子的左右须线分别代表 10%和 90%点位值

理措施中的重要手段，渍水时冬油菜产量平均仅为 1563kg/hm²，排水可提高产量到 1987kg/hm²。试验条件下，低密（直播：<15 株/m²；移栽：<6 株/m²）冬油菜产量平均为 2101kg/hm²，随着种植密度的提高，冬油菜产量呈现升高的趋势，达到适宜密度（直播：30~45 株/m²；移栽：9~12 株/m²）时产量趋于平稳，平均为 2473kg/hm²。长江流域多熟制栽培条件下，依据轮作特征和冬油菜品种确定适宜的播期对稳定产量十分重要，试验条件下早播（比适宜播期提前 15 天左右）冬油菜产量仅为 2255kg/hm²，晚播（比适宜播期推迟 15 天左右）和很晚播（比适宜播期推迟 30 天左右）平均产量分别为 2416kg/hm² 和 2255kg/hm²，适宜播期条件下，冬油菜产量可达到 2739kg/hm²。在病害防控措施中，非化学防病与不防病冬油菜产量均处于较高的水平，且产量变异较大，与不防病的对照组相比，非化学防病提高了冬油菜产量。在草害防控措施中，不除草条件下冬油菜产量平均仅为 1246kg/hm²，

化学除草和非化学除草可分别提高产量至 1863kg/hm² 和 1740kg/hm²。在其他管理措施中，移栽冬油菜平均产量为 2501kg/hm²，普遍高于直播冬油菜（2119kg/hm²）；秸秆还田冬油菜产量（2488kg/hm²）略高于秸秆不还田产量（2258kg/hm²）；翻耕冬油菜产量（2466kg/hm²）普遍高于免耕产量（2082kg/hm²）。

二、冬油菜养分效率的分布

通过数据库计算的氮肥效率分布结果（图 18-7）显示，不同施肥技术下氮肥效率平均变幅为 9.2～14.6kg/kg。在肥料的施用方式中，表施氮肥效率最低，平均仅为 9.2kg/kg，翻施和集中施用均能有效提高氮肥效率，平均分别为 10.0kg/kg 和

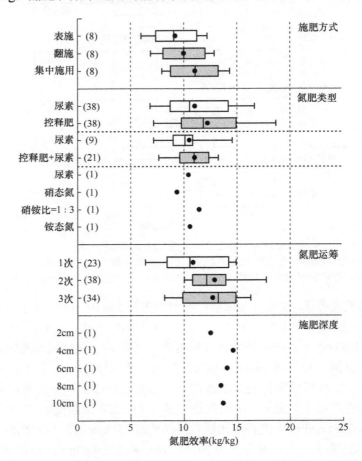

图 18-7　不同管理措施下氮肥效率的分布

括号内数据为样本数。箱形图白色填充代表对照组，灰色填充代表处理组。箱形图内实心点代表均值，箱子内部竖线代表中位值，箱子的左右边界线分别代表 25% 和 75% 点位值，箱子的左右须线分别代表 10% 和 90% 点位值

11.1kg/kg。在氮肥类型中，试验条件下控释肥和控释肥+尿素的氮肥效率平均分别为 12.2kg/kg 和 11.0kg/kg，不同硝铵配比中以硝铵比=1：3 的氮肥效率最高，为 11.4kg/kg，均高于对应的普通尿素。在氮肥运筹措施中，一次性施用氮肥效率平均为 10.9kg/kg，氮肥分次施用可明显提高氮肥效率，分 2 次（基追比为 7：3 或 6：4）施用时，氮肥效率平均为 12.9kg/kg，分 3 次（基肥：苗肥/越冬肥：薹肥为 6：2：2）施用时，氮肥效率平均为 12.7kg/kg。一定程度地深施氮肥不仅可以减少氮肥损失，还可以提高氮肥效率，随着氮肥施用的加深，氮肥效率呈现先增加后趋于平缓的趋势，在 4～6cm 深度时氮肥效率较高，约为 14.5kg/kg，进一步加深可能会抑制苗期养分的吸收，导致氮肥效率降低。

三、不同管理措施对冬油菜产量的影响

从整合分析的结果可以看出（图 18-8），不同管理措施对冬油菜产量的影响均

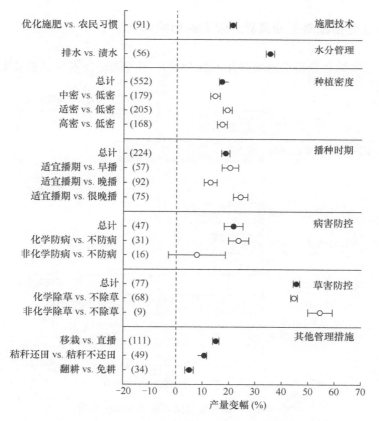

图 18-8　不同管理措施对冬油菜产量的影响

括号内数据为样本数。误差线表示 95%置信区间

表现出增产的效果，平均变幅为 5.1%～45.6%。从不同管理措施来看，优化施肥技术较农民习惯施肥可提高产量 21.1%，对应的 95%置信区间为 19.9%～22.2%。在水分管理方面，通过有效的深沟排水较渍水可提高冬油菜产量高达 35.3%（95%置信区间为 33.7%～36.9%）。增加种植密度是冬油菜高产的重要途径，且可以在一定程度上替代氮肥的增产效果，与低密种植相比，中密可增产 14.5%，适密可达到 19.2%，进一步增加种植密度增产效果则有所降低。在播期控制中，适宜的播种时期较早播、晚播、很晚播可分别提高产量 20.3%、12.9%和 24.3%。在生物胁迫的防控措施中，病害和草害防控的增产效果分别达到 21.6%和 45.9%，其中非化学防病对产量的影响未达到显著水平，其 95%置信区间过了 0 值，为−3.0%～18.6%。在其他管理措施中，移栽的种植模式较直播可增产 15.2%（95%置信区间为 14.0%～16.4%），秸秆还田较不还田可增产 10.8%（95%置信区间为 9.8%～11.7%），翻耕较免耕可增产 5.1%（95%置信区间为 3.5%～6.7%）。

四、不同管理措施对冬油菜养分效率的影响

氮肥效率综合分析的结果显示（图 18-9），不同施肥技术对氮肥效率影响的平

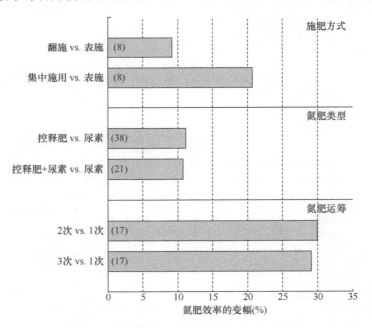

图 18-9　不同管理措施对氮肥效率的影响

括号内数据为样本数

均变幅为 9.2%～30.0%，其中以氮肥运筹对氮肥效率的影响最大。在氮肥运筹措施中，氮肥分 2 次和 3 次施用较一次性施用可分别提高氮肥效率达 30.0% 和 29.1%。其次在施肥方式中，集中施用比表施可提高 20.7% 的氮肥效率，而翻施可提高 9.2%。在氮肥类型的选择中，控释肥和控释肥与尿素混施可分别提高氮肥效率 11.2% 和 10.7%，合理的控释肥与尿素混施，不仅可以维持较高的氮肥效率，还可以降低肥料成本。

第十九章　我国油菜高产高效的综合管理策略

油菜是世界上产量仅次于大豆的第二大油料作物,2012～2013年全球油菜种植面积为3487万hm²,产量6093万t,占到油料作物总产量的13.6%。除作为食用油外,油菜也是饲用蛋白和生物柴油的重要来源,因此提高油菜的种植面积和产量对于满足全球不断增加的人口对粮食和能源的需求至关重要。我国是油菜种植大国,其种植面积和产量均居世界前列,然而由于油菜种植比较效益低,农民种植油菜的积极性普遍偏低,油菜种植面积和单产徘徊不前。在目前我国食用油消费60%以上依赖进口的情况下,实现油菜产业新跨越对于维护国家食用油供给安全具有重要作用。

充足的养分供应是保障油菜生长和产量的关键,其中氮素最为关键。氮素是油菜产量最重要的限制因子之一,在我国油菜产业快速发展的各阶段均起到非常重要的作用,施氮对油菜产量的贡献率从20世纪60年代的31.2%提高到了现阶段的72.2%,合理的氮肥施用是油菜产量和品质的重要保证。但对目前我国油菜生产的调查发现,氮肥施用过量和不足现象非常普遍,并且氮肥品种、施用时期等也存在各种问题,严重限制了油菜的产量潜力。油菜氮素吸收量较大,但其氮肥利用率偏低,一方面是由油菜本身的特性决定的,油菜收获指数平均仅为0.29,远低于其他作物,油菜在苗期和薹期累积的大量氮素主要分配于叶片,而开花后叶片氮素没有得到充分转移和再利用,大量脱落的叶片增加了氮素损失,因此培育氮肥高效吸收利用品种是提高油菜产量和氮肥利用率的重要手段;另一方面油菜生产中不合理的氮肥施用影响了油菜的产量和氮肥利用率,完善油菜氮肥施用技术和策略对于实现油菜的高产与高效同样重要。因此我们以氮素为例,详细论述我国高产高效油菜生产所必需的综合管理策略。

作物氮素需求和外源氮素供应(土壤+肥料+环境)不协调是作物氮肥利用率低的主要原因,提高作物产量和氮肥利用率的关键就在于协调两者的关系,实现作物氮素需求和外源氮素供应的同步。本章以冬油菜高产高效氮肥管理为例,首先综述了国内外油菜氮肥管理的进展,并结合我国冬油菜种植的特点,以及我们团队近几年在冬油菜氮肥高效施用方面的研究,围绕着作物-土壤-肥料三者的协调和同步,从冬油菜氮素吸收、冬油菜种植季土壤氮素供应特点、冬油菜氮素管理关键技术以及配套管理方式等多个方面介绍冬油菜氮肥高效施用的养分管理策略,以期为我国冬油菜高产和养分高效提供参考。

一、冬油菜氮素吸收特性

冬油菜氮素累积量较大，当产量为 1000～4000kg/hm² 时地上部氮素累积量为 52.7～332.9kg/hm²（图 19-1）。随着产量的增加，冬油菜地上部氮素累积量呈直线增加的趋势。不同区域、品种和栽培条件下冬油菜百千克籽粒需氮量差异明显，但百千克籽粒需氮量和产量之间并没有明显线性关系，平均氮素累积量为 6.49kg，变幅为 3.92kg～9.55kg。利用 QUEFTS 模型预测不同产量水平下冬油菜氮素累积量（Ren et al.，2015b），当目标产量小于 3000kg/hm² 时，冬油菜地上部氮素累积量随着产量的提高呈直线增加的趋势；当产量超过 3000kg/hm² 时，冬油菜地上部氮素累积量明显增加，呈现抛物线增加的趋势。大群体是油菜获得高产的关键，然而大群体下作物种间竞争增大，为了获得有限的空间和光温等资源，作物吸收的氮素更多地用于非籽粒（茎、叶片和角果）部分的生长，而籽粒部分吸收的氮素则相对稳定，因此高产条件下作物吸收的氮素除了满足籽粒的正常需求外，更多地用于非籽粒部分的生长，从而提高光合有效面积和光合速率，保证产量的形成。

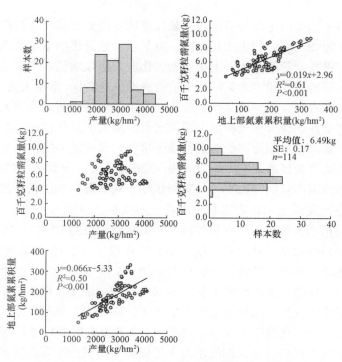

图 19-1 冬油菜产量、地上部氮素累积量和百千克籽粒需氮量的关系

除氮素累积量较大外，冬油菜氮素吸收和利用存在明显的阶段特征。研究表

明，在我国冬油菜生产中苗期干物质累积量仅占全生育期的 20%～30%，但其氮素累积量可占生育期最大累积量的 28%～80%（刘晓伟等，2011b；Wang et al.，2014）。由于与我国冬油菜种植区域气候条件差异明显，欧洲冬油菜苗期（秋冬季）生长较为缓慢，但很多研究表明其苗期氮素累积量也超过 100kg/hm²（Henke et al.，2007）。苗期充足的氮素营养往往和油菜高产密切联系，一方面充足的氮素营养可以提高油菜对冬季多变环境的抵抗力，降低直播油菜的死亡率；另一方面苗期吸收的氮素 84%分配于叶片，充足的氮素营养有助于形成强大的叶片群体，满足薹期之后油菜快速生长的需求。薹期到花期是油菜干物质和氮素快速累积的关键时期，到角果期油菜干物质和氮素累积量达到最大值。然而进入花期后，油菜根系生物量和活力逐渐降低，其对土壤养分吸收和利用的能力也随之降低，油菜体内氮素转移再利用则是油菜生殖生长和满足生育后期氮素需要的重要保证，油菜籽粒吸收的氮素 55%～73%来自营养器官氮素的再分配，促进营养生长阶段氮素再利用是提高油菜产量和氮肥利用率的关键。

二、油菜种植季土壤氮素供应特点

作为我国冬油菜的主要种植区域，长江流域冬油菜种植土壤有机质和碱解氮平均含量分别为 26.1g/kg 和 132.4mg/kg。有机质含量是影响土壤氮素供应的重要因素，随着有机质含量的增加，土壤氮素矿化能力明显增强。李银水等（2008）利用有机质和碱解氮构建了油菜种植土壤的氮素供应指标，但从大数据分析来看，土壤有机质和碱解氮含量与油菜产量及氮肥施用效果并无明显的相关关系，有机质和碱解氮含量并非评价油菜种植土壤氮素供应能力的最优指标。不施氮处理油菜的产量和氮素累积量则为评价油菜种植土壤氮素供应能力提供了重要参考，冬油菜主产区不施氮处理油菜的产量为 179～3763kg/hm²，平均为 1474kg/hm²，相当于施氮处理油菜产量的 57.5%，油菜种植季土壤呈现较低的氮素供应能力。以不施氮处理冬油菜地上部氮素累积量表征土壤氮素供应能力（图 19-2），可以看出，冬油菜种植季土壤氮素供应量仅占作物氮素累积量的 17.1%～28.5%。

进一步的田间原位矿化试验表明，不同轮作模式（水稻-油菜和棉花-油菜轮作）下，冬油菜种植季土壤氮素净矿化总量为 25.9～36.8kg/hm²；土壤氮素矿化呈现明显阶段变化的特征，水旱（水稻-油菜）轮作中油菜种植季前期土壤氮素净矿化总量占整个生育期的比例明显低于旱地（棉花-油菜）轮作，水旱轮作油菜种植季土壤表现出低硝化速率和高固定速率（本课题组未发表数据）。研究发现，水旱轮作中由于根茬还田以及长期淹水的环境促进了土壤活性有机质组分的累积，其颗粒有机物碳氮含量明显高于旱地轮作，在一些长期水旱轮作田块同样发现了生物有效性较低物质在颗粒有机物的累积（Bu et al.，2015）。尽管油菜为旱

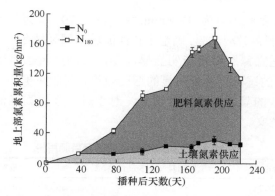

图 19-2　冬油菜种植季土壤和肥料氮素供应特点
N_0 和 N_{180} 分别表示施氮量为 0kg/hm² 和 180kg/hm²

地种植，但常年的水旱轮作促进了土壤颗粒黏质化，即使转为旱地，其土壤含水量也往往高于旱地轮作油菜种植季土壤含水量，因此充足的碳源和适宜水分条件促进了土壤氮素固定，导致水旱轮作中油菜种植季前期土壤氮素供应能力降低。然而苗期是冬油菜氮素吸收的关键时期，土壤氮素供应和植株氮素吸收的不协调可能是我国长江流域水旱轮作体系冬油菜种植季不施氮处理产量显著降低的重要原因。这也是与欧洲冬油菜种植不同的地方，尽管欧洲冬油菜苗期的氮素累积量较高，但由于上一季作物较高的氮素残留以及秋冬季较高的土壤氮素矿化能力，土壤氮素供应即可满足冬油菜苗期的氮素需求，因此秋冬季（苗期）往往不施或施用少量的氮肥，推荐的氮肥施用时期是蔓期和花期。但在我国的长江流域冬油菜主产区，前期充足的化学氮肥对于协调土壤氮素供应和冬油菜氮素吸收具有重要作用。

三、氮素管理关键技术

（一）适宜氮肥用量

油菜适宜的氮肥用量为 65～325kg/hm²，不同国家、产量水平、品种、耕作制度下油菜适宜的氮肥用量存在明显差异（表 19-1）。肥料效应方程，包括抛物线、线性+平台、抛物线+平台方程，是确定作物最佳氮肥用量的常见方法。肥料效应方程的基本假设是不同田块作物对氮肥的响应是相似的，显然土壤间的变异决定了由肥料效应方程得到的最佳氮肥用量不能适用于每个田块的氮肥推荐，参考区域平均适宜氮肥用量制定相应的施肥策略则是一种行之有效的方法。邹娟等（2011b）利用 74 个田间试验评价了 180kg/hm² 作为长江流域冬油菜主产区平均适宜氮肥用量的潜力。王寅等（2013）进一步利用不同肥料效应方程确定了江浙地区冬油菜平均适宜氮肥用量为 199kg/hm^2。李慧（2015）通过整理长江流域开展的 1800 多个田间肥料效应试验，确定了长江流域不同区域冬油菜的平均适宜氮肥用量。区域平均适宜氮肥用量能明显提高冬油菜的产量、经济效益和肥料利用率，但也有 26.7%的试验点并无明显的增产效果，因此在平均适宜氮肥用量的基础上，结合各田块的具体情况进行调整，对于进一步提高冬油菜的产量和氮肥利用率具有重要意义。

表 19-1　不同国家油菜的适宜氮肥用量

国家	产量（t/hm^2）	适宜氮肥用量（kg/hm^2）	资料来源
加拿大	0.87～3.92	65～200	Blackshaw et al.，2011；Malhi et al.，2007
中国	1.33～4.02	90～325	李银水等，2008；王寅等，2013；左青松等，2014；吴永成等，2015
德国	2.50～5.71	137～220	Barraclough，1989；Boelcke et al.，1991；Rathke et al.，2005
法国	3.50	140	Gallejones et al.，2012
澳大利亚	2.00～3.00	75～100	Hocking et al.，1997
波兰	3.81	160	Barlóg and Grzebisz，2004
英国	5.73	200	Zhao et al.，1993
巴基斯坦	1.73～1.83	90	Cheema et al.，2001
爱沙尼亚	5.29～5.76	120	Narits，2010
土耳其	1.18	160	Ozer，2003
匈牙利	4.27～4.39	210	Pepó，2013
西班牙	3.00	220	Gallejones et al.，2012

　　此外，借助植物和土壤的快速诊断及时调整氮肥用量也是改进区域平均适宜氮肥用量的方法。李银水等（2012b）对比了 SPAD 仪、硝酸盐反射仪和 GreenSeeker 三种氮素营养快速诊断方法在油菜上的适宜性。魏全全等（2015）利用数字图像技术，选取红光标准化值作为冬油菜氮素营养诊断的指标。同样利用高光谱进行冬油菜氮素营养诊断的研究不断增多，借助卫星遥感以及无人机等工具可以实现大范围内的作物氮素营养诊断。根据植物营养诊断的结果，结合冬油菜氮素营养的临界值，及时判断作物的氮素营养状况，反馈调节氮肥的用量。

　　土壤无机氮是植物氮素营养的主要来源，根据施肥前土壤无机氮含量确定适宜氮肥用量在旱地作物上已经得到广泛应用。Smith 等（2010）根据油菜的产量响应曲线确定了不同氮和油菜籽价格比值情况下油菜最佳氮素供应量（土壤测试值+化学氮肥用量）为 89～290kg/hm^2，英国油菜生产指南明确指出了油菜春季追肥时总的氮素供应量为 175kg/hm^2，施肥时需要根据土壤无机氮含量测试值，结合氮肥利用率以及目标产量进行调整。我们根据氮素供应（化肥+土壤）和油菜地上部氮素累积的关系确定了油菜移栽期—越冬期、越冬期—薹期、薹期—花期和花期—收获期的氮素供应目标值分别为 105～128kg/hm²、95～105kg/hm²、94～102kg/hm² 和 71～73kg/hm²，通过每次施肥前测定根层土壤无机氮含量，可以协调作物的氮素吸收和氮肥供应，保证作物的高产和养分高效。

（二）适宜氮肥形态

　　调查显示，目前长江流域冬油菜生产中常见的氮肥有尿素、碳铵和复合肥，其中尿素的施用比例高达 79.2%，冬油菜的氮肥品种呈现单一化。尽管施入土壤中的氮肥经过一系列的转化均会转化为铵态氮和硝态氮被作物吸收利用，但与单一氮素营养供应相比，适宜的硝态氮和铵态氮配比能够促进作物根系的生长发育，改善根际环境，进而促进植物的生长，提高作物的产量。张萌（2015）研究发现，施用铵态氮肥油菜苗期的生长明显好于施用硝态氮肥，但薹期之后不同氮肥形态处理之间油菜生长并无明显差异，其中以铵态氮和硝态氮的比例为 3∶1 时油菜的产量最高；但同样有研究发现，铵态氮抑制油菜苗期的生长，相反硝态氮供应可对油菜产量起到积极作用（Arkoun et al., 2012）。种植模式、土壤、环境条件等均会影响不同形态氮肥施用效果，在我国长江流域冬油菜的水旱轮作区，常年水旱交替影响了土壤物理、化学和生物学性质，水旱（水稻-油菜）轮作中油菜种植季土壤总硝化速率明显低于旱地（棉花-油菜）轮作，尤其是冬季低温时，施入土壤中的铵态氮肥或尿素可以较长时间以铵态氮形态留存在土壤中，而土壤中维持相对较高的铵态氮含量，能明显刺激根系的生长发育，因此油菜苗期铵态氮肥处理明显好于硝态氮肥处理。因此目前我国长江流域水旱轮作冬油菜生产中，在以酰胺态氮肥为主的基础上，调整硝铵比，从而促进冬油菜的生长，提高冬油菜的产量和氮肥利用率。

　　缓控释氮肥对于提高油菜产量和氮肥利用率同样具有重要意义。冬油菜生育期较长，氮肥分次施用对于提高冬油菜产量和氮肥利用率固然非常重要，然而由于农村劳动力短缺，氮肥一次性施用同样是冬油菜轻简化生产的关键技术。缓控释氮肥通过不同包膜材料以及添加剂减/控氮素的释放，实现肥料氮素供应和作物氮素吸收的同步。王素萍等（2012）研究表明，缓控释尿素一次性基施可以保证油菜生长后期的氮素供应，促进油菜的生长发育，达到普通尿素分次施用的效果。然而目前缓控释尿素成本普遍较高，通过缓控释氮肥和尿素配合，一方面可以降低生产成本，另一方面通过适宜的配比可以实现氮素供应（土壤+肥料）和作物氮素需求的同步，研究表明，缓控释氮肥和尿素配施比例为 6∶4～7∶3 时油菜增产效果最好。

（三）适宜氮肥施用方式

　　常见氮肥施用方式包括表面撒施（表施）、翻施、穴施、条施等，相较于表面撒施，集中施用能明显减少氮素损失，促进根系生长，增大根系和养分的接触面积，提高作物产量和氮肥利用率。研究表明，条施或穴施方式下冬油菜产量最高，通过对比不同氮肥施用方式下冬油菜产量、作物氮素累积量和氮肥利用率的差异，发现集中施用能减少氮素损失，保证后期氮素供应，促进花后根系的生长和物质的累积，进而提高冬油菜的产量和氮肥利用率。

对于氮肥的集中施用，施肥位置是非常关键的参数。施肥过浅会影响种子的出苗和根系的生长，Hocking 等（2003）明确指出种肥同播处理油菜的成苗密度明显低于其他施肥位置。苏伟（2010）利用盆栽试验也发现，施肥深度为 2cm 和 4cm，油菜的出苗率不足 65%，并且根系生长明显滞后于其他施肥处理，但在施肥深度较浅（1.5cm 和 4.5cm）的情况下可以通过侧位施肥的方式提高油菜的出苗率。尽管肥料深施能诱导根系下扎，但也增加了施肥动力投入，Su 等（2015）研究表明，施肥深度为 15cm 和 10cm 油菜地上部生长与产量并无明显差异。总体来看，氮肥施在 10cm 处能明显促进油菜根系生长，增加干物质累积，提高油菜的产量和氮肥利用率。

（四）适宜施用时期

养分临界期和最大养分效率期是作物施肥的关键时期，根据作物的养分吸收规律，分次施用能明显减少氮素损失，提高作物产量和氮肥利用率。苗期是油菜氮素吸收的关键时期，氮素供应不足影响油菜幼苗的生长和干物质累积；薹期是油菜干物质快速累积的时期，因此众多的研究指出了油菜最适的氮肥施用时期和比例为基肥 50%～60%、越冬肥（苗肥）20% 和薹肥 20%～30%。

氮肥分次施用的关键在于通过氮肥的分次施用实现土壤和肥料氮素供应与作物氮素需求同步，因此除了作物氮素吸收，土壤氮素供应特点也是影响氮肥分次施用的关键因素。在欧洲，尽管油菜苗期氮素累积量可达 100kg/hm^2，但前季作物的氮素残留以及秋冬季高的土壤氮素矿化能力可以满足油菜苗期的氮素需求，因此在油菜生产中往往建议春季施用氮肥，秋季施用少量基肥或者不施氮肥。但不同土壤上氮肥施用也略有不同，Grant 等（2002）研究指出，由于黏壤土的氮素固定和损失较高，其秋季施用氮肥效果弱于春季施用氮肥，而在砂壤土上秋季和春季施用氮肥效果相同。与欧洲和加拿大的油菜种植不同，水旱轮作是我国冬油菜主产区重要的轮作方式，水稻收获后土壤无机氮残留往往较低，并且水分状况的改变以及土壤中充足的活性有机质促进了土壤氮素的固定，降低了冬油菜种植前期土壤氮素的供应，因此基肥中充足的氮肥供应对于保证冬油菜的生长具有积极的作用。进入薹期后随着温度的升高，土壤氮素矿化能力逐渐增强，土壤氮素供应可以满足此时冬油菜快速生长的需要，因此可以适当减少氮肥投入。

此外，氮肥的分次施用同样需要考虑氮肥推荐用量，当目标产量较高，土壤氮素供应能力较低，而氮肥推荐用量处于适宜或者偏低时，氮肥的分次施用降低了前期的氮素供应，相反，氮肥一次性施用能明显提高前期的氮素供应，促进冬油菜干物质和氮素累积，提高冬油菜的产量和氮肥利用率；当土壤氮素供应较充足时，氮肥分次施用则可以明显提高氮肥利用率。

综上所述，"4R"（选择正确的肥料品种、采用正确的肥料用量、在正确的施肥时间、施用在正确的位置）是油菜氮肥高效施用技术的核心，根据不同区域土壤氮素供应特征确定不同目标产量下区域适宜氮肥用量，进一步结合具体田块的土壤无机氮测试以及植株氮素营养诊断的结果优化氮肥的适宜用量。在明确油菜氮肥用量的基础上，根据不同的种植制度和土壤条件选择适宜的氮肥形态，通过铵硝的适宜配比促进油菜根系的生长，通过缓控释氮肥和速效氮肥配合的方式，实现氮肥的一次性施用，在降低油菜生产劳动力成本的同时提高油菜的产量和氮肥利用率。氮肥集中施用则可进一步减少氮素损失，提高氮肥利用率，10cm 的施肥深度是目前油菜生产中较适宜的氮肥施用位置。最后根据油菜氮素吸收规律，合理分配氮肥施用时期，实现土壤和肥料氮素供应与作物氮素需求同步，油菜最适的氮肥施用时期与比例为基肥 50%～60%、越冬肥（苗肥）20%和薹肥 20%～30%。油菜氮肥高效施用技术的合理运用将有利于提高油菜的产量和氮肥利用率。

四、配套管理方式

（一）栽培方式

育苗移栽和直播是我国两种重要的油菜栽培模式，在不同的历史阶段、劳动力条件和生产力水平下，两者对于我国油菜产业发展和油料安全均起到关键作用。移栽油菜采用壮苗移栽，其个体发育普遍较强，尽管在移栽过程中会造成根系损伤，但由于其根系较直播油菜粗壮，因此移栽油菜抵抗外界环境胁迫的能力较强，产量也较直播油菜高和稳定。与之相比，直播油菜群体大，根系分布更深和更广，但由于其个体发育较弱，因此直播油菜对氮肥施用更加敏感，氮肥供应不足会影响直播油菜的出苗和成苗，进而影响油菜的产量。从生产调查来看，直播油菜产量要低于移栽油菜，但从多年多点的试验中可以看出，直播油菜的产量可以接近甚至高于移栽油菜（王寅，2014）。直播油菜的产量构成因素包括密度、单株角果数、每角粒数和千粒重，密度和单株角果数是直播油菜获得高产的关键。养分、环境的胁迫以及种内竞争引起直播油菜生育期内密度逐渐降低，导致收获时群体较小。充足地施用氮素可以提高油菜的抗逆性，减少生育期内植株的死亡率，同时合理的氮肥能促进油菜个体的发育，解决过高密度下植株个体较弱的问题，因此氮肥管理至关重要。王寅和鲁剑巍（2015）提出了"前促后稳"直播油菜养分管理策略，在前期供应充足的氮肥，以促进油菜幼苗的发育，提高其抵抗外界环境胁迫的能力，提高存活率；后期持续稳定的氮素供应保证油菜个体的发育，增加单株角果数，提高油菜的产量。

（二）密度

密度是影响作物产量的关键因素，适当增加密度是作物获得高产的重要前提。随着密度的增加，作物产量往往呈抛物线形增加，当密度超过最适密度之后，作物的产量明显降低。对于油菜而言，高密度条件下，植株个体发育较弱，单株角果数明显减少；相反，在低密度情况下，单株角果数明显增加，强壮的个体可以弥补低密度对产量的影响。在密度相差较大的情况下，尽管低密度下单株角果数、千粒重表现出明显优势，但其产量仍明显低于高密度处理，因此适宜密度是油菜高产的首要前提，欧洲、加拿大和澳大利亚适宜的油菜种植密度均为 50～80 株/m²，我国适宜的密度为 30～60 株/m²。气候条件的差异可能是影响不同区域油菜适宜密度的重要因素，在我国，春季高温多雨，过大的密度极易增加病虫害的发生率，影响油菜的产量和品质。

密度和氮肥存在明显的交互作用，在低密度情况下，合理的氮肥施用能明显促进个体的发育，进一步提高油菜单株角果数，从而提高油菜产量；在高密度的情况下，过量的氮肥投入会增大个体之间的竞争，导致油菜产量降低，而高密度和适宜的氮肥用量可以明显提高油菜产量、地上部氮素累积量和氮肥利用率。Li 等（2014）指出，在相同目标产量下，与低密度相比，高密度可以减少 22.8%～25.4%的氮肥投入。因此对于相同目标产量，低密度条件下可以通过适当增加氮肥投入促进个体的发育进而提高油菜的产量；相反，在高密度情况下则应适当减少氮肥投入，控制种间竞争，达到"以密省肥"的目的，从而获得较高的产量和氮肥利用率。

（三）轮作

油菜-水稻、油菜-棉花、油菜-玉米、油菜-花生等轮作方式是我国长江流域冬油菜生产中非常重要的轮作方式。作为冬季作物，油菜种植可以有效增加地面覆盖，减少水土流失和氮素损失，同时油菜作为一种肥田养地作物，种植油菜有利于改善土壤结构，另外油菜生长季大量落叶有利于培肥土壤，提高下季作物的产量，Christen 和 Sieling（1998）的研究发现，油菜-小麦轮作中小麦产量平均比小麦-小麦轮作中小麦的产量增加 1.1t/hm²，在水旱轮作研究中同样发现油菜-水稻轮作中水稻的产量要明显高于小麦-水稻轮作中水稻的产量（本课题组未发表数据）。前季作物对油菜产量和氮肥推荐用量同样会产生明显影响，李银水等（2012a）对湖北省主要油菜轮作模式生产和施肥状况的调查发现，油菜-花生和油菜-棉花轮作模式下油菜的产量要高于油菜-水稻轮作，Ren 等（2015a）总结了 70 个油菜-

水稻和油菜-棉花轮作田间试验发现，水稻-油菜轮作中油菜季土壤氮素供应能力明显低于棉花-油菜轮作，在相同目标产量下，与水旱轮作相比，旱旱轮作油菜氮肥用量可以在推荐氮肥用量的基础上减少 9～14kg/hm^2。前季作物对后季作物产量及氮肥效应的影响受到前季作物氮肥残留的影响，与水稻相比，棉花季氮肥用量较高，并且棉花季氮素损失相对较少，因此棉花收获后土壤氮素盈余明显高于水稻，进而引起棉花-油菜轮作中油菜季土壤氮素供应能力要高于水稻-油菜轮作。除土壤氮素残留外，不同轮作制度下油菜季土壤氮素转化可能也是影响油菜季土壤氮素供应和产量的重要因素。研究发现，豆科作物-油菜轮作中豆科作物的残留促进了油菜季土壤氮素矿化，豆科作物-油菜轮作中油菜的产量要明显高于小麦-油菜轮作，与小麦-油菜轮作相比，豆科作物-油菜轮作可以减少油菜推荐氮肥用量。与旱地轮作不同，水旱轮作的交替变化影响了土壤微生物活性以及其群落结构，同时水稻收获后土壤中残留的大量根茬促进了土壤氮素的固定，减少了油菜季前期土壤氮素矿化，影响了油菜的生长和产量。因此，从周年轮作角度来看，根据土壤氮素供应特点和作物养分吸收规律，协调氮肥施用对于保证作物的产量、提高氮肥利用率具有重要作用。

（四）秸秆还田

秸秆还田是目前油菜生产中非常重要的栽培管理措施，秸秆还田有助于改善土壤温湿度状况，提高土壤肥力，促进土壤中活性有机质组分的累积，增加土壤养分供应。常见的秸秆还田方式包括翻压还田和覆盖还田，翻压还田是目前油菜生产中比较常见的秸秆还田方式。水稻收获后借助大型机械将水稻秸秆直接翻压还田，大量秸秆投入往往会导致微生物和植物"争氮"，因此在生产中往往建议适当增加氮肥投入，避免因作物和微生物"争氮"导致作物产量的降低。事实上，由于秸秆较高的碳氮比，在前期的确存在作物和微生物"争氮"的现象，导致作物叶片"黄化"，但随着秸秆腐解，秸秆中的氮素会重新释放进入土壤中，提高土壤氮素供应。因此，在不增加氮肥投入总量的基础上，通过调整各时期氮肥施用比例，将后期追施的氮肥适当前移，同样可以在不影响产量的情况下，提高氮肥利用率。油菜生产中冬季温度较低，进入春季后温度逐渐升高，秸秆腐解促进了土壤氮素矿化，提高了薹期和花期的土壤氮素供应，进而满足了作物氮素需求，因此对于采用秸秆翻压还田的油菜田，要适当地"氮肥前移"，通过提高前期氮肥供应协调氮素供应和作物氮素需求，而在后期则依靠土壤氮素矿化满足油菜的生长需要。

秸秆覆盖还田可以减少对大型机械的依赖，对于规模较小的油菜种植是一种非常有效的秸秆还田方式。它可以提高土壤保水能力，有效缓解冬季干旱对油菜苗期生长的影响。但需要注意的是，秸秆还田会影响油菜的出苗和后期氮肥的施用。苏伟等（2011）研究指出，秸秆覆盖还田油菜出苗率平均降低 19.3%，同样覆盖还田增加后期追施氮肥的氨挥发，降低氮肥利用率，因此对于秸秆覆盖还田，适当增加播种量有利于提高成苗的数量，保证油菜的产量；对于氮肥的施用则可以采取尿素和缓控释氮肥配合一次性施用的方式，这样既可以降低后期追肥的劳动力成本投入，又可以减少氮素损失，提高油菜的产量和氮肥利用率。

（五）其他配套措施

水肥协同、病虫草害防控同样是油菜生产中实现油菜高产和氮肥高效的重要措施。我国长江流域冬油菜种植季降雨充沛，降雨量可达 338～1045mm，但季节分布不均，秋季干旱和春季渍害均会严重影响油菜的产量和氮肥利用率，水肥协同供应则可以提高油菜的产量和氮肥利用率。油菜田杂草吸收的氮素可占到植物地上部总氮素累积量的 13.1%～64.1%，尤其是在不施氮条件下，油菜生长明显受到抑制，杂草的生物量和氮素累积量明显超过油菜，这也是影响油菜氮肥利用率不可忽视的因素。通过合理密植，实现"以密盖草"，同时配合适宜的氮肥投入及病虫草害防控，可以促进油菜的生长发育，抑制杂草的氮素吸收，从而提高油菜的产量和氮肥利用率。

由此可见，有效的农艺配套措施是油菜高产高效氮肥管理技术体系的重要组成部分，它不仅影响油菜的生长和养分吸收，还改变了土壤养分转化和供应。栽培方式和种植密度的差异影响了油菜的生长与养分吸收，直播油菜苗期根系弱，对外界逆境的适应性差，因此苗期充足的养分（尤其是氮素）供应对于提高直播油菜的出苗率和成苗率、提高油菜的产量至关重要；尽管密植有利于发挥油菜的群体优势，但其个体发育和养分累积要明显弱于稀植，因此通过"密植减氮、稀植增氮"的方式可以有效地协调油菜个体和群体的发展，提高油菜的产量和氮肥利用率。秸秆还田和轮作制度则会影响油菜季土壤和肥料氮素转化，虽然秸秆还田可提高资源的利用效率，但不适宜的氮肥管理可能会造成油菜苗期缺氮和增加油菜季氮素损失，因此根据不同的秸秆还田方式和轮作制度，优化和调整油菜氮肥的施用方式则是提高油菜产量和氮肥利用率的关键。此外，油菜高产高效氮肥管理技术体系同样需要考虑其他优化的农艺措施，如水肥协同、与其他元素的配施、病虫草害的防治等。只有将氮肥高效施用技术和高产高效生产农艺配套技术有机融合，才能真正实现油菜的高产和养分的高效。

五、氮素综合管理策略

作物-土壤-肥料的协调和同步是作物高产与养分高效的关键，油菜养分吸收和油菜种植土壤养分供应受到很多因素的影响，包括栽培模式、轮作方式、种植密度、秸秆还田等，肥料合理施用（包括适宜用量、形态、施肥时期和施肥方式）则起到关键作用。通过调节肥料施用时期和施用比例，在前期促进油菜生长和养分（尤其是氮素）吸收，后期协调油菜养分转移再利用，以"前促后稳"的方式实现油菜养分需求和土壤养分供应的同步（图 19-3）。通过肥料的集中施用，减少养分损失，促进根系的生长，利用根系-土壤-肥料互作提高油菜的产量和肥料利用率。同时综合考虑不同轮作下土壤养分供应特点及后效，统筹肥料的施用，提高效率。此外，适当密植、秸秆还田、水肥协同以及与其他元素的配施对于实现油菜的高产和养分高效同样具有积极意义。

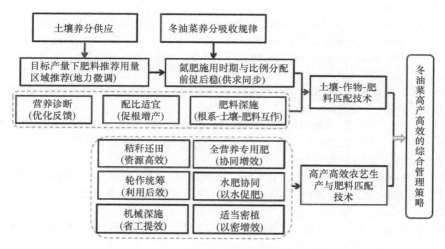

图 19-3　冬油菜高产高效的氮肥管理策略

　　油菜全程机械化是实现油菜产业新跨越的关键，在推进油菜全程机械化的过程中，如何将油菜高产高效的养分管理策略和农业机械化有机融合则是新形势下油菜产业发展的关键。肥料作为油菜高产高效生产策略物化的最终形式，如何通过合理的配比以及缓（控）释手段在满足机械化施用的同时，实现冬油菜"前促后稳"的施肥策略？对于农业机械，如何有效设计，一方面可以实现肥料的集中施用，协调根系-土壤-肥料相互作用；另一方面配套的机械则可以实现油菜适当密植、秸秆还田等。只有油菜养分管理策略和农业机械化有机结合才能真正实现油菜高产和养分高效，推动油菜产业的新跨越。

主要参考文献

曹翠玲, 李生秀, 苗芳. 1999. 氮素对植物某些生理生化过程影响的研究进展. 西北农业大学学报, 27(4): 96-101.

陈刚, 彭健, 刘振利, 等. 2006. 中国菜籽饼粕品质特征及其影响因素研究. 中国油料作物学报, 21(1): 95-99.

陈浩, 官春云, 刘忠松, 等. 2016. 早熟油菜湘油 420 的选育. 作物研究, 30(3): 271-273.

陈鹏. 2016. 油菜长效专用配方肥施用效果研究. 武汉: 华中农业大学硕士学位论文.

陈新平, 张福锁. 2006. 通过"3414"试验建立测土推荐施肥技术指标体系. 中国农技推广, 22(4): 36-39.

崔振岭. 2005. 华北平原冬小麦-夏玉米轮作体系优化氮肥管理: 从田块到区域尺度. 北京: 中国农业大学博士学位论文.

戴延波, 曹卫星, 李存东. 1998. 作物增铵营养的生理效应. 植物生理学通讯, 34(6): 488-493.

董海荣, 李金才, 李存东. 2009. 不同形态外源氮素营养对棉花苗期氮素代谢的影响. 河北农业大学学报, 32(3): 17-20.

杜旭华. 2009. 氮素形态对茶树生长及氮素吸收利用的影响. 南京: 南京林业大学博士学位论文.

傅廷栋, 梁华东, 周广生. 2012. 油菜绿肥在现代农业中的优势及发展建议. 中国农技推广, 28(8): 37-39.

耿国涛, 陆志峰, 卢涌, 等. 2020. 红壤地区直播油菜施硼对籽粒产量和品质的影响. 土壤学报, 57(4): 928-936.

顾玉民, 李炳生. 2008. 氮肥运筹对秦优 10 号产量的影响. 种子科技, (4): 42-43.

郭庆元, 李志玉. 2000. 我国南方红黄壤地区优质油菜营养特性与施肥效应研究. Ⅰ. 不同油菜品种的氮磷营养特性. 中国油料作物学报, 22(4): 43-47.

国家发展和改革委员会价格司. 2016. 全国农产品成本收益资料汇编. 北京: 中国统计出版社.

金继运, 白由路. 2001. 精准农业与土壤养分管理. 北京: 中国大地出版社.

李慧. 2015. 中国冬油菜氮磷钾肥施用效果与推荐用量研究. 武汉: 华中农业大学博士学位论文.

李岚涛, 李静, 明金, 等. 2018. 冬油菜叶面积指数高光谱监测最佳波宽与有效波段研究. 农业机械学报, 49(2): 156-165.

李岚涛, 马骥, 魏全全, 等. 2015. 基于高光谱的冬油菜植株氮素积累量监测模型. 农业工程学报, 31(20): 147-156.

李先信, 黄国林, 陈宏英. 2007. 不同形态氮素及其配比对脐橙生长和叶片矿质元素含量的影响. 湖南农业大学学报, 33(5): 622-625.

李亚东, 赵爽, 张志东. 2008. 不同氮素形态配比对越橘生长、产量及叶片元素含量的影响. 吉林农业大学学报, 30(4): 477-480.

李银水, 鲁剑巍, 邹娟, 等. 2008. 湖北省油菜氮肥效应及推荐用量研究. 中国油料作物学报, 30(2): 218-223.

李银水, 余常兵, 廖星, 等. 2012a. 湖北省两种油菜栽培模式下的施肥现状. 湖北农业科学,

51(8): 1541-1543.

李银水, 余常兵, 廖星, 等. 2012b. 三种氮素营养快速诊断方法在油菜上的适宜性分析. 中国油料作物学报, 34(5): 508-513.

刘波. 2016. 冬油菜氮素营养调控技术及相关机制研究. 武汉: 华中农业大学博士学位论文.

刘秋霞, 任涛, 张亚伟, 等. 2019. 华中区域直播冬油菜临界氮浓度稀释曲线的建立与应用. 中国农业科学, 52(16): 2835-2844.

刘晓伟. 2011. 冬油菜养分吸收规律及不同养分效率品种特征比较研究. 武汉: 华中农业大学硕士学位论文.

刘晓伟, 鲁剑巍, 李小坤, 等. 2011a. 直播冬油菜干物质积累及氮磷钾养分的吸收利用. 中国农业科学, 44(23): 4823-4832.

刘晓伟, 鲁剑巍, 李小坤, 等. 2011b. 冬油菜叶片的物质及养分积累与转移特性研究. 植物营养与肥料学报, 17(4): 956-963.

刘秀秀. 2014. 不同钾效率类型油菜干物质积累及钾素吸收利用差异研究. 武汉: 华中农业大学硕士学位论文.

卢颖林, 李庆余, 徐新娟, 等. 2010. 不同形态氮素对番茄幼苗体内营养元素含量的影响. 中国农学通报, 26(21): 122-130.

鲁飘飘. 2018. 中油杂 12 及其亲本对氮肥响应的差异与机制初探. 武汉: 华中农业大学硕士学位论文.

罗锡文, 廖娟, 胡炼, 等. 2016. 提高农业机械化水平促进农业可持续发展. 农业工程学报, 32(1): 1-11.

马欣, 石桃雄, 武际, 等. 2011. 不同硼肥对油菜产量和品质的影响及其在油稻轮作中的后效. 植物营养与肥料学报, 17(3): 761-766.

马宗斌. 2007. 不同形态氮素配施对专用小麦籽粒产量和品质形成的调控研究. 河南: 河南农业大学博士学位论文.

明日. 2016. 直播冬油菜适宜密度与氮肥用量配合增产的协调机制研究. 武汉: 华中农业大学硕士学位论文.

潘薇薇, 危常州, 丁琼, 等. 2009. 膜下滴灌棉花氮素推荐施肥模型的研究. 植物营养与肥料学报, 15(1): 204-210.

师进霖, 姜跃丽, 陈恩波. 2009. 氮素形态对黄瓜幼苗光合特性及碳水化合物代谢的影响. 江西农业学报, 21(10): 57-58.

苏伟. 2010. 油菜轻简化生长中几项养分管理关键技术的初步研究. 武汉: 华中农业大学博士学位论文.

苏伟, 鲁剑巍, 李云春, 等. 2010. 氮肥运筹方式对油菜产量、氮肥利用率及氮肥淋失的影响. 中国油料作物学报, 32(4): 558-562.

苏伟, 鲁剑巍, 周广生, 等. 2011. 稻草还田对油菜生长、土壤温度及湿度的影响. 植物营养与肥料学报, 17(2): 366-373.

田霄鸿, 王朝晖, 李生秀. 1999. 不同氮素形态及配比对蔬菜生长和品质的影响. 西北农业大学学报, 27(2): 6-10.

汪建飞, 董彩霞, 沈其荣. 2007. 不同铵硝比对菠菜生长、安全和营养品质的影响. 土壤学报, 44(4): 683-688.

王汉中. 2005. 中国油料产业发展的现状、问题与对策. 中国油料作物学报, 27(4): 100-105.

王瑞宝, 时映, 夏开宝. 2007. 氮肥形态及揭膜对烤烟生长及产量品质的影响. 中国农学通报, 23(10): 449-453.

王素萍. 2012. 控释尿素养分释放特征及在油菜上施用效果研究. 武汉: 华中农业大学硕士学位论文.

王素萍, 李小坤, 鲁剑巍, 等. 2012. 施用控释尿素对油菜籽产量、氮肥利用率及土壤无机氮含量的影响. 植物营养与肥料学报, 18(6): 1449-1456.

王寅. 2014. 直播和移栽冬油菜氮磷钾肥施用效果的差异及机理研究. 武汉: 华中农业大学博士学位论文.

王寅, 鲁剑巍. 2015. 中国冬油菜栽培方式变迁与相应的养分管理策略. 中国农业科学, 48(15): 2952-2966.

王寅, 鲁剑巍, 李小坤, 等. 2013. 江浙油菜主产区冬油菜的区域适宜施氮量研究. 土壤学报, 50(6): 50-61.

魏全全, 李岚涛, 任涛, 等. 2015. 基于数字图像技术的冬油菜氮素营养诊断. 中国农业科学, 48(19): 3877-3886.

吴永成, 李壮, 牛应泽. 2015. 高密度直播油菜高产优质和氮肥高效的适宜氮肥施用模式. 植物营养与肥料学报, 21(5): 1184-1189.

武际, 郭熙盛, 张祥明, 等. 2009. 安徽省油菜施肥现状调查及其对策分析. 安徽农业科学, 37(25): 11935-11936.

武新岩, 郭建华, 方正, 等. 2011. 不同氮素形态对黄瓜光合作用及果实品质的影响. 华北农学报, 26(2): 223-227.

徐华丽. 2012. 长江流域油菜施肥状况调查及配方施肥效果研究. 武汉: 华中农业大学博士学位论文.

徐华丽, 鲁剑巍, 李小坤, 等. 2010. 湖北省油菜施肥状况调查. 中国油料作物学报, 32(3): 418-423.

许楠, 张会慧, 朱文旭, 等. 2012. 氮素形态对饲料桑树幼苗生长和光合特性的影响. 草业科学, 29(10): 1574-1580.

晏枫霞. 2009. 氮素形态和不同氮磷钾配比对菘蓝生长及活性成分的影响. 南京: 南京农业大学硕士学位论文.

杨阳, 闫志刚, 翟衡. 2009. 不同铵硝比对霞多丽幼苗矿质营养元素吸收利用的影响. 中外葡萄与葡萄酒, (9): 4-7.

杨阳, 郑秋玲, 裴成国, 等. 2010. 不同铵硝比对霞多丽葡萄幼苗生长和氮素营养的影响. 植物营养与肥料学报, 16(2): 370-375.

尹飞, 陈明灿, 刘君瑞. 2009. 氮素形态对小麦花后干物质积累与分配的影响. 中国农学通报, 25(13): 78-81.

张春, 何伟, 周翼衡. 2010. 施氮形态及方式对烤烟生长及烟碱含量的影响. 湖北农业科学, 49(5): 1075-1077.

张富仓, 康绍忠, 李志军. 2003. 氮素形态对白菜硝酸盐积累和养分吸收的影响. 园艺学报, 30(1): 93-94.

张萌. 2015. 不同形态氮肥配施对直播冬油菜生长、根系形态及光合特性的影响. 武汉: 华中农业大学硕士学位论文.

张树杰, 张春雷, 李玲, 等. 2011. 氮素形态对冬油菜幼苗生长的影响. 中国油料作物学报, 33(6): 567-573.

张智. 2018. 长江流域冬油菜产量差与养分效率差特征解析. 武汉: 华中农业大学博士学位论文.

张智, 丛日环, 鲁剑巍. 2017. 中国冬油菜产业氮肥减施增效潜力分析. 植物营养与肥料学报, 23(6): 1494-1504.

中华人民共和国国家统计局. 2016. 中国统计年鉴. 北京: 中国统计出版社.

中华人民共和国国家统计局. 2017. 中国统计年鉴. 北京: 中国统计出版社.

邹娟. 2010. 冬油菜施肥效果及土壤养分丰缺指标研究. 武汉: 华中农业大学博士学位论文.

邹娟, 鲁剑巍, 陈防, 等. 2009. 基于 ASI 法的长江流域冬油菜区土壤有效磷、钾、硼丰缺指标研究. 中国农业科学, 42(6): 2028-2033.

邹娟, 鲁剑巍, 陈防, 等. 2011a. 冬油菜施氮的增产和养分吸收效应及氮肥利用率研究. 中国农业科学, 44(4): 745-752.

邹娟, 鲁剑巍, 陈防, 等. 2011b. 长江流域油菜氮磷钾肥料利用率现状研究. 作物学报, 37(4): 729-734.

邹小云, 陈伦林, 李书宇, 等. 2011. 氮、磷、钾、硼肥施用对甘蓝型杂交油菜产量及经济效益的影响. 中国农业科学, 44(5): 917-924.

左青松, 杨海燕, 冷锁虎, 等. 2014. 施氮量对油菜氮素积累和运转及氮素利用率的影响. 作物学报, 40(3): 511-518.

Abrol D P. 2007. Honeybees and rapeseed: a pollinator-plant interaction. Advances in Botanical Research, 45: 337-367.

Arkoun M, Sarda X, Jannin L, et al. 2012. Hydroponics versus field lysimeter studies of urea, ammonium and nitrate uptake by oilseed rape (*Brassica napus* L.). Journal of Experimental Botany, 63(14): 5245-5258.

Assefa Y, Roozeboom K, Stamm M. 2014. Winter canola yield and survival as a function of environment, genetics, and management. Crop Science, 54: 2303-2313.

Barlóg P, Grzebisz W. 2004. Effects of timing and nitrogen fertilizer application on winter oilseed rape (*Brassica napus* L.) Ⅰ. Growth dynamics and seed yield. Journal of Agronomy & Crop Science, 190: 305-313.

Barraclough P B. 1989. Root growth, macro-nutrient uptake dynamics and soil fertility requirements of a high-yielding winter oilseed rape crop. Plant and Soil, 119: 59-70.

Blackshaw R E, Hao X, Brandt R N, et al. 2011. Canola response to ESN and urea in a four-year no-till cropping system. Agronomy Journal, 103: 92-99.

Boelcke B, Léon J, Schulz R R, et al. 1991. Yield stability of winter oil-seed rape (*Brassica napus* L.) as affected by stand establishment and nitrogen fertilization. Journal of Agronomy & Crop Science, 167: 241-248.

Britto D T, Kronzucker H J. 2002. NH_4^+ toxicity in higher plants: a critical review. Journal of Plant Physiology, 159(6): 567-584.

Bu R Y, Lu J W, Ren T, et al. 2015. Particulate organic matter affects soil nitrogen mineralization under two crop rotation systems. PLoS ONE, 10(12): e0143835.

Cate R B J, Nelson L A. 1971. A simple statistical procedure for partitioning soil test correlation data into two classes. Soil Science Society of America Journal, 35(2): 658-660.

Cheema M A, Malik M A, Hussain A, et al. 2001. Effects of time and rate of nitrogen and phosphorus application on the growth and the seed and oil yields of canola (*Brassica napus* L.). Journal of Agronomy & Crop Science, 186: 103-110.

Chen X P, Zhang F S, Römheld V, et al. 2006. Synchronizing N supply from soil and fertilizer and N demand of winter wheat by an improved N_{min} method. Nutrient Cycling in Agroecosystems,

74(2): 91-98.

Christen O, Sieling K. 1998. Effects of the interaction between oilseed rape and winter wheat as preceding crops and cultivar on the grain yield of winter wheat. German Journal of Agronomy, 2(1): 16-19.

Cui Z L, Chen X P, Miao Y X, et al. 2008. On-farm evaluation of the improved soil N_{min}-based nitrogen management for summer maize in North China plain. Agronomy Journal, 100(3): 517-525.

De Datta S K. 1981. Principles and practices of rice production. The International Rice Research Institute Los Banos, the Philippines, (1): 1-5.

Engels C, Marschner H. 1993. Influence of the forms nitrogen supply on root uptake and translocation of cations in the xylem exudates of maize. Journal of Experimental Botany, 44: 1695-1701.

Fischer R A. 2015. Definitions and determination of crop yield, yield gaps, and of rates of change. Field Crops Research, 182: 9-18.

Fischer R A, Byerlee D, Edmeades G O. 2009. Can technology deliver on the yield challenge to 2050?// Food and Agriculture Organization of the United Nations Economic and Social Development Department. Expert Meeting on How to Feed the World in 2050. Rome: FAO.

Gallejones P, Castellón A, del Prado A, et al. 2012. Nitrogen and sulphur fertilization effects on leaching losses, nutrient balance and plant quality in a wheat-rapeseed rotation under a humid Mediterranean climate. Nutrient Cycling in Agroecosystems, 93: 337-355.

Gami S K, Lauren J G, Duxbury J M. 2009. Soil organic carbon and nitrogen stocks in Nepal long-term soil fertility experiments. Soil and Tillage Research, 106(1): 95-103.

Grant C A, Brown K R, Racz G J, et al. 2002. Influence of source, timing and placement of nitrogen fertilization on seed yield and nitrogen accumulation in the seed of canola under reduced- and conventional-tillage management. Canadian Journal of Plant Science, 82(4): 629-638.

Grassini P, van Bussel L G J, Wart J V, et al. 2015. How good is good enough? Data requirements for reliable crop yield simulations and yield-gap analysis. Field Crops Research, 177: 49-63.

He F F, Chen Q, Jiang R F, et al. 2007. Yield and nitrogen balance of greenhouse tomato (*Lycopersicum esculentum* Mill.) with conventional and site-specific nitrogen management in Northern China. Nutrient Cycling in Agroecosystems, 77(1): 1-14.

Heberer J A, Below F E. 1989. Mixed nitrogen nutrition and productivity of wheat grown in hydroponics. Annals of Botany, 63(6): 643-649.

Henke J, Breustedt G, Sieling K, et al. 2007. Impact of uncertainty on the optimum nitrogen fertilization rate and agronomic, ecological and economic factors in an oilseed rape-based crop rotation. Journal of Agricultural Science, 145(5): 455-468.

Hocking P J, Mead J A, Good A J, et al. 2003. The response of canola (*Brassica napus* L.) to tillage and fertilizer placement in contrasting environments in Southern New South Wales. Australian Journal of Experimental Agriculture, 43: 1323-1335.

Hocking P J, Randall P J, DeMarco D. 1997. The response of dryland canola to nitrogen fertilizer: partitioning and mobilization of dry matter and nitrogen, and nitrogen effects on yield components. Field Crops Research, 54(2-3): 201-220.

Li H, Cong R H, Ren T, et al. 2015. Yield response to N fertilizer and optimum N rate of winter oilseed rape under different soil indigenous N supplies. Field Crops Research, 181: 52-59.

Li H, Lu J W, Ren T, et al. 2017. Nutrient efficiency of winter oilseed rape in an intensive cropping system: a regional analysis. Pedosphere, 27(2): 364-370.

Li Y S, Yu C B, Zhu S, et al. 2014. High planting density benefits to mechanized harvest and nitrogen application rates of oilseed rape (*Brassica napus* L.). Soil Science and Plant Nutrition, 60(3):

384-392.

Licker R, Johnston M, Foley J A. 2010. Mind the gap: how do climate and agricultural management explain the 'yield gap' of croplands around the world? Global Ecology and Biogeography, 19(6): 769-782.

Lobell D B, Asner G P. 2003. Climate and management contributions to recent trends in U.S. agricultural yields. Science, 299(5609): 1032.

Lobell D B, Cassman K G, Field C B. 2009. Crop yield gaps: their importance, magnitudes, and causes. Anmual Keview of Environment and Resources, 34(1): 179-204.

Madani H, Malboobi M A, Bakhshkelarestaghi K, et al. 2012. Biological and chemical phosphorus fertilizers effect on yield and P accumulation in rapeseed (*Brassica napus* L.). Notulae Botanicae Horti Agrobotanici Cluj-Napoca, 40(2): 210-215.

Malhi S S, Brandt S A, Ulrich D, et al. 2007. Comparative nitrogen response and economic evaluation for optimum yield of hybrid and open-pollinated canola. Canadian Journal of Plant Science, 87: 449-460.

Mulvaney R L, Khan S A, Ellsworth T R. 2006. Need for a soil-based approach in managing nitrogen fertilizers for profitable corn production. Soil Science Society of America Journal, 70(1): 172-182.

Narits L. 2010. Effects of nitrogen rate and application time to yield and quality of winter oilseed rape (*Brassica napus* L. var. *oleifera* subvar. *biennis*). Agronomy Research, 8: 671-686.

Nhamo N, Rodenburg J, Zenna N, et al. 2014. Narrowing the rice yield gap in East and Southern Africa: using and adapting existing technologies. Agricultural Systems, 131: 45-55.

Ozer H. 2003. Sowing date and nitrogen rate effects on growth, yield and yield components of two summer rapeseed cultivars. European Journal of Agronomy, 19: 453-463.

Pepó P. 2013. Effects of nutrient supply and sowing time on yield and pathological traits of winter oilseed rape. Acta Agronomica Hungarica, 61(3): 195-205.

Phillips S B, Keathey D A, Warren J G. 2004. Estimating winter wheat tillering density using spectral reflectance sensors for early-spring, variable-rate nitrogen application. Agronomy Journal, 96: 591-600.

Rathke G-W, Christen O, Diepenbrock W. 2005. Effects of nitrogen source and rate on productivity and quality of winter oilseed rape (*Brassica napus* L.) grown in different crop rotations. Field Crops Research, 94(2-3): 103-113.

Raun W R, Solie J B, Johnson G V, et al. 2002. Improving nitrogen use efficiency in cereal grain production with optical sensing and variable rate application. Agronomy Journal, 94(4): 815-820.

Raun W R, Solie J B, Taylor R K, et al. 2008. Ramp calibration strip technology for determining midseason nitrogen rates in corn and wheat. Agronomy Journal, 100(4): 1088-1093.

Ren T, Li H, Lu J W. 2015a. Crop rotation-dependent yield responses to fertilization in winter oilseed rape (*Brassica napus* L.). The Crop Journal, 3(5): 396-404.

Ren T, Zou J, Lu J W, et al. 2015b. On-farm trials of optimal fertilizer recommendations for the maintenance of high seed yields in winter oilseed rape (*Brassica napus* L.) production. Soil Science and Plant Nutrition, 61(3): 528-540.

Sadras V O, KGG C, Grassini P, et al. 2015. Yield Gap Analysis of Field Crops: Methods and Case Studies. Roma: Food and Agriculture Organization of the United Nations.

Schnug E, Heym J, Achwan F. 1996. Establishing critical values for soil and plant analysis by means of the boundary line development system (bolides). Communications in Soil Science and Plant Analysis, 27(13-14): 2739-2748.

Smith E G, Upadhyay B M, Favret M L, et al. 2010. Fertilizer response for hybrid and open-pollinated canola and economic optimal nutrient levels. Canadian Journal of Plant Science, 90(3): 305-310.

Su W, Liu B, Liu X W, et al. 2015. Effect of depth of fertilizer banded-placement on growth, nutrient uptake and yield of oilseed rape (*Brassica napus* L.). European Journal of Agronomy, 62: 38-45.

Ulrich A. 1992. Physiological bases for assessing the nutritional requirements of plants. Annual Review of Plant Biology, 3: 207-228.

van Ittersum M K, Cassman K G, Grassini P, et al. 2013. Yield gap analysis with local to global relevance: a review. Field Crops Research, 143: 4-17.

Wang X T, Below F E. 1996. Cytokinins in enhanced growth and tillering of wheat induced by mixed nitrogen source. Crop Science, 36: 121-126.

Wang Y, Li J F, Gao X Z, et al. 2014. Winter oilseed rape productivity and nutritional quality responses to zinc fertilization. Agronomy Journal, 106(4): 1-8.

Webb R A. 1972. Use of the boundary line in the analysis of biological data. Journal of Horticultural Science, 47(3): 309-319.

Yang G Z, Zhou X B, Li C F, et al. 2013. Cotton stubble mulching helps in the yield improvement of subsequent winter canola (*Brassica napus* L.) crop. Industrial Crops and Products, 50: 190-196.

Yue X L, Hu Y, Zhang H Z, et al. 2015. Green window approach for improving nitrogen management by farmers in small-scale wheat fields. Journal of Agricultural Science, 153(3): 446-454.

Zhang Z, Lu J W, Cong R H. 2017. Evaluating agroclimatic constraints and yield gaps for winter oilseed rape (*Brassica napus* L.): a case study. Scientific Reports, 7: 7852.

Zhao F, Evans E J, Bilsborrow P E, et al. 1993. Influence of sulphur and nitrogen on seed yield and quality of low glucosinolate oilseed rape (*Brassica napus* L.). Journal of the Science of Food and Agriculture, 63(1): 29-37.